"十二五"职业教育国家规划教材
经全国职业教育教材审定委员会审定

自动化生产线
安装与调试

主　编　李兴莲
副主编　方爱平
参　编　滕士雷　张　旻　王泽春　张海礁
　　　　李　波　陈钰生　罗　明　杨一丰
主　审　杨少光

U0258146

机械工业出版社
CHINA MACHINE PRESS

本书是经全国职业教育教材审定委员会审定的"十二五"职业教育国家规划教材，是根据教育部于 2014 年公布的《中等职业学校机电技术应用专业教学标准（试行）》，同时参考机电设备维修工职业资格标准编写的。

本书以"亚龙 YL—335B"自动线安装与调试实训考核装置为载体，以自动线中各单元的机械安装、电路和气路连接、控制程序编写、通信参数设置、人机界面设计为典型工作任务，按照以项目为载体、工作任务驱动的模式，在完成工作任务的过程中认识典型的自动生产线。全书共设计了 8 个项目，分别为搬运输送装置的安装与调试、供料装置的安装与调试、冲压装置的安装与调试、零件装配装置的安装与调试、自动分拣装置的安装与调试、饮料瓶分类入库装置的安装与调试、自动分药装置的安装与调试和物流分拣系统的安装与调试。

本书可作为中等职业技术学校机电技术应用专业及相关专业教学用书，也可作为工程技术人员的参考用书。

为便于教学，本书配套有电子教案等教学资源，选择本书作为教材的教师可来电（010-88379195）索取，或登录 www.cmpedu.com 网站，注册、免费下载。

图书在版编目（CIP）数据

自动化生产线安装与调试/李兴莲主编. —北京：机械工业出版
社，2016.8（2024.1 重印）
"十二五"职业教育国家规划教材
ISBN 978-7-111-54243-8

Ⅰ.①自… Ⅱ.①李… Ⅲ.①自动生产线-安装-高等职业教育-教材
②自动生产线-调试方法-高等职业教育-教材 Ⅳ.①TP278

中国版本图书馆 CIP 数据核字（2016）第 156929 号

机械工业出版社（北京市百万庄大街 22 号　邮政编码 100037）
策划编辑：赵红梅　责任编辑：赵红梅　责任校对：杜雨霏
封面设计：张　静　责任印制：郜　敏
北京富资园科技发展有限公司印刷
2024 年 1 月第 1 版·第 8 次印刷
184mm×260mm·15.75 印张·382 千字
标准书号：ISBN 978-7-111-54243-8
定价：49.00 元

电话服务　　　　　　　网络服务
客服电话：010-88361066　机　工　官　网：www.cmpbook.com
　　　　　010-88379833　机　工　官　博：weibo.com/cmp1952
　　　　　010-68326294　金　书　网：www.golden-book.com
封底无防伪标均为盗版　机工教育服务网：www.cmpedu.com

本书是根据教育部《关于中等职业教育专业技能课教材选题立项的函》(教职成司[2012] 95 号)，由全国机械职业教育教学指导委员会和机械工业出版社联合组织编写的"十二五"职业教育国家规划教材，是根据教育部于 2014 年公布的《中等职业学校机电技术应用专业教学标准（试行）》，同时参考机电设备维修工职业资格标准编写的。

随着经济发展和社会进步，企业生产开始使用大量的自动线，而大量的自动化、智能化的机电一体化设备，必然需要能胜任自动线及自动线上各种机电一体化装置的安装与调试工作的高技能人才。

本书以典型的自动线为载体，针对目前生产线中的典型工作岗位和工作要求，依照"行动导向"的原则进行学习任务设计；依照"教、学、做"一体化的模式进行教学。本书突出特点有：

1. 以职业岗位典型的工作任务整合专业知识

典型的自动线由供料、搬运、加工、装配和分拣等装置组成，这些装置的机械安装、电路与气路的安装、程序编写和元器件的参数设置、运行与调试，是自动线安装与调试职业岗位的典型工作任务；而自动线及其各装置的结构、工作原理和工作过程，气动和电气控制系统工作原理，程序编写思路和方法，元器件的作用、工作原理和参数设置，是完成工作任务必需的知识，因此本书将这些专业知识整合在各个典型工作任务中，形成了本书的重要内容特色。

2. 理实一体，教、学、做一体

围绕解决做什么、学什么？怎样做、怎样学？做得怎样、学得怎样？本书真正实现了教学内容与职业岗位的工作内容对接，学习过程与完成职业岗位工作任务的过程对接，学习要求与职业岗位的能力需求对接，实现了理实一体，教、学、做一体。

1）任务描述与要求：提供相关的工作图样、装置工作说明、装置运行情况及安装调试要求，用以解决做什么的问题。

2）相关知识：涉及工作任务中的专业理论知识、装置中使用的元器件介绍、装置安装与调试相关的国家标准等，用以解决在完成工作任务的过程中学什么的问题。

3）完成任务引导：提供安装和调试的工艺步骤和标准，用图片配以文字说明，引导学生完成工作任务，用以解决怎样做和怎样学的问题。

4）完成任务评价：按照工作内容、学习内容设计评价内容，按照项目和任务的教学目标、自动线安装与调试的能力要求，并结合相关的职业资格鉴定标准，设计评价标准，用以解决做得怎样和学得怎样的问题。

本书建议学时为 120，任课老师在实际教学中，可根据所授课专业和学时等实际情况自主安排内容。

本书由李兴莲任主编，方爱平任副主编，滕士雷、王泽春、张旻、张海礁、陈钰生、罗明、杨一丰、李波参与了本书的编写，全书由杨少光主审。本书经全国职业教育教材审定委员会审定，评审专家对本书提出了宝贵的建议，在此对他们表示衷心的感谢！编写过程中，编者参阅了国内出版的有关教材和资料，在此一并表示衷心感谢！

由于编者水平有限，书中难免有错误或不妥之处，敬请读者批评指正。

编　者

目 录

项目一

搬运输送装置的安装与调试

在自动线上，将物料或工件从一个位置搬运到另一个或几个指定的位置的装置称做搬运输送装置。搬运输送是生产中不可缺少的工艺过程，自动线上常用的搬运输送装置

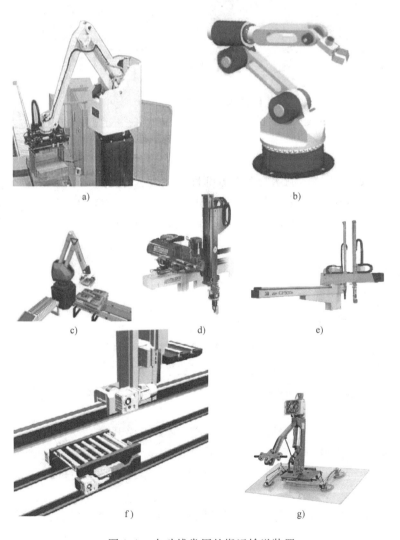

图 1-1 自动线常用的搬运输送装置

如图 1-1 所示，搬运输送装置的结构和工作原理，根据输送物料或工件的性质和形状的不同而不同。

YL—335B 自动生产线中搬运输送装置是用来完成工件搬运和输送的，它能准确地将工件从一个位置搬运至另一个位置，以便工件能在不同的位置完成加工、装配或分拣。

YL—335B 自动生产线中搬运输送装置的机械部分主要由机械手装置和直线执行器两部分组成，其中机械手装置整体安装在直线执行器的滑动板上，另外还包括拖链及引导装置、电磁阀组、气源总阀（为设备共用，图中未标出）、伺服驱动器和接线端口。其总体结构示意图如图 1-2 所示。

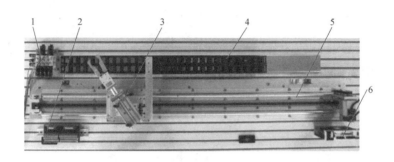

图 1-2　搬运输送装置的总体结构示意图

1—电磁阀组　2—接线端口　3—机械手装置　4—拖链及引导装置

5—直线执行器　6—伺服驱动器

本项目要求通过完成搬运输送装置机械部件的组装、搬运输送装置的电路和气路的安装和自动搬运输送装置的调试三个任务，学会如何安装机械手、直线执行器及其相关的控制部件和线路。并学会伺服电动机的使用和自动生产线单站的调试。

任务一　搬运输送装置机械部件的安装

【任务描述与要求】

用表 1-1 所示搬运输送装置机械器材清单和表 1-2 所示的配件清单所列的器材和配件，根据图 1-3 所示搬运输送装置机械总装图，在安装平台上安装图 1-4 所示搬运输送装置的机械部件，组成搬运输送装置并满足：

1）各部件安装牢固，无松动现象。

2）用手操作机械手伸缩、升降及机械手手爪夹紧、松开时，动作顺畅，机械手能沿垂直方向正反向 90°灵活旋转。

3）当挡铁到达行程开关上端时，能让行程开关动作，又不会使行程开关上的弹簧片过度变形。

4）用手左右方向推动整个机械手装置运动时，无明显噪声、振动或停滞现象，并且拖链能跟随装置一起运动。

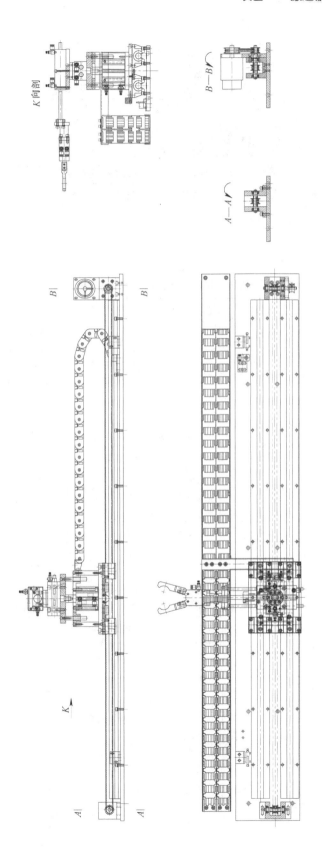

图 1-3　搬运输送装置机械总装图

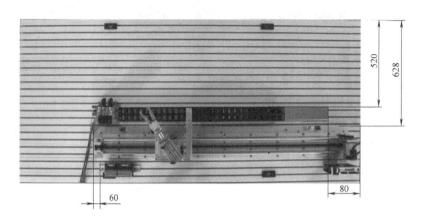

图 1-4　搬运输送装置机械部件安装示意图

表 1-1　搬运输送装置机械部件器材清单

序号	名称	数量	作用	备注		
1	机械手手爪	2	抓取或放置工件	组成手爪	组成手臂	组成机械手装置
2	机械手手爪气缸	1	驱动手爪夹紧和松开			
3	手爪和伸缩气缸连接板	1	连接机械手手爪和伸缩气缸			
4	机械手伸缩气缸	1	实现机械手手爪的伸出和缩回			
5	机械手旋转气缸	1	实现机械手手臂正反向旋转	组成旋转装配体		
6	旋转板	1	安装机械手手臂并带动手臂旋转			
7	机械手升降气缸	1	实现机械手手臂上升和下降	组成升降装配体		
8	机械手升降气缸安装板	1	固定机械手升降气缸			
9	升降平台	1	固定旋转气缸、安装升降导柱，并随升降气缸同步动作	组成升降平台		
10	升降导柱	4	保证机械手升降的稳定			
11	机械手安装底板	1	固定和支撑机械手装置	组成安装底座		
12	机械手安装侧立板	2	固定和支撑机械手装置			
13	拖链带动支架	1	机械手装置整体移动时，带动拖链同步移动	固定在机械手装置上	组成拖链装配体	
14	拖链	2	用来铺设机械手气管和电气线路，使气管和线路随机械手装置做同步往复运动的过程中不会拉伤或脱落			
15	拖链安装底板	1	固定拖链的一端和其运动的轨迹			
16	直线执行器安装底板	1	用来安装导轨和驱动装置	组成滑轨装配体		
17	滑动导轨	2	支撑和引导机械手装置在给定方向做往复直线运动			
18	滑块	4	内装滚动钢珠，使机械手装置能沿着导轨做高精度线性运动			
19	滑动板	1	支撑机械手装置，固定同步带	组成驱动装配体		
20	锁紧块	1	将同步带1两端固定在滑动板上			
21	从动轮	1	给直线执行器提供动力，带动同步带运动			

（续）

序号	名称	数量	作用	备注
22	从动轮安装支架	1	作为同步带一端的支撑,并跟随同步带同步运动	
23	同步带	2	将主动器的运动转换为机械手装置的往复直线运动	组成驱动装配体
24	伺服电动机	1	带动直线执行器运行	
25	同步轮	3	机械传动	
26	主驱动器安装支架	2	安装和固定电动机及同步轮	
27	原点传感器支架	1	安装原点传感器	
28	右限位支架	1	安装右限位行程开关	
29	左限位支架	1	安装左限位行程开关	
30	接线端口及固定支架	1	实现输入输出和检测信号的连接	
31	电磁阀及固定支架	1	电磁阀组控制机械手运动	
32	伺服驱动器及安装支架	1	驱动伺服电动机工作	

表 1-2 搬运输送装置机械配件清单

序号	名称	规格	数量	作用
1	内六角螺栓	8×18	1	连接升降台和升降气缸的升降杆
2	内六角螺栓	5×8	4	将机械手装置固定到滑动板
3	内六角螺栓	5×10	8	固定行程开关安装支架、主动轮装配体
4	内六角螺栓	5×14	56	固定安装底板、滑动板、原点传感器支架、电磁阀组件、伺服驱动器安装板、接线端口安装导轨
5	内六角螺栓	5×18	2	固定从动装配体
6	内六角螺栓	5×34	2	固定旋转气缸
7	内六角螺栓	5×58	4	固定升降气缸
8	内六角螺栓	4×10	16	连接滑动板和滑块
9	内六角螺栓	4×12	6	固定拖链带动支架和旋转板
10	内六角螺栓	4×14	10	连接伸缩气缸与手爪,固定伺服电动机安装板
11	内六角螺栓	3×8	8	固定锁紧块和固定同步带 1 的两端
12	内六角螺栓	3×10	22	固定手爪、导柱、侧立板、伺服驱动器、拖链一端
13	内六角螺栓	3×24	4	固定伺服电动机
14	内六角螺栓	3×30	4	固定机械手手臂
15	内六角螺栓	2.5×12	2	固定挡铁
16	沉头螺栓	4×12	4	固定拖链的一端和拖链安装底板
17	紧固螺钉	3×8	4	将从动轮及同步轮与相应的轴锁紧
18	螺母	$\phi 5$	22	固定直接安装在安装平台上的器材
19	螺母	$\phi 3$	14	固定伺服电动机、拖链的一端
20	弹簧垫片	$\phi 3$	4	安装伺服电动机
21	平垫	$\phi 3$	24	
22	平垫	$\phi 5$	48	
23	键		1	连接同步轮 1 和伺服电动机轴

【任务分析与思考】

1. 需要安装的搬运输送装置可以分成几部分？各部分的名称分别是什么？
2. 需要安装的搬运输送装置各部分分别由哪些零件组成？这些零件的形状是什么样的？
3. 安装图1-4所示的搬运输送装置需要哪些配件和工具？
4. 按什么样的工艺步骤，能快速地安装好图1-4所示的搬运输送装置？

【相关知识】

一、搬运输送装置的机械结构

搬运输送装置的机械结构根据其具体用途和应用场合的不同而不同。下面以YL—335B自动生产线中搬运输送装置为例，介绍其机械结构。

搬运输送装置的机械部分主要由机械手装置和直线执行器两部分组成，其中机械手装置用于在指定位置抓取工件和将工件放置在指定位置，直线执行器包括拖链装置、电磁阀组、伺服驱动器和接线端口，用于将工件输送到指定的位置。机械手装置整体安装在直线执行器的滑动板上。

1. 机械手装置

机械手装置的结构示意图如图1-5所示，它由机械手手爪、机械手伸缩气缸、机械手旋转气缸、旋转角度调整螺杆、机械手升降气缸、升降导柱及机械手装置安装支架组成。该装置能实现升降、伸缩、沿垂直轴正反两个方向旋转（旋转角度的大小可通过调整气缸上的两个调整螺杆来改变）和气动手爪夹紧/松开的四维运动，各个方向的运动均由气动控制，而气动回路由电磁阀组控制。

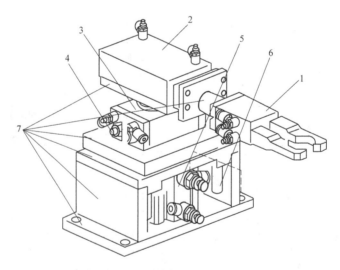

图1-5 机械手装置结构示意图

1—机械手手爪 2—机械手伸缩气缸 3—机械手旋转气缸 4—旋转角度调整螺杆
5—机械手升降气缸 6—升降导柱 7—机械手装置安装支架

2. 直线执行器

直线执行器结构示意图如图1-6所示，它由滑动装配体和驱动装置体两部分组成；其中，滑动装配体由安装底板、直线导轨、滑块和滑动板四部分组成，而驱动装置体由从动器（包括从动轮和可左右调整位置的从动轮安装支架）、同步带 1 和主驱动器（包括伺服电动机、同步带 2、同步轮、同步轮 1、同步轮 2 及相应的安装支架）、传感器支架及限位安装支架（包括原点传感器、左限位和右限位三个支架）和挡铁组成。驱动装置中的同步带 1 两端通过滑动板底部中间的锁紧块固定在滑动板上。该装置能带动滑动板做往复运动。

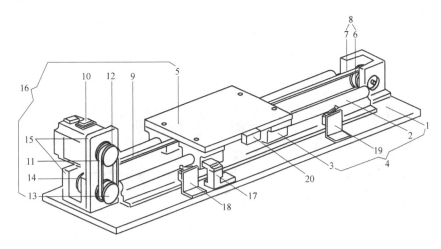

图 1-6　直线执行器结构示意图

1—安装底板　2—直线导轨　3—滑块　4—滑动装配体　5—滑动板　6—从动轮
7—从动轮安装支架　8—从动器　9—同步带 1　10—伺服电动机　11—同步带 2
12—同步带轮 1　13—同步带轮 2　14—同步带轮　15—主驱动器安装支架　16—主驱动器
17—原点传感器支架　18—右限位安装支架　19—左限位安装支架　20—挡铁

3. 直线导轨

直线导轨是一种滚动导引，它由滚珠在滑块与导轨之间做无限滚动循环，使得负载平台能沿着导轨做高精度线性运动，其摩擦系数可降至传统滚动导引的 1/50，使之能达到很高的定位精度。在直线传动领域中，直线导轨副一直是关键性的产品，目前已成为各种机床、数控加工中心、精密电子机械中不可缺少的重要功能部件。

直线导轨副通常按照滚珠在导轨和滑块之间的接触牙型进行分类，主要有两列式和四列式两种。YL—335B 上选用普通级精度的两列式直线导轨副，其接触角在运动中能保持不变，刚性也比较稳定。直线导轨副截面图如图 1-7a 所示，装配好的直线导轨副如图 1-7b 所示。

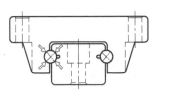

a) 直线导轨副截面图

b) 装配好的直线导轨副

图 1-7　两列式直线导轨副示意图

安装直线导轨副时应注意：

1）要小心轻拿轻放，避免磕碰以影响直线导轨副的直线精度。

2）不要将滑块拆离导轨或超过行程又推回去。

4. 拖链装置

YL—335B 搬运输送装置各机械部件的运动由气路和电路控制，为了使气路和电路不影响机械手装置的往复运动，安装了两排并行的拖链，拖链的一端固定在安装槽上，另一端安装在和机械手装置相连的支架上，保证拖链和机械手装置同步运动。拖链结构示意图如图1-8 所示。

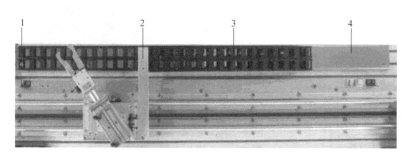

图 1-8　拖链结构示意图

1—拖链固定端　2—连接拖链和机械手装置的支架　3—拖链　4—固定槽

二、机械安装常识

1. 机械安装前准备

1）仔细阅读设备安装图纸。

2）清点机械部件、配件及材料，并检查有无破损，有破损的部件要先更换。

3）安装前，熟悉各部分的结构、工作原理以及各部件之间的相互连接关系和性能。

4）准备好适当的工具。

5）检查安装配合的连接件及锁紧零件的大小、长短是否合适，不能以大代小，以长代短。

2. 机械安装要求

1）螺栓与螺母拧紧后，螺栓应露出螺母 2 ~ 4 个螺距；沉头螺钉紧固后，钉头应埋入机件内，不得外露。

2）用双螺母锁紧时，薄螺母应装在厚螺母之下；每个螺母下面不得用 2 个相同的垫圈。

3）螺栓头、螺母与被连接件的接触应紧密，对接触面积和接触间隙有特殊要求的，应按技术规定要求进行检验。

4）不能用铁质榔头敲击机械部件。

3. 键和销的异同

键主要用于轴与轴上的零件（如带轮、齿轮等）之间的连接，起着传递扭矩的作用，用于载荷比较大的场合。在搬运输送装置中，键用于伺服电动机轴与传动轮之间的连接。销主要用来固定零件之间的相对位置，起定位作用；也可用于轴与轮毂的连接，传递不大的载荷；还可作为安全装置中的过载剪断元件。在搬运输送装置中，由于载荷不大，伺服电动机轴与传动轮之间的连接用的是销，没有用到键。

4. 键的装配要求

1）键的表面应无裂纹、浮锈、凹痕、条痕及毛刺，键和键槽的表面粗糙度、平面度和尺寸在装配前均应检验。

2）普通平键、导向键、薄型平键和半圆键，两个侧面与键槽应紧密接触，与轮毂键槽底面不接触。

3）普通楔键和钩头楔键的上、下面应与轴和轮毂的键槽底面紧密接触。

4）切向键的两斜面间以及键的侧面与轴和轮毂键槽的工作面间，均应紧密接触；装配后，相互位置应采用销固定。

5）装配时，轴键槽及轮毂键槽轴心线的对称度应按现行国家标准 GB/T 1804—2000《一般公差 未注公差的线性和角度尺寸的公差的规定》规定的对称度公差 7~9 级选取。

5. 销的装配要求

1）检查销的型式和规格，应符合设计及设备技术文件的规定。

2）调整相关连接部件及其几何精度，符合要求后，方可装销。

3）装配销时不宜使销承受载荷，根据销的性质，宜选择相应的方法装入；销孔的位置应正确。

4）对定位精度要求高的销和销孔，装配前检查其接触面积，其接触面积应符合设备技术文件的规定；当无规定时，宜采用其总接触面积的 50%~75%。

5）装配中，当发现销和销孔不符合要求时，应铰孔，另配新销；对定位精度要求高的，应在设备的几何精度符合要求或空转试验合格后再进行装配。

6. 同步带安装要求

1）安装同步带时，应注意带轮轴线的平行度，使各带轮的传动中心平面同面，防止因带轮偏斜，而使带侧压紧在挡圈上，造成同步带侧面磨损加剧，甚至同步带被挡圈切断。因此，安装后一定要检查带轮轴线的平行度，如倾斜，则需要重新调整。

2）安装同步带时必须有适当的张紧力。同步带张紧力过小，易在起动频繁而又有冲击负荷时，导致带齿从带轮齿槽中跳出（爬齿）；同步带张紧力过大，则易使同步带使用寿命降低。

【任务实施】

本任务要求按一定的尺寸来完成搬运输送装置机械部件的安装，因此首先可以在安装平台上画出安装尺寸，然后再开始进行具体的安装。YL—335B 搬运输送装置机械部件的安装可以参考以下方案来完成。

一、准备安装 YL—335B 搬运输送装置机械部件的工具和器材

1. 清理安装平台

安装前，先确认安装平台已放置平衡，安装平台下的滚轮已锁紧，安装平台上安装槽内没有遗留的螺母、小配件或其他杂物，然后用软毛刷将安装平台清扫干净。

2. 准备器材

根据安装搬运输送装置机械部件所需要的器材清单（见表 1-1）和配件清单（见表 1-

2）清点器材和配件，并检查各器材是否齐全，是否完好无损，如有损坏，请及时更换。在清点器材的同时，将器材放置到合适的位置，将较小的配件放在一个固定的容器中，以方便安装时快速找到，并保证在安装过程不遗漏小的器材或配件。

3. 准备工具

YL—335B 搬运输送装置机械部件的固定都是用内六角螺栓来完成的，只有机械手旋转气缸旋转范围的调整是通过螺杆来进行的，该螺杆为一字螺杆，拖链与拖动支架之间的固定螺栓是十字螺栓。安装工具清单见表1-3。请根据表1-3清点工具，并将工具整齐有序地摆放在工具盒或工具袋中。

表1-3　安装工具清单

序号	名称	规格	数量	主要作用
1	内六角扳手	2	1	安装定位销
2	内六角扳手	2.5	1	安装固定螺栓
3	内六角扳手	3	1	安装固定螺栓
4	内六角扳手	4	1	安装固定螺栓
5	内六角扳手	5	1	安装固定螺栓
6	内六角扳手	8	1	安装固定螺栓
7	十字螺钉旋具	130mm	1	安装用
8	一字螺钉旋具	170mm	1	调整机械手旋转角度
9	呆扳手	7	1	紧固安装螺母
10	钢直尺	1000mm	1	测量安装尺寸
11	直角三角板	300	1	测量安装尺寸
12	直角尺	300	1	调整同步带轮1和同步带轮2在同一平面内
13	软毛刷		1	清理安装台面
14	镊子		1	拾取掉落在狭窄处的小器材或小配件
15	铅笔	2B	1	标注安装位置

二、确定安装尺寸

根据工作任务图纸要求，所有安装尺寸都在安装平台上，可选用一把1000mm的钢直尺和一把300mm直角三角板在安装平台上测量出相应的尺寸，并用2B铅笔作好记号。具体的过程如下：

1. 确定水平方向安装尺寸

（1）确定安装底板水平尺寸

确定安装底板水平尺寸的方法如图1-9所示，将钢直尺靠安装平台的边沿放置，并使钢直尺的长边和安装平台的长边对齐，钢直尺的刻度始端和安装平台的左端面（尺寸起始端）对齐后，用一只手固定钢直尺，另一只手将直角三角板的直角对准钢直尺80mm刻度位置，并让直角三角板的短直角边与钢直尺紧靠，然后按住直角三角板，用2B铅笔沿长直角边画一条直线，该直线就是安装底板的水平方向的定位线。

（2）确定接线端口安装导轨水平尺寸

用同样的方法在钢直尺 500mm 的刻度位置画另一条直线，该直线就是接线端口安装导轨水平方向的定位线。

2. 确定垂直方向安装尺寸

用与确定水平方向安装尺寸一样的方法确定垂直方向安装尺寸，只是钢直尺放置的方向需要旋转 90°。

图 1-9　确定安装底板水平尺寸的方法

三、安装 YL—335B 搬运输送装置机械部件

尽管机械手装置是安装在直线执行器的滑动板上，但是由于直线执行器安装比较靠边，当安装好直线执行器后，安装平台的空余空间较小，因此可以先组装好机械手装置后，再安装直线执行器，再将机械手装置固定到直线执行器的滑动板上。

1. 组装机械手装置

（1）组装机械手装置的方法和步骤

1）将机械手手爪安装在手爪气缸上。根据表 1-4 所示的操作步骤、操作图示和操作说明，将机械手手爪安装在手爪气缸上。

表 1-4　将机械手手爪安装在手爪气缸上

操作步骤	操作图示	操作说明
1	手爪　内六角螺栓　手爪　手爪气缸　内六角螺栓	准备好两个手爪、4 颗 3×10mm 内六角螺栓和手爪气缸，并有序放置
2		将一个手爪的安装槽对准手爪气缸的安装杆

（续）

操作步骤	操作图示	操作说明
3		将手爪套到手爪气缸的安装杆上，注意将两部分的螺孔对准
4		用 2 颗 3×10mm 内六角螺栓固定
5	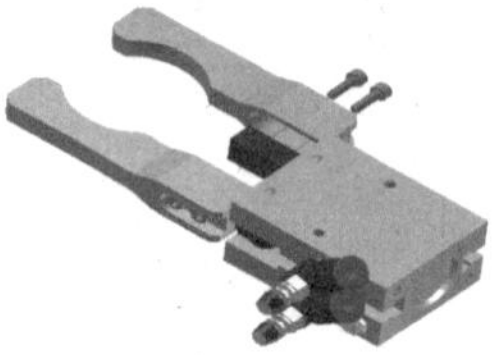	将另一个手爪安装到手爪气缸的另一个安装杆上 用 2 颗 3×10mm 内六角螺栓固定
6	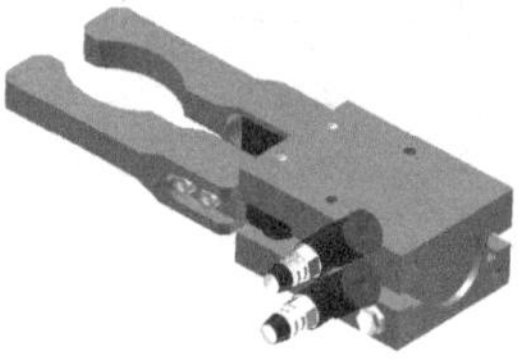	将安装好的机械手爪放在合适的位置

2）将手爪气缸安装在连接支架上。根据表1-5 所示的操作步骤、操作图示和操作说明，将手爪气缸安装在连接支架上。

表1-5　将手爪气缸安装在连接支架上

操作步骤	操作图示	操作说明
1	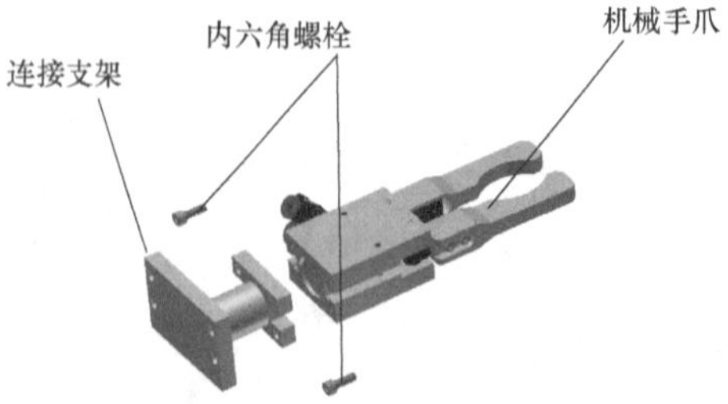 连接支架　内六角螺栓　机械手爪	准备好机械手爪、2 颗 4×14mm 内六角螺栓和连接支架，并有序放置

项目一　搬运输送装置的安装与调试

（续）

操作步骤	操作图示	操作说明
2	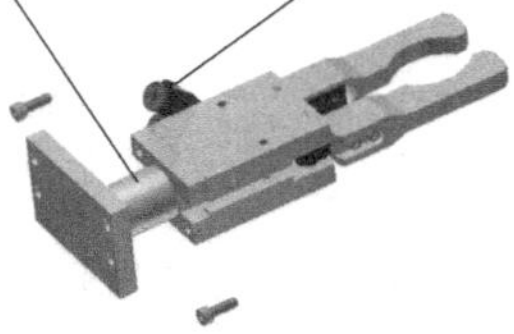 连接支架板 为上长下短　节流阀	将机械手爪和连接支架的螺孔对准。注意节流阀和连接支架的相对位置 用2颗4×14mm内六角螺栓固定
3	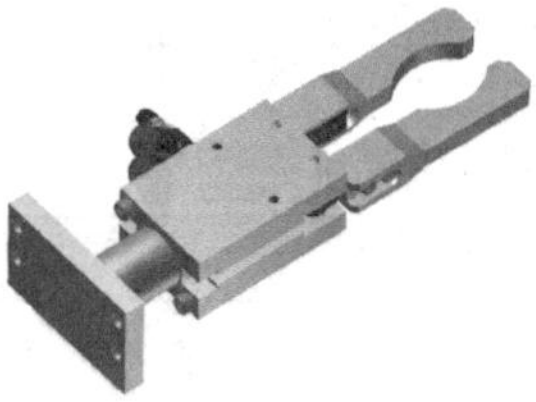	固定后放到合适的位置

3）组装机械手臂。根据表1-6所示操作步骤、操作图示和操作说明，将手爪气缸安装在机械手伸缩气缸上，组成机械手手臂。

表1-6　组装机械手手臂

操作步骤	操作图示	操作说明
1	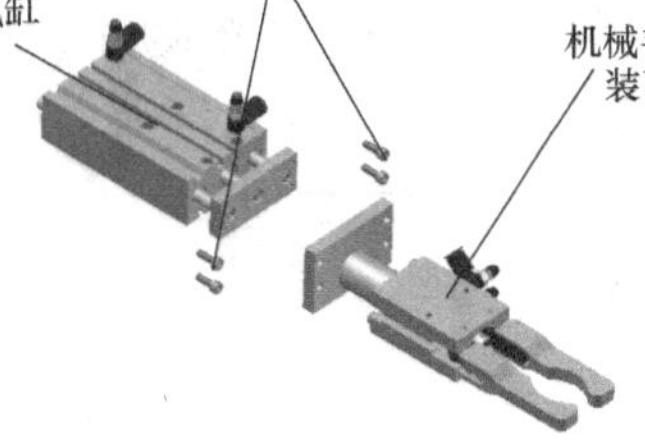 机械手伸 缩气缸　内六角螺栓　机械手手爪 装配体	准备好机械手手爪装配体、机械手伸缩气缸、4颗4×14mm内六角螺栓，并有序放置
2	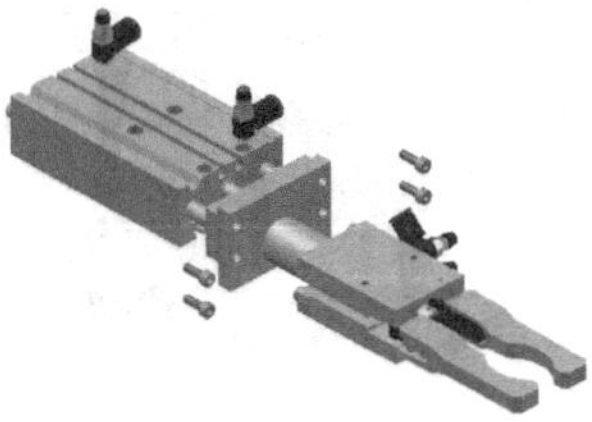	将机械手伸缩气缸伸缩板和机械手手爪装配体的连接支架的螺孔对准

（续）

操作步骤	操作图示	操作说明
3	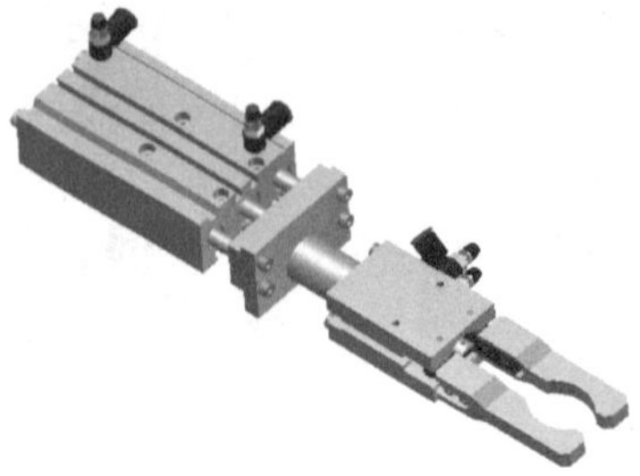	用 2 颗 4×14mm 内六角螺栓对角固定 再用 2 颗 4×14mm 内六角螺栓固定另一对角，并放到合适的位置

4）组装升降平台。根据表 1-7 所示的操作步骤、操作图示和操作说明，组装升降平台

表 1-7　组装升降平台

操作步骤	操作图示	操作说明
1	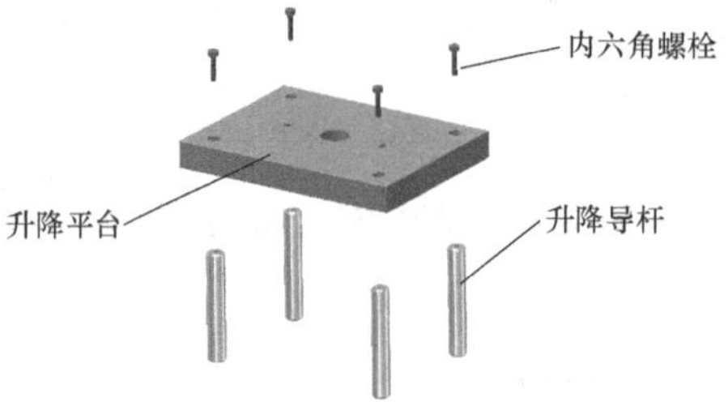 内六角螺栓　升降平台　升降导杆	准备好升降平台、4 颗 3×10mm 内六角螺栓和 4 根升降导杆，并有序放置
2		将 1 个升降导杆对准升降平台四周的 1 个安装孔
3		用 1 颗 3×10mm 内六角螺栓将升降导杆固定在升降平台上
4		用同样的方法固定另外 3 根升降导杆，并放到合适的位置

5）组装升降驱动装配体。根据表1-8所示的操作步骤、操作图示和操作说明，组装升降驱动装配体。

表1-8　组装升降驱动装配体

操作步骤	操作图示	操作说明
1	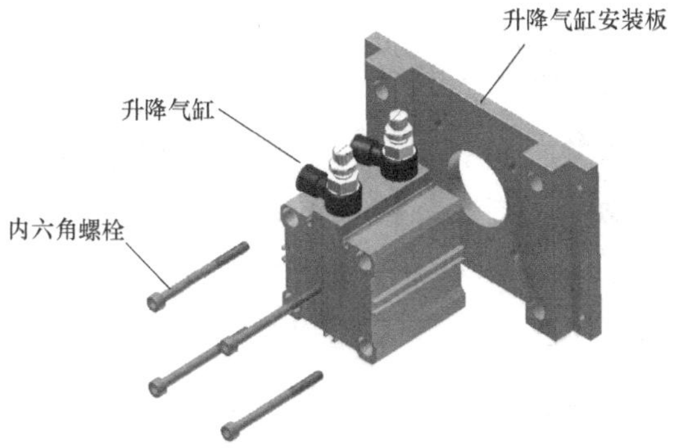 升降气缸安装板 升降气缸 内六角螺栓	准备好升降气缸、升降气缸安装板和4颗5×58mm内六角螺栓
2		将升降气缸和升降气缸安装板的安装孔对准
3		将4颗5×58mm的内六角螺栓依次装入安装孔，并用内六角扳手对角拧紧
4		将安装好的升降驱动装配体放到合适的位置

6）组装底座装配体。根据表1-9所示的操作步骤、操作图示和操作说明，组装底座装配体。

表 1-9　组装底座装配体

操作步骤	操作图示	操作说明
1	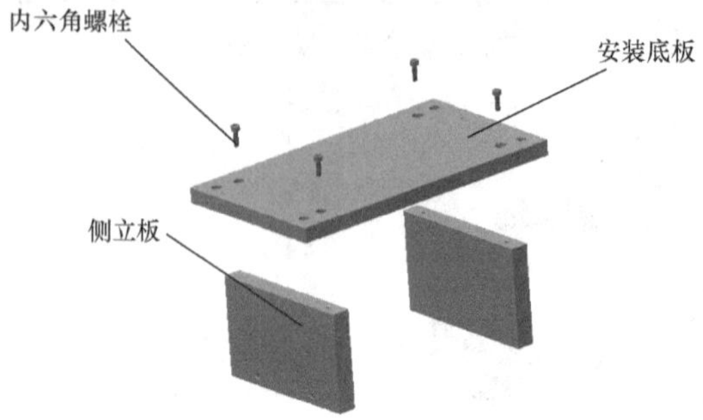 内六角螺栓　安装底板　侧立板	准备好安装底板、2 块侧立板和 4 颗 3×10mm 内六角螺栓,并有序放置
2	 螺孔	将侧面有螺孔的侧立板和安装底板对准。注意:①安装底板有沉孔的一面朝上②侧立板侧面的安装孔位于下端
3		用 2 颗 3×10mm 内六角螺栓固定一侧的侧立板 用同样的方法固定另一侧的侧立板 提示:此侧立板没有上下之分
4		注意,内六角螺栓都需要用内六角扳手拧紧。组装结束后将底座装配体按图示反过来放到合适的位置

7)组装升降装配体。根据表 1-10 所示的操作步骤、操作图示和操作说明,组装升降装配体。

表 1-10　组装升降装配体

操作步骤	操作图示	操作说明
1	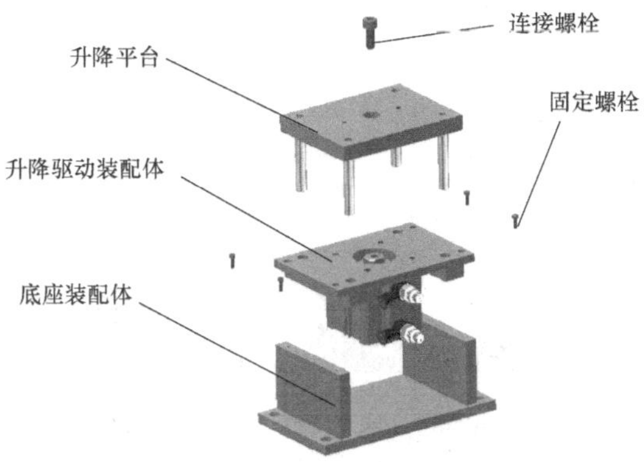 连接螺栓 升降平台 固定螺栓 升降驱动装配体 底座装配体	准备好底板装配体、升降驱动装配体、升降平台、4 颗 3×10mm 固定螺栓和 1 颗 8×18mm 连接螺栓，并有序放置
2		将升降驱动装配体和底座装配体的安装孔对准
3		将 4 颗 3×10mm 内六角螺栓依次放入安装孔，并用内六角扳手拧紧。注意对角拧紧
4	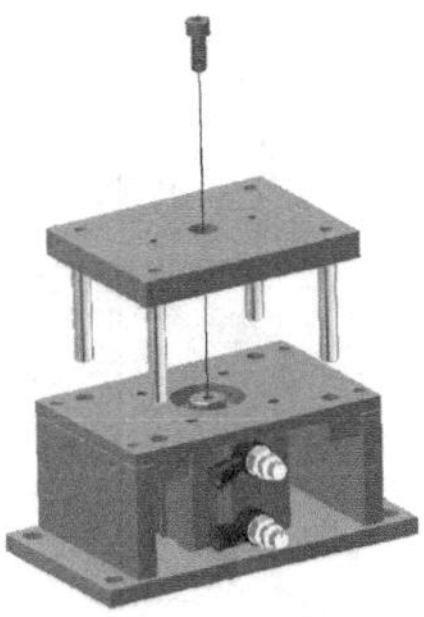	将升降平台的 4 根导杆插入 4 个通孔，并让升降平台和升降气缸安装板紧贴

（续）

操作步骤	操作图示	操作说明
5		用 1 颗 8×18mm 内六角螺栓将升降平台的升降气缸连接。注意螺栓需用内六角扳手拧紧

8）组装机械手。根据表 1-11 所示的操作步骤、操作图示和操作说明，组装机械手。

表 1-11　组装机械手

操作步骤	操作图示	操作说明
1	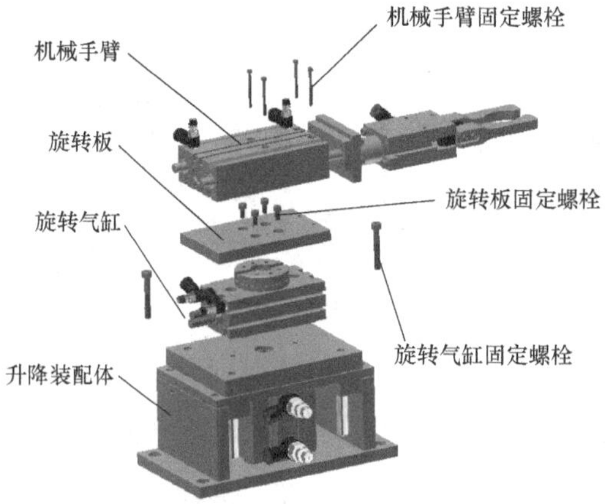 机械手臂　机械手臂固定螺栓　旋转板　旋转板固定螺栓　旋转气缸　旋转气缸固定螺栓　升降装配体	准备好机械手臂、旋转板、旋转气缸、升降装配体、4 颗 3×30mm 机械手臂固定螺栓、4 颗 4×12mm 旋转板固定螺栓和 2 颗 5×34mm 旋转气缸固定螺栓，并有序放置
2	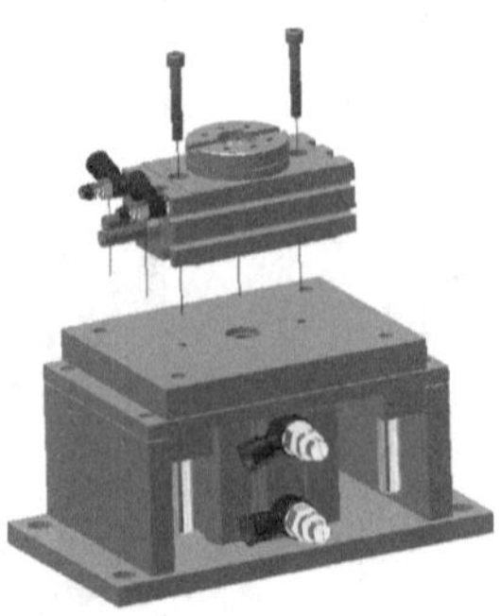	将旋转气缸按图示方向放到升降装配体上，并让两者的安装孔对准

（续）

操作步骤	操作图示	操作说明
3		将 2 颗 5×34mm 旋转气缸固定螺栓依次放入安装孔，并用内六角扳手拧紧
4		旋转气缸安装结束后，放置好
5	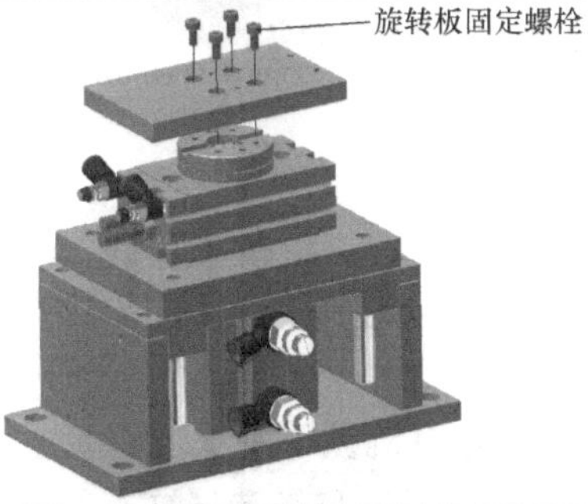 旋转板固定螺栓	将旋转板按图示方向放置到旋转气缸上，并让两者的安装孔对准
6		将 4 颗 4×12mm 旋转板固定螺栓依次放入安装孔，并用内六角扳手拧紧
7	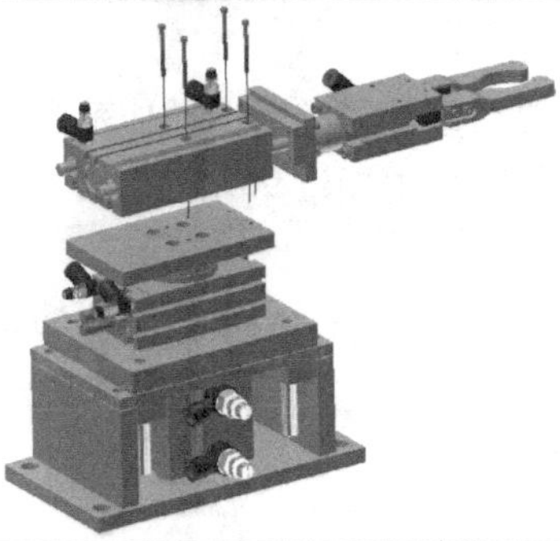	按图示方向摆好机械手臂

（续）

操作步骤	操作图示	操作说明
8		对准安装孔将机械手臂放到旋转板上 将 4 颗 3×30mm 机械手臂固定螺栓依次放入安装孔,并用内六角扳手拧紧。注意:拧紧螺栓时应对角紧固
9		将安装好的机械手装置放在合适的位置

（2）组装机械手装置的技巧和注意事项

在组装机械手装置的过程中,应注意以下事项:

1）组装机械手爪时,两个手爪可以互换,因此可以任意选择安装,只需注意安装时将手爪安装槽和手爪气缸配合紧密后再紧固螺栓。

2）安装手爪连接支架时,注意连接支架的两块连接板大小不同,机械手爪只能和较小的连接板相连。

3）按表 1-5 的所示安装手爪连接支架时,注意机械手手爪正面朝上。

4）组装机械手手臂时,注意将机械手手爪的正面和旋转气缸有节流阀的一面朝上。

5）组装机械手旋转装配体时,旋转安装板有两个安装孔的一侧应置于旋转气缸有调整螺杆的对面侧。

6）组装升降装配体时,注意底座有孔的侧立板和升降气缸节流阀的相对位置。

7）组装底座装配体时,注意有两个安装孔的侧立板的安装孔一侧要在远离安装底板的方向。

8）在将升降装配体和底座装配体组装时,应先安装升降气缸上固定传感器的螺母。

9）在组装机械手时,注意旋转气缸、机械手手臂和升降气缸的相对方位要和表 1-11 一致。

10）在安装气缸时,不能让气缸上的节流阀受力,以避免折断节流阀或气管连接器。

（3）组装后的检查

1）反复将手爪松开、夹紧,检查手爪的动作是否顺畅,动作范围是否合适。

2）反复转动机械手手臂,并测量转动角度是否接近 90°。

3）检查各紧固螺钉是否安装牢固。

4）检查升降气缸安装传感器的槽内是否预先放置了固定传感器的螺钉。

2. 组装直线执行器

安装直线执行器可按以下方法和步骤来完成:

（1）安装直线执行器安装底板

1）确定安装底板的正反面和方向：有沉孔的一面为正面，根据图 1-3 所示要求，安装底板有传感器支架安装孔的一边应是远离实训台边缘的位置。

2）根据安装底板的沉孔位置和工作任务中安装底板的安装位置要求，确定安装螺母在安装台的位置和数量为：从前往后第 5 格 2 颗、第 6 格 3 颗、第 8 格 5 颗。

3）按确定的螺母位置和数量在相应的安装槽内放入螺母，并将螺母移动到安装底板安装孔的正下方。

4）在安装底板的安装孔内装入 5×14mm 内六角螺栓，并旋入螺母中，但是不能拧紧。

5）移动安装底板，使其左侧边缘对准其水平定位线，前边缘对准垂直定位线后，再用内六角扳手将各安装螺栓拧紧。

（2）安装导轨

1）将导轨平行放置于安装底板上，注意导轨离其安装孔较近的一端放于安装主驱动器支架的一端。

2）移动导轨，使其安装孔对准安装底板上的螺钉孔。

3）在安装孔内装入 5×14mm 内六角螺栓并旋入，但不能拧紧。

4）移动两导轨，使其平行后再拧紧导轨上的所有螺栓。

（3）安装滑块

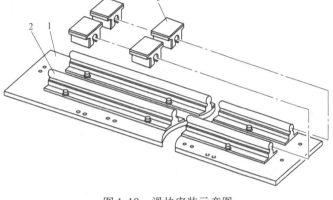

图 1-10　滑块安装示意图
1—安装底板　2—导轨　3—滑块

如图 1-10 所示，将四个滑块按点划线所示依次从导轨的一端套入导轨上。注意将滑块套入导轨时，一定要使滑块孔对准导轨，且不能用力过大，以避免滑块内部的滚珠被撞出导轨内。

（4）安装传感器和行程开关安装支架

如图 1-11 所示，依次用 4 颗 5×10mm 内六角螺栓将左限位行程开关支架和右限位行程开关支架安装到安装底板上，再用 2 颗 5×14mm 内六角螺栓将原点传感器支架安装到安装底板上。注意原点传感器支架安装螺栓不要拧紧。

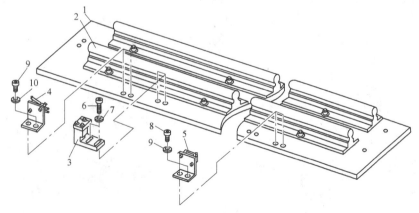

图 1-11　传感器和行程开关安装支架安装示意图
1—安装底板　2—导轨　3—原点传感器支架　4—右限位支架　5—左限位支架
6、8—固定螺钉　7、9—垫圈

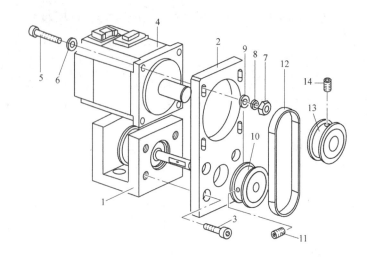

图 1-12　主驱动装配体结构示意图

1—主动轮装配体　2—伺服电动机安装板　3、5—固定螺栓　4—伺服电动机　6、9—平垫
7—螺母　8—弹簧垫片　10—同步带轮 2　11、14—定位销　12—同步带 2　13—同步带轮 1

（5）安装主驱动装配体

主驱动装配体需要给直线执行器运动提供机械动力，并将机械运动传递给同步带 1。主驱动装配体结构示意图如图 1-12 所示。具体的安装可按以下步骤完成。

1）如图 1-13 所示，用 4 颗 4×14mm 固定螺栓将电动机安装板固定到主动轮装配体上。安装时注意伺服电动机安装板不能倾斜。

2）安装同步带轮 2。如图 1-14 所示，首先转动主动轮装配体的传动轴，使其定位面朝正上方，然后将同步轮 2 安装到传动轴上，注意安装

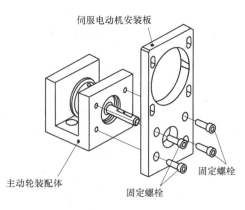

图 1-13　伺服电动机安装板安装示意图

时要将同步轮 2 的定位孔朝正上方，如图 1-15 所示，用 1.5mm 的内六角扳手将定位销拧紧，此时注意同步轮 2 离伺服电动机安装板的距离应大于或等于 5mm。

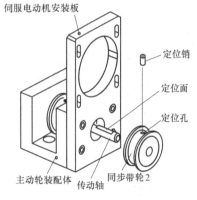

图 1-14　同步带轮 2 安装示意图

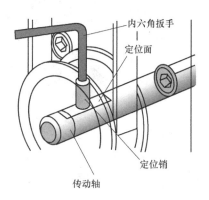

图 1-15　定位销安装示意图

3）安装同步带轮1。如图1-16所示，用4颗套好平垫和弹簧垫片的3×24mm固定螺栓和螺母将伺服电动机固定到安装板上，并拧紧螺母。再将键放入键槽，将同步带轮2装到伺服电动机轴上。然后按图1-17所示的方法，调整同步带轮2的位置，使同步带轮2和同步带轮1的侧面在同一个面。最后将定位销拧紧。

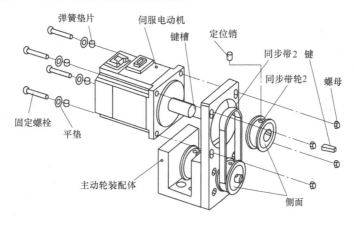

图1-16 同步带轮1安装示意图一

>> 注意 由于伺服电动机是一种精密控制装置，安装同步带轮时，如果不顺畅，不能敲打电动机轴，更不能拆卸电动机。

4）安装同步带2和伺服电动机。将安装了同步带轮2的伺服电动机固定螺栓松开，使电动机轴下移后，将同步带2套入上下两个同步轮中，并调整同步带2的位置，使其位于上下两个同步轮的正中位置。再按图1-18所示将伺服电动机向上提升，直到手指感觉同步带2被拉紧，最后用扳手将螺母拧紧，将伺服电动机安装牢固。

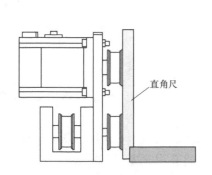

图1-17 同步带轮1安装示意图二

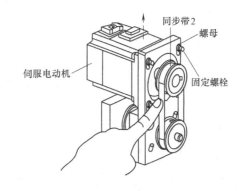

图1-18 同步带轮2和伺服电动机安装示意图

（6）安装同步带1

1）按图1-19所示，将同步带的一端从主动轮装配体的同步带轮底部穿入，再从同步带轮的上部穿出。

2）按图1-20所示，将同步带1的另一端从从动轮的底部穿入，再从上部穿出。

3）固定同步带1。按图1-21所示，先将两个锁死件用固定螺栓固定到滑动板底面，然后将同步带1的两端按图1-21所示分别穿入两个锁死件下端，再用压紧螺栓将同步带1压紧，最后翻转滑动板使其底面朝下。注意，为保证安装结束后，同步带1没有绞合现象，在同步带1穿入锁死件时，应注意同步带1的反面朝上，且两端的旋转方向一致。

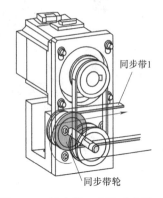
图 1-19　同步带 1 安装示意图一

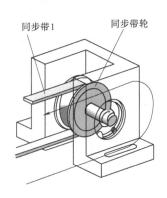
图 1-20　同步带 1 安装示意图二

同步带 1 安装结束后，驱动装配体安装就完成了，安装好的驱动装配体如图 1-22 所示。

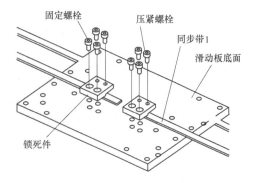
图 1-21　同步带 1 安装示意图三

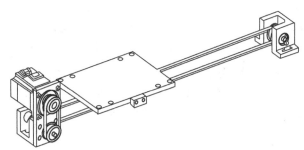
图 1-22　同步带 1 安装结束后的示意图

（7）组装直线执行器

将驱动装配体移到安装底板上，按以下步骤来完成组装。

1）固定主驱动装配体。按图 1-23 所示，用 4 颗 5×10mm 内六角螺栓将主驱动装配体固定到安装底板上。

2）固定滑动板。如图 1-23 所示，用 8 颗 4×10mm 内六角螺栓将滑动板安装到导轨上的四个滑块上。注意，安装固定螺栓时，将螺栓旋入螺钉孔内时先不要拧紧。

3）固定从驱动器。如图 1-23 所示，用 2 颗 5×10mm 内六角螺栓将从驱动器固定到安装底板上。注意从驱动器安装底板有一个安装槽，安装螺栓时，先不要拧紧，移动从驱动器，使同步带 1 拉紧，并观察到同步带 1 上下两面平行后，再将螺栓拧紧。

4）拧紧滑动板的安装螺栓。推动滑动板，当滑动板滑动顺畅时，再拧紧滑动板的安装螺栓。

3. 组装机械手装置和直线执行器

如图 1-24 所示，用 4 颗 5×10mm 内六角螺栓将机械手装置安装至直线执行器的滑动板上。注意安装所选用的螺栓不能太长，也不能太短；太长，则不能安装到位，太短，则安装不牢固。

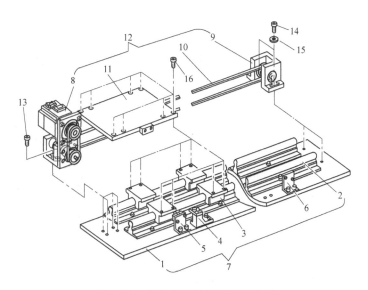

图 1-23　组装直线执行器的示意图

1—底层基板　2—导轨　3—滑块　4—原点传感器　5—右限位传感器　6—左限位传感器
7—滑轨装配体　8—主动驱动器　9—从动驱动器　10—同步带　11—滑动板　12—驱动
装配体　13—螺栓 1　14—螺栓 2　15—垫圈　16—螺栓 3

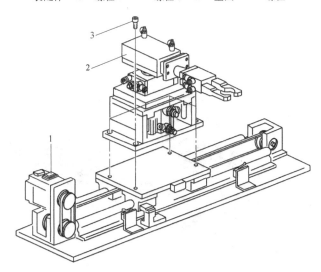

图 1-24　机械手装置和直线执行器的组装示意图

1—直线执行器　2—机械手　3—螺栓

4. 安装拖链装置

安装拖链装置可按以下方法和步骤来完成。

1）如图 1-25 所示，用 2 颗 4×12mm 内六角螺栓将拖链带动支架固定到机械手装置右侧立板上。

2）安装拖链引导架，固定拖链的一端。

根据图 1-4 所示要求和安装平台上标注的尺寸，在实训台第 10、11 格安装槽分别放入两颗螺钉，然后将拖链引导架放到安装平台上，安装右侧的 2 颗 5×12mm 沉头螺栓，再把拖链放入引导架内，使拖链一端的安装孔和引导架的安装孔对齐，装入 2颗 5×12mm 沉头螺栓，并把螺栓旋入螺母中，此时不能拧紧螺栓，当把拖链引导架移动到要求的位置时，再拧紧螺栓。

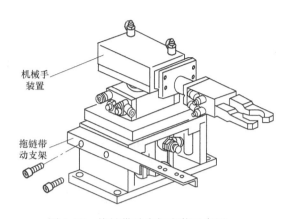

3）连接拖链和拖链带动支架。如图 1-26 所示，用 4 颗 3×10mm 内六角螺栓和配套的螺母、垫片将拖链的另一端安装到拖链带动支架上。

5. 安装其他组件

图 1-25　拖链带动支架安装示意图

根据图 1-4 所示安装图的要求，用 8 颗 5×14mm 内六角螺栓依次将电磁阀组、伺服驱动器安装支架、接线端口安装导轨安装到实训台相应的位置后，用 2 颗 3×10mm 内六角螺栓将伺服驱动器固定到安装支架上，最后将接线端口安装到安装导轨上，注意观察接线端口底部的安装槽，确定好安装方向后再安装。

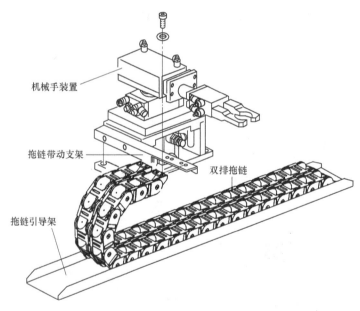

图 1-26　连接拖链和拖链带动支架示意图

四、检查与调整

1. 安装位置的检查与调整

1）安装尺寸的检查与调整：用钢直尺测量安装底板、拖链引导槽、接线端口安装导轨在安装平台上的安装尺寸，保证安装尺寸与图纸要求的尺寸误差小于 1mm。若不符合要求，则可松开相应的固定螺栓进行调整。

2）没有尺寸要求的部件安装位置的检查和调整：电磁阀组和伺服驱动器都没有安装尺

寸的要求，但是电气线路布线工艺中要求线路入槽布线，所以部件周边应留有安装线槽的余量，因此尽量让没有安装尺寸要求的器件的安装位置和图1-2的要求完全一致。若不一致则可松开相应的固定螺栓进行调整。

2. 机械手装置的检查与调整

1）用手拨动机械手手爪，观察其动作是否顺畅，若不顺畅，则松开手爪固定螺栓进行调整。

2）用手水平拉伸机械手手爪后再推回，观察其动作是否顺畅，若不顺畅，则需要检查机械手伸缩气缸。

3）用手稍用力顺时针方向转动机械手手臂，用直角尺测量机械手手臂和旋转气缸是否垂直。若不垂直，则调节旋转气缸上的旋转角度调整螺杆，使机械手手臂顺时针转至极限位置时，正好和旋转气缸垂直。

4）用手稍用力逆时针方向转动机械手手臂，测量机械手手臂和旋转气缸是否平行。若不平行，则调节旋转气缸上的另一个旋转角度调整螺杆，使机械手手臂逆时针转至极限位置时，正好和旋转气缸平行。

5）用手往上抬起升降平台，然后再慢慢放下，观察升降平台的上升和下降是否顺畅。

3. 直线执行器的检查与调整

1）用直角尺检查同步轮1和同步轮2的外侧面是否在同一平面，如不在同一平面，则需要松开伺服电动机的固定螺栓，拆下同步带2，松开同步轮1的紧定螺钉，重新调整同步轮1的位置，然后再安装好同步带2和伺服电动机。

2）检查同步带2是否位于同步轮的正中位置，若有偏移，则可以一边转动同步轮，一边将同步带2往同步轮正中位置移动。

3）用手推动机械手装置，检查机械手装置的滑动是否顺畅，是否有明显噪声。若滑动不顺畅或有噪声，则需要检查原因，再进行相应的调整。

【交流与探索】

1. 记录完成工作任务的过程和所用的时间，以及出现的问题和解决的方法。
2. 交换检查另一组的搬运输送装置机械部件的安装质量，并做好记录。
3. 重装一次搬运输送装置，写一份优化的安装过程，并总结注意事项。

【完成任务评价】

任务评价表见表1-12。

表1-12　搬运输送装置机械安装评价表

项目	评价内容		分值	学生自评	小组互评	教师评分
实践操作过程评价（50%）	安全文明操作（14%）	按要求穿着工作服	2			
		工具摆放整齐	2			
		完成任务后及时清理工位	2			
		不乱丢杂物	2			
		未发生机械部件撞击事故	3			
		未造成设备或元件损坏	3			

（续）

项目		评价内容	分值	学生自评	小组互评	教师评分
实践操作过程评价（50%）	工作程序规范（16%）	安装的先后顺序安排恰当	2			
		安装过程规范、程序合理	2			
		工具使用规范	3			
		操作过程返工次数少	2			
		安装结束后进行检查和调整	2			
		检查和调整的过程合理	2			
		操作技能娴熟	3			
	遇到困难的处理（5%）	能及时发现问题	2			
		有问题能想办法解决	2			
		遇到困难不气馁	1			
	个人职业素养（15%）	操作时不大声喧哗	1			
		不做与工作无关的事	1			
		遵守操作纪律	2			
		仪表仪态端正	1			
		工作态度积极	2			
		注重交流和沟通	2			
		能够注重协作互助	2			
		创新意识强	2			
		操作过程有记录	2			
实践操作成果评价（50%）	安装尺寸和位置（12%）	能正确确定安装尺寸	4			
		能根据确定的尺寸准确安装相应部件	2			
		实训台上各部件的相对位置正确	2			
		同步轮1和同步轮2的侧面共面	2			
		垂直往向看，同步带1上下两部分重合	2			
	各机械部件的固定（13%）	机械部件安装所选用的配件合适	5			
		安装固定的牢固度合适	3			
		同步轮定位销的安装位置正确	2			
		键的安装正确	1			
		同步带的安装符合要求	2			
	搬运输送装置各部件的运动（16%）	机械手手爪的松开和夹紧顺畅	2			
		机械手手臂的伸缩顺畅、到位	2			
		机械手的正反向旋转顺畅，旋转角度为90°	2			
		机械手的升降顺畅、到位	2			
		机械手装置的往返运动顺畅	4			
		机械手装置做往返运动时，无明显噪声	2			
		机械手做往返运动时，传动部件不偏移	2			

（续）

项目		评价内容	分值	学生自评	小组互评	教师评分
实践操作成果评价（50%）	记录和总结（9%）	过程的记录清晰、全面	3			
		能及时完成总结的各项内容	2			
		总结的内容正确、丰富	2			
		总结有独到的见解	2			

任务二　搬运输送装置电路和气路的安装

【任务描述与要求】

1. 根据表1-13所示搬运输送装置电路器材清单所列的器材，按图1-27所示的搬运输送装置电气控制原理图及其技术要求，完成搬运输送装置电路的安装和检测，并达到以下要求：

1）电路连接正确。

2）电路连接符合工艺规范要求。

3）检测方法和仪表使用方法正确。

2. 根据表1-14所示搬运输送装置气路器材清单所列的器材和配件，按图1-28所示的搬运输送装置气动原理图及其技术要求，完成搬运输送装置气路的安装和调试，并达到以下要求：

1）气路连接正确。

2）气路连接符合工艺规范要求。

3）气缸的动作速度合适。

表1-13　搬运输送装置电路器材清单

序号	名称	型号	数量	作用	备注
1	单控电磁阀YA1	4V110—06 通气孔 ϕ6mm	1	控制机械手升降气缸	4个电磁阀组成电磁阀组
2	双控电磁阀YA2	4V120—06 通气孔 ϕ4mm	1	控制机械手旋转气缸	
3	单控电磁阀YA3	4V110—06 通气孔 ϕ4mm	1	控制机械手伸缩气缸	
4	双控电磁阀YA4	4V120—06 通气孔 ϕ4mm	1	控制机械手手爪气缸	
5	原点传感器	GH1—F1710MA	1	定位机械手装置的原点位置	
6	左限位传感器	VS10N051C2	1	输送装置的左限位保护	
7	右限位传感器	VS10N051C2	1	输送装置的右限位保护	
8	升降台上限位传感器	CS1—J	1	检测机械手上升到位	
9	升降台下限位传感器	CS1—J	1	检测机械手下降到位	
10	旋转气缸左限位传感器	CS—9D	1	检测机械手左转到位	
11	旋转气缸右限位传感器	CS—9D	1	检测机械手右转到位	
12	机械手伸出前限位传感器	CS1—G	1	检测机械手伸出到位	
13	机械手伸出后限位传感器	CS1—G	1	检测机械手缩回到位	
14	机械手夹紧限位传感器	CS—15T	1	检测手爪加紧到位	
15	伺服驱动器	MADHT1507E200V	1	驱动伺服电动机	

（续）

序号	名称	型号	数量	作用	备注
16	伺服电动机		1	带动直线执行器左右运动	
17	可编程序控制器	PLC FX1N—40MT	1	控制设备的运行	
18	PLC 输入接线端子—PLC 模块侧	HO1651	1	引出 PLC 输入端	
19	PLC 输入接线端子—检测信号侧	HO1687	1	连接传感器及限位开关	
20	PLC 输出接线端子—PLC 模块侧	HO1688	1	引出 PLC 输出端	
21	PLC 输出接线端子—电磁阀、执行机构侧	HO1650	1	连接电磁阀和伺服驱动器等	
22	控制模块	YL-Z-17	1	可实现设备的起停、工作方式的选择或急停，以及工作情况的指示	
23	熔丝	F2A/250V	1	短路和过载保护	
24	熔丝插座	WUK5—HESI	1	安装保险管的位置	
25	稳压电源	YL—003	1	提供 24V 直流电源	
26	数据线		2	连接上下接线端子排	
27	线槽	3100mm × 200mm × 500mm	1	放线	
28	导轨	240mm × 35mm	3	安装接线端子排	
29	导线	$0.75mm^2$、黄	1	电路连接	
30	导线	$0.75mm^2$、绿	1	电路连接	
31	导线	$0.75mm^2$、红	1	电路连接	
32	导线	$0.75mm^2$、蓝	1	电路连接	
33	导线	三芯电缆	0.5m	电路连接	
34	插针	E7508 黄	1	做导线头	
35	插针	E7508 绿	1	做导线头	
36	插针	E7508 红	1	做导线头	
37	插针	E7508 蓝	1	做导线头	
38	插针	U 形 蓝	5	做导线头	
39	插接器 XA 连接线		1	为伺服驱动器提供电源	

表 1-14　搬运输送装置气路器材清单

序号	名称	型号	数量	作用
1	机械手手爪气缸	MHC2—20D	1	控制机械手手爪动作
2	机械手伸缩气缸	TCM16X75—S WZ327	1	控制机械手伸出和缩回
3	机械手旋转气缸	RTB-10-A2	1	控制机械手左旋和右旋
4	机械手升降气缸	ACQS50X20	1 个	控制机械手上升和下降
5	单控电磁阀 1Y	4V110—06 通气孔 ϕ6mm	1	控制机械手升降气缸的上升和下降
6	双控电磁阀 2Y	4V120—06 通气孔 ϕ4mm	1	控制机械手伸缩气缸的伸出和缩回
7	单控电磁阀 3Y	4V110—06 通气孔 ϕ4mm	1	控制机械手旋转气缸双向旋转
8	双控电磁阀 4Y	4V120—06 通气孔 ϕ4mm	1	控制机械手手爪气缸夹紧和松开
9	气管	橙色、ϕ4mm	9m	气路连接
10	气管	蓝色、ϕ4mm	9m	气路连接
11	气管	橙色、ϕ6mm	3m	气路连接
12	气管	蓝色、ϕ6mm	4m	气路连接
13	扎带	3 ×150mm	1	气路绑扎
14	空气压缩机	W—58	1	提供气源
15	气源总阀	GFR200—08	1	调节气压、过滤

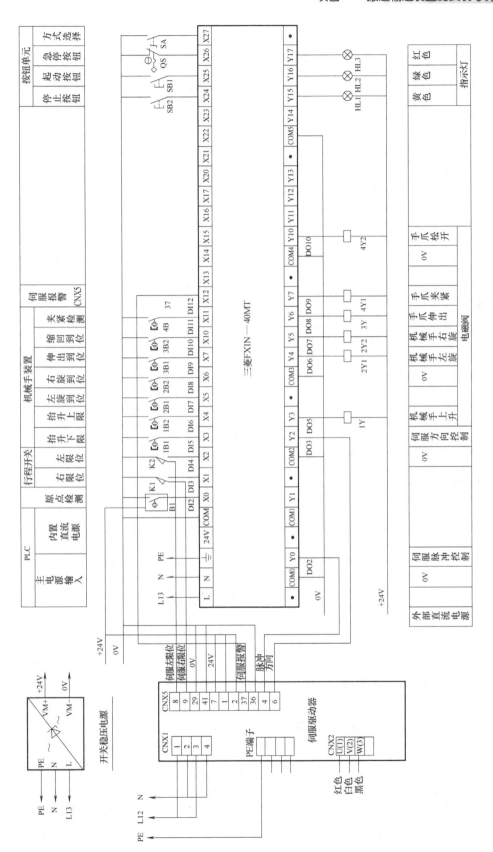

图 1-27 搬运输送装置电气控制原理图

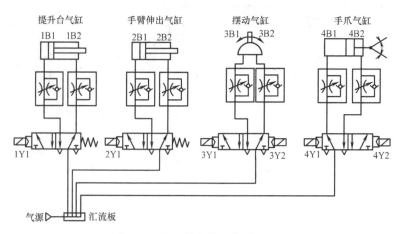

图1-28　搬运输送装置气路原理图

【任务分析与思考】

1. 需要安装的搬运输送装置的主要控制器是什么？
2. 需要安装的搬运输送装置有哪些执行和指示器件？有哪些检测器件和控制元件？
3. 图1-27所示的搬运输送装置的电路和气路需要哪些配件和工具？
4. 按什么样的工艺步骤，能快速地安装好图1-27所示的搬运输送装置的电路？
5. 电路在什么情况下才能通电？
6. 需要安装的搬运输送装置的气路有哪些器件？
7. 按什么样的工艺步骤，能快速地安装好图1-28所示的搬运输送装置的气路？

【相关知识】

一、搬运输送装置电气控制的结构

自动生产线一般都分成几个部分，每个部分都有其独立的电气控制箱，而所有电气控制箱的电源由一个总配电箱供电。YL—335B自动生产线包括搬运输送装置、供料装置、加工装置、装配装置和分拣装置5个部分，5个部分分别有独立的电气控制箱，由一个总配电箱供电。

1. 供电电源

自动生产线一般要求外部供电电源为三相五线制AC 380V/220V，电源引入配电箱后，分配到各个装置。YL—335B配电箱供电的一次回路原理图如图1-29所示，配电箱电路安装示意图如图1-30所示。

从图可看出，总电源开关选用DZ47LE—32/C32型三相四线漏电开关（3P + N结构形式），系统各主要负载通过断路器单独供电。其中，变频器电源通过DZ47C16/3P三相断路器供电；伺服电源和各工作站PLC均采用DZ47C5/2P单相断路器供电，并且各工作装置的电源都连接到相应电气控制箱的开关电源上。PLC所用电源，只需要从相应的开关电源的交流电源侧引出即可；而伺服的电源连接在伺服驱动器的电源插头上，在安装电路时，只需要将伺服驱动器的电源插头插入插座，伺服电源就连接完毕。

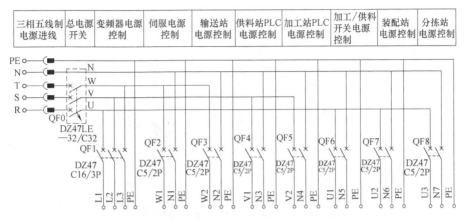

图 1-29　YL—335B 配电箱供电的一次回路原理图

图 1-30　YL—335B 配电箱电路安装示意图

2. 搬运输送装置的电气控制箱

搬运输送装置电气控制箱示意图如图 1-31 所示，电气控制箱主要包括 PLC、PLC 输入输出接线端口、控制显示单元、开关电源。

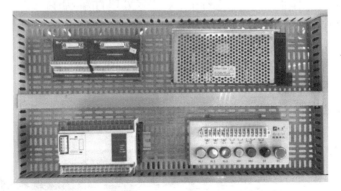

图 1-31　搬运输送装置电气控制箱示意图

1）PLC。PLC 是搬运输送装置的核心器件，选用的型号是三菱 FX1N—40MT，共有 24个输入点和 16 个晶体管输出点。

2）PLC 输入输出接线端口。YL—335B 自动生产线使用专门的 PLC 输入端口和输出端口，如图 1-32 所示。其中，左边为输出端口，右边为输入端口。接线端口采用两层端子结构，上层的各端子之间彼此独立，用以连接各信号线，其中输入端口的端子号与检测信号的端子号相对应，而输出端口的端子号和执行器件的端子号相对应。下层的端子分两部分，一部分是 24V 接线端子，另一部分是 0V 接线端子，其中用来连接 DC 24V 电源，且标号相同的接线端子短接在一起。

3）控制显示单元。YL—335B 自动生产线五个装置的控制显示单元的结构都是完全一样的，如图 1-33 所示，该单元负责提供设备运行的主令信号和显示设备运行过程中的状态信号。

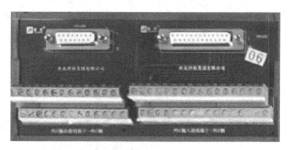

图 1-32　PLC 输入、输出端口示意图

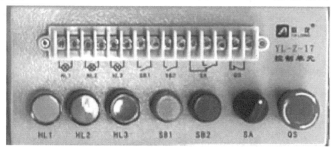

图 1-33　控制显示单元结构示意图

由图 1-33 可知，控制显示单元包括：黄色（HL1）、绿色（HL2）、红色（HL3）三盏指示灯，绿色按钮（SB1）、红色按钮（SB2）、转换开关（SA）和急停开关（QS）各一个。各指示灯、按钮和开关的接线端全部引到了端子排上。其中，两个按钮都是一对常开触点，转换开关是由三个触点组成的一对常开、一对常闭触点（图 1-33 中最右端为公共端），急停开关是一对常闭触点。

4）开关电源。检测器件、电磁阀、指示灯等工作电压为 DC 24V 的器件由开关电源供电，开关电源的外形结构示意图如图 1-34 所示，由于内部有高压元件，开关电源外壳为金属屏蔽罩，并有危险标志，无论是工作还是断电状态都不能在未经处理的情况下碰触内部器件。

使用开关电源时，只需要连接好外面的连接线即可，如图 1-35 所示为开关电源接线端口示意图。开关电源共有 7 个端子，如图 1-35 所示从左至右依次为 L——火线、N——零线、G——地线、2 个 COM—DC 24V "—"、2 个 +V—DC 24V "＋"，前面的三个端子已经连接完毕。最右边的电位器"＋V ADJ"的作用是输出电压校正，当输出电压偏高或偏低时，可以通过调节电位器，将电压调到需要的值。

图 1-34　开关电源外形结构示意图

图 1-35　开关电源接线端口示意图

3. 检测器件

搬运输送装置的检测器件包括原点传感器、限位开关和磁性传感器三种。

（1）原点传感器

搬运输送装置选用的原点传感器是型号为 GH1—F1710MA 的电感式传感器，其外形结构示意图如图 1-36 所示。

原点传感器是利用电涡流效应工作的传感器。电涡流效应是指当金属物体处于一个交变的磁场中时，在金属内部会产生交变的电涡流，该电涡流会反作用于产生引起电涡流的磁场，从而使产生交变磁场的信号的振幅或频率发生变化，最后将该变化转换成开关量输出。可见，原点传感器只能检测距离近的金属物体，因此在机械手搬运装置的一侧安装了一块挡铁。安装原点传感器时，应注意其方向，使得机械手装置到达原点位置时，机械手装置的挡铁正好在原点传感器的正上方。

原点传感器在电路图中的图形符号如图 1-37 所示。

图 1-36　原点传感器外形结构示意图

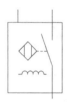

图 1-37　原点传感器图形符号

（2）限位开关

搬运输送装置选用的限位开关结构示意图如图 1-38 所示，其工作原理很简单，当机械手装置到达极限位置时，挡铁将限位开关上的动片压住，使限位开关动作。因此，安装限位开关时，限位开关应装在靠近机械手装置的一侧。

限位开关在电路图中的图形符号如图 1-39 所示。

图 1-38　限位开关外形结构示意图

图 1-39　限位开关图形符号

（3）磁性传感器

磁性传感器是利用导体或半导体的磁电转换原理，将磁场信息变换成相应电信号的元器件。目前应用最广泛的是半导体磁性传感器，包括霍尔元件，磁阻元件，磁性二极管，磁性晶体管及磁性集成电路等。此外，强磁性金属制作的磁性元件、韦干特磁性传感器及超导金属制成的约瑟逊超导量子干涉器件（SQUID）等，均是近年来开发的极重要的磁性传感器。

搬运输送装置所用的磁性传感器的外形结构示意图如图 1-40 所示，磁性传感器在电路中的图形符号如图 1-41 所示。

图 1-40 磁性传感器的外形结构示意图

图 1-41 磁性传感器的图形符号

4. 执行器件

（1）电磁阀

1）单控电磁阀。单控电磁阀是指只有一个电磁线圈的电磁阀。电磁阀（电磁换向阀）是利用其电磁线圈通电时，静铁心对动铁心产生电磁吸力使阀芯切换，达到改变气流方向的目的。根据内部结构的不同，又分为二位三通、二位四通和二位五通单控电磁阀三种，其中单电控二位三通电磁阀工作原理如图 1-42 所示。

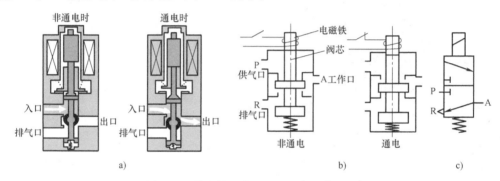

图 1-42 单电控二位三通电磁阀工作原理

所谓"位"指的是为了改变气体方向，阀芯相对于阀体所具有的不同的工作位置。"通"的含义则指阀与系统相连的通口，有几个通口即为几通。图 1-42 中，有两个工作位置，具有供气口 P、工作口 A 和排气口 R 三个通口，故为二位三通阀。

图 1-43 分别为二位三通、二位四通和二位五通单控电磁阀的图形符号，图形中有几个方格就是几位，方格中的"⊤"和"⊥"符号表示各接口互不相通。

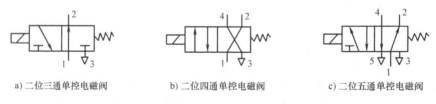

a) 二位三通单控电磁阀　　b) 二位四通单控电磁阀　　c) 二位五通单控电磁阀

图 1-43 二位三通、二位四通和二位五通单控电磁阀的图形符号

<u>YL—335B 所有的执行气缸都是双作用气缸，因此均使用二位五通电磁阀。</u>

2）双控电磁阀。双控电磁阀的工作原理与单控电磁阀相似，都是依靠电磁线圈得失电来改变阀芯位置，从而实现气流方向的改变。

二位五通双控电磁阀的图形符号如图1-44所示。

3）电磁阀组。YL—335B搬运输送装置所用的两个单控电磁阀和两个双控电磁阀集中安装在一块汇流板上，组成一个电磁阀组。具体的结构如图1-45所示。电磁阀组两个排气孔均连接了消声器，以减少压缩空气排放时的噪声。汇流板只是集中供气和排气，每个电磁阀的工作还是相互独立的。

如图1-45所示，每个电磁阀都带一个手动换向和锁定按钮，可以用小型螺钉旋具操作，以便手动操作换向。

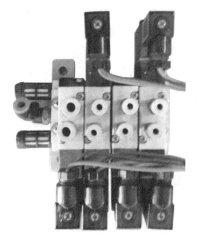

图1-44　二位五通双控电磁阀图形符号　　　图1-45　搬运输送装置电磁阀组示意图

（2）伺服电动机和伺服驱动器

所谓伺服就是要满足准确、精确、快速定位的要求，因此伺服电动机和普通变频器控制电动机的最大区别在于：伺服响应速度快、定位准确。因此，伺服电动机应用在有严格位置控制要求或精度和响应要求高的场合。

现代实际生产中所采用的伺服系统大多数为永磁交流伺服系统，永磁交流伺服系统包括永磁同步交流伺服电动机和全数字交流永磁同步伺服驱动器两部分。

1）伺服电动机的工作原理。伺服电动机内部的转子是永磁铁，驱动器控制三相电U/V/W形成电磁场，转子在此磁场的作用下转动，同时电动机自带的编码器反馈信号给驱动器，驱动器根据反馈值与目标值进行比较，调整转子转动的角度，从而实现准确的定位控制。伺服电动机的精度决定于编码器的精度（线数）。

2）伺服电动机的控制方式。一般伺服电动机都有三种控制方式：转矩控制方式、位置控制方式、速度控制方式。

转矩控制方式是通过外部模拟量的输入或直接的地址赋值来设定电动机轴对外的输出转矩的大小。例如设定10V对应5N·m，当外部模拟量设定为5V时电动机轴对外的输出为2.5N·m；如果电动机轴负载低于2.5N·m时电动机正转，负载等于2.5N·m时电动机不转，负载大于2.5N·m时电动机反转（通常在有重力负载情况下产生）。转矩控制方式可以通过即时的改变模拟量的设定值来改变设定的转矩大小，也可通过通信方式改变对应地址的数值来实现。主要应用在对材质的受力有严格要求的缠绕和放卷的装置中，例如绕线装置或拉光纤设备，转矩的设定要根据缠绕半径的变化随时更改，以确保材质的受力不会随着缠绕半径的变化而改变。

位置控制模式一般是通过外部输入的脉冲频率来确定转动速度的大小，通过脉冲的个数来确定转动的角度，也有些伺服可以通过通信方式直接对速度和位移进行赋值。由于位置控制模式可以对速度和位置都有很严格的控制，所以一般应用于定位装置。应用领域有数控机床、印刷机械等。

速度控制模式是通过模拟量的输入或脉冲的频率来进行转动速度的控制，对于有上位控制装置的外环PID速度控制模式也可以用于定位，但必须把电动机的位置信号或直接负载的位置信号传输至上位反馈以做运算用。速度控制模式也支持直接负载外环检测位置信号，此时的电动机轴端的编码器只检测电动机转速，位置信号就由直接的最终负载端检测装置来提供，这样的优点在于可以减少中间传动过程中的误差，提高了整个系统的定位精度。

3）松下MINAS A5系列AC伺服电动机驱动器。YL—335B搬运输送装置的直线执行装置由伺服电动机带动，通过同步轮和同步带带动滑动板沿直线导轨做往复直线运动。从而带动固定在滑动板上的机械手装置做往复直线运动。同步轮齿距为5mm，共12个齿，即伺服电动机旋转一周机械手装置移动60mm。

二、电气控制系统安装的工艺要求

电气控制系统安装需要符合工艺要求，才能保证装置的使用安全和使用寿命。具体有以下几点：

1）装配前应检查元器件有无损坏，列入国家强制性认证目录的电器元器件应验证其CCC标志，发现问题及时更换和处理。

2）组装前必须擦净元器件上的灰尘及油污。

3）安装的元器件操作时不受空间的妨碍，不能触及带电体。

4）维修容易，能够方便地更换元器件及维修装置的其他部件。

5）满足电器元件产品说明书的要求。如：满足飞弧距离，电气间隙和爬电距离的要求。

6）组装所有紧固件、金属件的防护层不得脱落、生锈。选择与电器元件固定孔相匹配的螺钉。紧固后螺钉露出螺母2～5螺距。

7）组装时要充分考虑接地连续性，箱体内任意两个金属部件通过螺栓连接时如有绝缘层均采用相应规格的接地垫圈，并注意将接地垫圈齿面接触金属部件表面，以划破绝缘层。

8）安装易因振动损坏的元器件时，应在元器件和安装板之间加装橡胶垫减振。

9）对于有操作手柄的元器件应将其调整到位，不得有卡阻现象。

10）各种防护板应安装到位。

三、搬运输送装置的气动元件

1. 气源处理装置

（1）气源处理概述

从空压机输出的压缩空气中，含有大量的水分、油分和粉尘等污染物。质量不良的压缩空气是气动系统出现故障的最主要因素，它会使气动系统的可靠性和使用寿命大大降低。因此，压缩空气进入气动系统前应进行必要的气源处理，适当清除其中的污染物。

工业上的气动系统，常常使用组合起来的气动三联件作为气源处理装置。气动三联件是指空气过滤器、减压阀和油雾器。每个元件在系统中的作用分别是：

1）空气过滤器一般安装在气动系统的入口处，主要目的是滤除压缩空气中的水分、油分以及杂质，以达到气动系统所需的净化程度，它属于二次过滤器。

2）减压阀一般安装在空气过滤器之后，油雾器之前，其主要作用是用来调节或控制气压的变化，并保持减压后的压力值固定在需要的值上，确保系统压力的稳定性，减小因气源气压突变时造成的对阀门或执行器等硬件的损伤。

3）油雾器一般安装在空气过滤器、减压阀之后，是气压系统中一种特殊的注油装置，其作用是把润滑油雾化后，经压缩空气携带进入系统各润滑油部位，满足润滑的需要。

有些电磁阀和气缸能够实现无油润滑（靠润滑脂实现润滑功能），因此不需要使用油雾器。这时只须把空气过滤器和减压阀组合在一起，可以称为气动二联件。

（2）YL—335B 的气源处理组件

YL—335B 的气源处理组件使用的就是空气过滤器和减压阀集装在一起的气动二联件结构，组件实物图及其气动原理图分别如图 1-46a、b 所示。

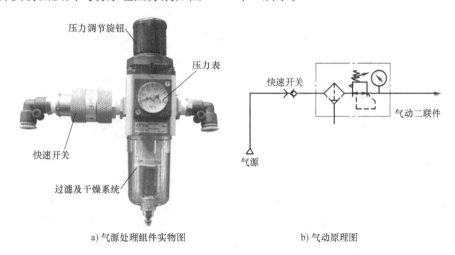

a）气源处理组件实物图   b）气动原理图

图 1-46　YL—335B 的气源处理组件

其中，气源处理组件的输入气源来自空气压缩机，所提供的压力要求为 0.6 ~ 1.0MPa。组件的气路入口处安装一个快速气路开关，用于启/闭气源。当把气路开关向左拔出时，气路接通气源，反之把气路开关向右推入时气路关闭。

组件的输出压力为 0 ~ 0.8MPa。输出的压缩空气通过快速三通接头和气管输送到各工作单元。进行压力调节时，在转动旋钮前先拉起旋钮再旋转，压下旋钮为定位。旋钮向右旋转为调高出口压力，向左旋转为调低出口压力。调节压力时应逐步均匀地调至所需压力值，不应一步调节到位。

本组件的空气过滤器采用手动排水方式。手动排水时在水位达到滤芯下方最高标线之前必须排出。因此在使用时，应注意经常检查过滤器中凝结水的水位，在超过最高标线以前，必须排出，以免被重新吸入。

2. 双作用气缸

双作用气缸活塞的往返运动是依靠压缩空气在缸内被活塞分隔开的两个腔室（有杆腔、

无杆腔）的交替进入和排出来实现的，压缩空气可以在两个方向上作功。由于气缸活塞的往返运动全部靠压缩空气来完成，所以称为双作用气缸，其结构示意图及图形符号如图1-47所示。

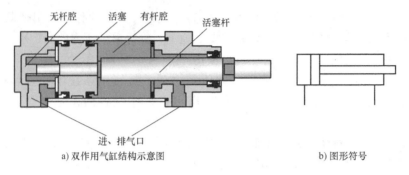

a) 双作用气缸结构示意图　　　　　　b) 图形符号

图1-47　双作用气缸结构示意图及图形符号

3. 旋转气缸

旋转气缸是利用压缩空气驱动输出轴在小于360°的范围内作往复摆动的气动执行元件，多用于物体的转位、工件的翻转、阀门的开闭等场合。旋转气缸按结构特点可分为叶片式、齿轮齿条式两大类。单叶片式摆动气缸结构图及图形符号如图1-48所示。

4. 双出杆气缸

双出杆气缸具有两个活塞杆，其实物图如图1-49所示。在双出杆气缸中，通过连接板将两个并列的活塞杆连接起来，在定位和移动工具或工件时，这种结构可以抗扭转。与相同缸径的标准气缸相比，双出杆气缸可以获得两倍的输出力。

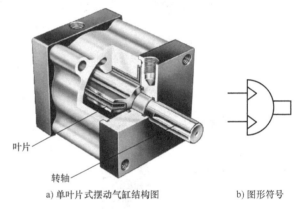

a) 单叶片式摆动气缸结构图　　　　b) 图形符号

图1-48　单叶片式摆动气缸结构图及图形符号

a)　　　　　　　　　　　　　　b)

图1-49　双出杆气缸实物图

5. 气动抓手

气动抓手（气动手指）可以实现各种抓取功能，是现代气动机械手中一个重要部件。气动抓手的主要类型有平行抓手气缸、摆动抓手气缸、旋转抓手气缸和三点抓手气缸等。气动抓手能实现双向抓取，并可安装无接触式位置检测元件，有较高的重复精度。本项目中应用的平行抓手剖面结构及实物图如图1-50所示。

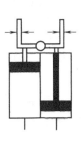

a) 平行抓手剖面结构图　　　　b) 平行抓手实物图　　　c) 图形符号

图 1-50　平行抓手剖面结构与实物图

【任务实施】

YL—335B 搬运输送装置电路和气路的安装是在安装完机械部件的基础上进行的，可以先安装电路，再安装气路，具体可参考以下方案来完成。

一、准备安装 YL—335B 搬运输送装置电路的器材和工具

1. 准备器材

根据安装搬运输送装置电路所需要的器材清单（见表 1-13）清点器材，并检查各器材是否齐全，是否完好无损，如有损坏，请及时更换。在清点器材的同时，将器材分类放置到合适的位置，将较小的配件放在一个固定的容器中，以方便安装时快速找到，并保证在安装过程不遗漏小的器件。

2. 准备工具

安装 YL—335B 搬运输送装置电路时，需要制作、安装连接导线和检测电路的工具，所要的工具清单见表 1-15。请根据表 1-15 清点工具，并按使用顺序整齐地摆放在工具盒或工具袋中。

表 1-15　搬运输送装置电路安装工具清单

序号	名称	规格	数量	作用
1	万用表	MF—47	1	检测电路
2	验电笔		1	检测电路
3	一字螺钉旋具	100mm	1	接线与安装
4	十字螺钉旋具	100mm	1	接线与安装
5	剪刀	150mm	1	剪线
6	压线钳	U 型	1	压线
7	压线钳	插针型	1	压线
8	剥线钳	史丹利	1	剥线
9	仪表螺钉旋具	微型	1	安装和调整传感器的位置

安装 YL—335B 搬运输送装置电路所用的螺钉旋具规格由连接器件的连接螺栓确定，不同的器件固定螺栓的规格不同，应注意选用相应规格的螺钉旋具进行安装，以免安装时损坏螺栓。

二、安装 YL—335B 搬运输送装置电路

安装搬运输送装置电路时，首先要断开电源开关，将电路中的各个元器件安装到位，然后连接电路，最后进行检测。具体方法和步骤如下：

1. 安装传感器

（1）安装原点传感器和行程开关

根据表 1-16 所示的操作步骤、操作图示和操作说明，将原点传感器和左/右限位传感器安装到相应的支架上。

表 1-16　原点传感器和行程开关安装步骤

操作步骤	操作图示	操作说明
1	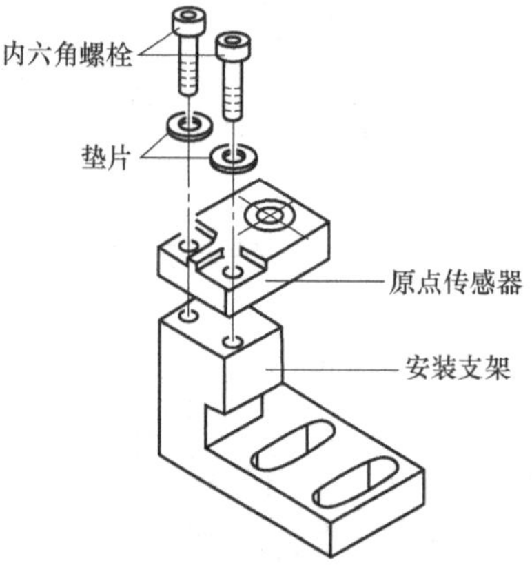 内六角螺栓 垫片 原点传感器 安装支架	将原点传感器按图示方向放置到安装支架上，并将安装孔对准，再用套上垫片的 2 颗 2.5×100mm 内六角螺栓旋紧
2	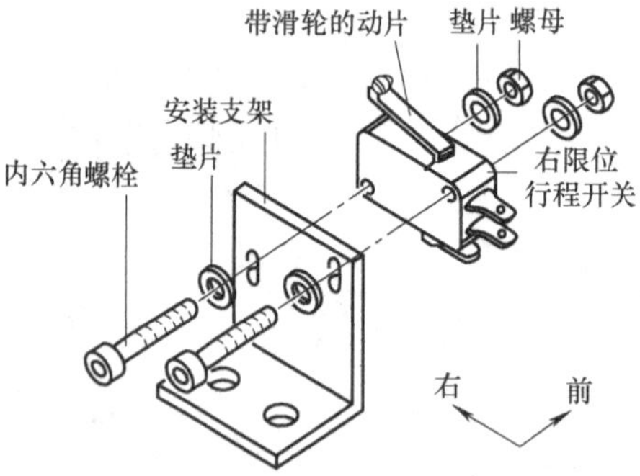 带滑轮的动片　垫片　螺母 安装支架 内六角螺栓　垫片　右限位行程开关 右　前	1）将右限位行程开关的安装孔按图示方向对准安装支架的安装孔 2）将 2 颗 2.5×160mm 内六角螺栓套上垫片后，穿过安装孔 3）在内六角螺栓穿出的一端套上垫片，再用螺母拧紧 注意：行程开关带滑轮的动片应向右弹起 用同样的方法安装左限位行程开关 注意：行程开关带滑轮的动片应向左弹起
3	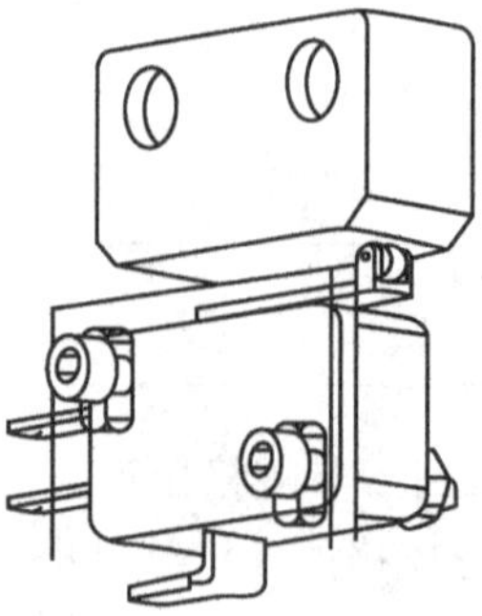	将机械手装置移动到极限位置，观察行程开关是否如图所示动作到位，若没有，则重新调整行程开关的安装高度

（2）安装机械手装置传感器

根据表 1-17 所示的操作步骤、操作图示和操作说明，安装机械手装置传感器。

表 1-17　机械手装置传感器安装步骤

操作步骤	操作图示	操作说明
1	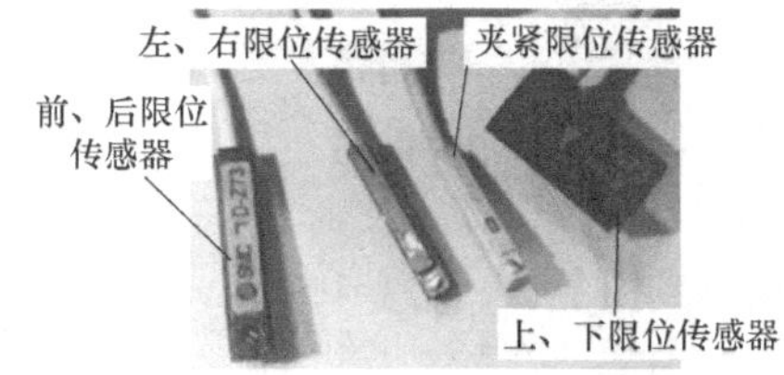 左、右限位传感器　夹紧限位传感器 前、后限位传感器 上、下限位传感器	准备并整理好图示的 4 种 7 个传感器
2	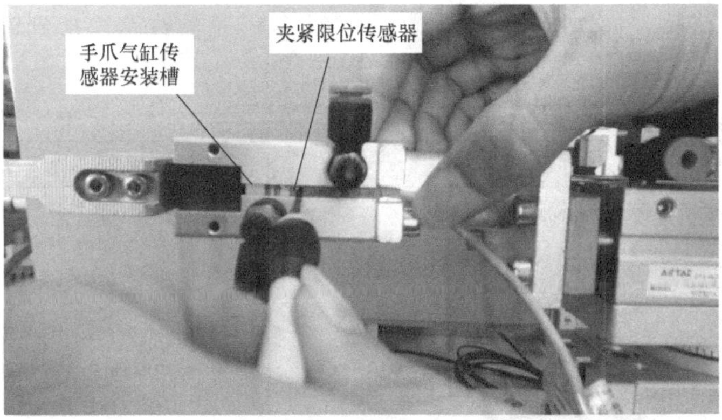 手爪气缸传感器安装槽　夹紧限位传感器	将夹紧限位传感器嵌入手爪气缸传感器安装槽内
3	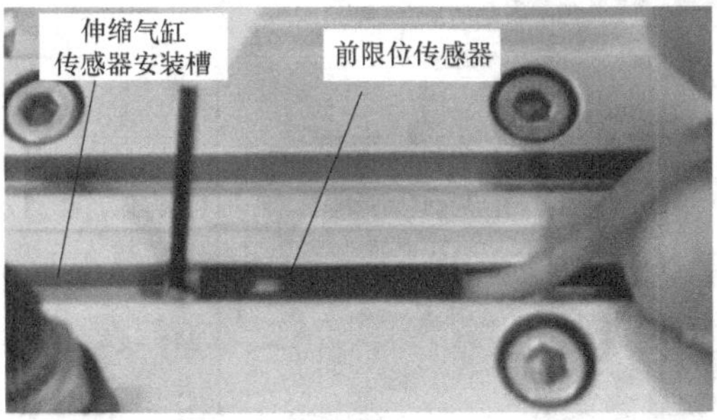 伸缩气缸传感器安装槽　前限位传感器	将前、后限位传感器嵌入伸缩气缸传感器安装槽内
4	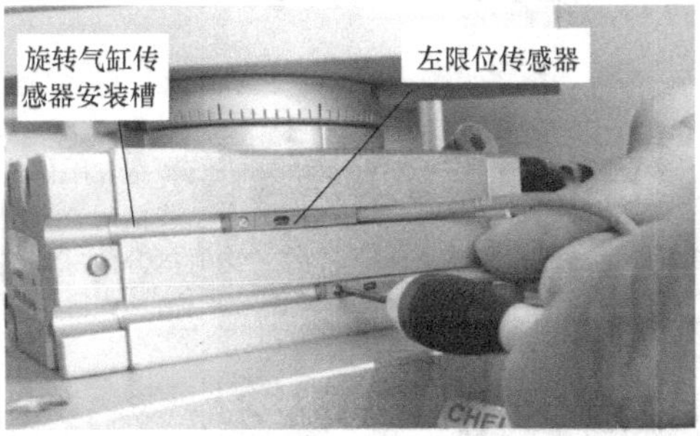 旋转气缸传感器安装槽　左限位传感器	将左、右限位传感器嵌入旋转气缸传感器安装槽内

（续）

操作步骤	操作图示	操作说明
5		将上、下限位传感器嵌入举升气缸传感器安装槽内

2. 连接传感器线路

根据表1-18所示操作步骤、操作图示和操作说明，将各传感器线路连接到输入接线端子排的信号侧。

表1-18　传感器线路连接

操作步骤	操作图示	操作说明
1		将各传感器的引出线连接端套上号码管，并按原理图编写号码
2		将原点传感器和右限位传感器的连接线放入右侧线槽后，沿槽整理到输入接线端子排，再按0V线、信号线、24V线的顺序连接到接线端子排
3		将左限位传感器的连接线放入左侧线槽后，沿线槽整理到输入接线端子排，再按0V线、信号线、24V线的顺序连接到接线端子排

（续）

操作步骤	操作图示	操作说明
4		打开拖链的一排盖板,将机械手装置的传感器连接线整理好后,沿拖链支架放入拖链内,经左侧线槽到输入接线端子排,最后按原点传感器的接线方法,按 0V 线、信号线的顺序连接到接线端子排

3. 连接电磁阀线路

电磁阀线路的连接可以参考以下步骤:

1) 将电磁阀连接线的一端套上号码管。

2) 按原理图编写号码。

3) 将连接线按 0V 线、信号线的顺序安装到接线端子排上。

4) 将电磁阀的导线全部整理入线槽。

5) 盖好左侧线槽盖板。

4. 连接伺服电动机及伺服驱动器线路

伺服电动机及伺服驱动器线路绝大部分采用接插件连接,具体做法可以参考以下步骤:

1) 将伺服电动机编码器引出线和伺服驱动器 "X6" 通信线迪过插件连接。

2) 将伺服电动机的电源线与伺服驱动器输出线通过插件连接。

3) 连接伺服驱动器的信号线。伺服驱动器的脉冲信号和方向信号接到输出接线端子排相应位置,而两个脱机信号分别与左、右限位行程开关的常闭触点相连。

4) 连接伺服驱动器的电源线。在安装前伺服驱动器的电源线已接到其电源插座上,因此只需要将电源插头插好,即连接完毕。

5. 连接电气控制箱内电路

（1）连接 PLC 电源

用三芯电缆线从开关电源的电源输入端引出 AC 220V 到 PLC 的电源输入端。

（2）连接 DC 24V 电源

1) 根据开关电源 "+V" 端到熔断器、熔断器另一端到输入接线端子排 "+24V"、输入接线端子排 "+24V" 到输出接线端子排 "+24V"、输出接线端子排 "+24V" 到控制显示单元接线排的距离、控制显示单元三个指示灯的接线排端子之间的连接线的距离,准备好红色导线,共计 6 根。

2) 根据开关电源 "COM" 端到 PLC 输入接线排 "0V"、PLC 输入接线排 "0V" 分别到 PLC 输出接线排 "0V" 和控制显示单元 SB1 引出端、PLC 输出接线排 "0V" 分别到 PLC 输出 "COM1" "COM2" "COM3" "COM4"、控制显示单元 SB1 引出端到 SB2 引出端、SB2 引出端到 SA 引出端、SA 引出端到 SB2 引出端之间的距离,准备好蓝色导线,共计 11 根。

3) 将准备好的导线两端做插针接头。

4) 用红色导线将原理图上控制箱内所有 "+24V" 连接好。

5) 用蓝色导线将原理图上控制箱内所有 "0V" 连接好。

6）将所有连接的导线整理至线槽，导线入线槽时尽量对准线槽孔。

（3）连接 PLC 输入信号线（选用绿色导线）

PLC 输入端口 X0 ~ X12 的信号来自传感器或行程开关，其连接导线通过 PLC 输入接线端口转接，X24 ~ X27 的信号来自按钮单元，可直接连接。具体操作可参考以下步骤。

1）根据 PLC 输入端口 X0 ~ X7、X10 ~ X12 到 PLC 输入接线端口 DI2 ~ DI12 的距离，准备好 11 根导线，再根据 PLC 输入端口 X24 ~ X27 到控制显示单元的距离，准备好 4 根导线。

2）将准备好的导线两端做插针接头，套上号码管。

3）根据原理图编写号码。

4）根据所编号码连接导线。

（4）连接 PLC 输出信号线（选用黄色导线）

PLC 输出端口 Y0、Y2 ~ Y10 给电磁阀或伺服驱动器提供信号，其连接导线通过 PLC 输出接线端口转接，Y15 ~ Y17 给控制显示单元的指示灯提供信号，可直接连接。具体操作可参考以下步骤。

1）根据 PLC 输出端口 Y0、Y2、Y3 ~ Y7、Y10 到 PLC 输出接线端口 DO2、DO3、DO5 ~ DO9、DO10 的距离，准备好 9 根导线，再根据 PLC 输出端口 Y15 ~ Y17 到控制显示单元 HL1 ~ HL3 引出端的距离，准备好 3 根导线。

2）将准备好的导线两端做插针接头，套上号码管。

3）根据原理图编写号码。

4）根据所编号码连接导线。

思考：从以上（3）、（4）的线路安装方法可以总结出什么结论？

6. 连接电气控制箱和装置侧的数据线

设备提供了两根连接 PLC 输入输出接线端子排的数据线，只需要将数据线的两端分别插入两个接线端口的数据线座上即可。

三、电路的检测与传感器位置的调整

1. 通电前的检测

电路安装结束后，需要先进行检测，确保线路没有短路故障后，才能进行通电调试。具体检测可以参考以下方法：

用万用表的 $R \times 10\Omega$ 档，分别测量 L 和 N、L 和 G、+24V 和 0V 之间的电阻是否接近于 0，若接近于 0，则说明短路；若大于 0，则说明正常。

2. 通电检查与调整

确认电路没有短路故障后，接通电源，按以下步骤进行检查与调整：

1）分别按下 SB1、SB2、操作 SA、观察可编程控制器 X24、X25、X27 对应的指示灯是否由灭变亮。若是，则正确，若否，则对应输入回路有故障，需要检查修复。

2）按下 QS，观察可编程序控制器 X26 对应的指示灯是否由亮变灭。若是，则正确，若否，则对应输入回路有故障，需要检查修复。

3）移动机械手装置，使其到达和离开原点位置，观察 PLC 输入指示灯 X0 是否变亮和变灭。

4）移动机械手装置，使其到达和离开左、右极限位置，观察 PLC 输入指示灯 X2、X1

是否变亮和变灭。

5）手动使机械手手爪夹住工件，观察 PLC 输入指示灯 X11 是否变亮。若不亮，则调整夹紧限位传感器的位置，直到变亮后再旋紧螺栓，固定传感器的位置。松开工件时，观察 PLC 输入指示灯 X11 应熄灭。

6）手动依次让机械手到达伸出、缩回、上升、下降、左旋和右旋的极限位置，观察 PLC 输入指示灯 X7、X10、X3、X4、X5 和 X6 是否变亮。若不亮，则调整相应限位传感器的位置，直到变亮后再旋紧螺栓，固定传感器的位置。

7）调整结束后，将机械手装置移到原点位置。

四、安装 YL—335B 搬运输送装置气路

YL—335B 搬运输送装置的气路比较简单，可以参考以下步骤来完成。

1）准备器材和工具。搬运输送装置气动元件都已经安装到位，只需要准备气管和工具。

按表 1-14 所列的气管种类和长度准备气管，再准备 1 把剪气管的剪刀。

2）打开拖链一侧的所有盖板扣，并掀开盖板。

3）剪好 ϕ6mm 气管。根据图 1-28 所示 YL—335B 搬运输送装置气动原理图，从气源开始，沿着气流方向，依次按气源总阀到电磁阀组进气孔、单控电磁阀 1Y 沿拖链到机械手升降气缸之间的距离剪下 2 根蓝色 ϕ6mm 气管，再按单控电磁阀 1Y 沿拖链到机械手升降气缸之间的距离剪下 1 根黄色 ϕ6mm 气管。

4）剪好 ϕ4mm 气管。依次按双控电磁阀 2Y 沿拖链到伸缩气缸、单控电磁阀 3Y 沿拖链到旋转气缸、单控电磁阀 4Y 沿拖链到手爪气缸之间的距离分别剪下 1 根蓝色和 1 根黄色 ϕ4mm 气管。

5）将剪好的气管按相应的位置连接好，注意连接时，一定要让气管进入拖链，并让连接气缸的一端从拖链的支架下端槽伸出来。

五、YL—335B 搬运输送装置气路的检查与调整

安装完气路后，需要保证气路正确、无漏气现象，且各气缸动作速度合适。因此，安装结束后需要对气路进行检查与调整，具体可参考以下步骤来完成。

1）确保机械手装置气缸动作时没有其余物品阻碍。

2）将气源总阀的调压阀调到最小，再打开气源总阀。

3）调节气源总阀的调压阀，将气压调节到 0.4～0.8MPa 之间。

4）用一字螺钉旋具依次按下电磁阀的手动按钮，根据观察到的现象作相应的调整。

现象一：气缸动作是否正确，若动作不正确，则说明气路连接错误，需要重新连接气路。

现象二：气路是否漏气，若气路有漏气现象，则需要判断漏气原因后解决（最常见的是气管没有插紧）。

现象三：气缸的动作速度是否适中，若气缸的动作速度不合适，则调节相应的节流阀，直到动作速度合适为止。

5）调整结束后关闭气源总阀。

【交流与探索】

1. 记录完成工作任务的过程和所用的时间，以及出现的问题和解决的方法。
2. 交换检查另一组的搬运输送装置电路和气路的安装质量，并做好记录。
3. 比较完成工作任务的方案和参考方案有何异同，并说明采用不同方案的优劣。
4. 重新安装一次搬运输送装置的电路和气路，写一份优化的安装过程，并总结注意事项。

【完成任务评价】

任务评价见表1-19。

表1-19　安装搬运输送装置电路和气路评价表

项目	评价内容		分值	学生自评	小组互评	教师评分
实践操作过程评价（50%）	安全文明操作（14%）	按要求穿着工作服	2			
		工具摆放整齐	2			
		完成任务后及时清理工位	2			
		不乱丢杂物	2			
		未发生电路故障事故	3			
		未造成设备或元件损坏	3			
	工作程序规范（16%）	安装的先后顺序安排恰当	2			
		安装过程规范、程序合理	2			
		工具使用规范	3			
		操作过程返工次数少	2			
		安装结束后进行检查和调整	2			
		检查和调整的过程合理	2			
		操作技能娴熟	3			
	遇到困难的处理（5%）	能及时发现问题	2			
		有问题能想办法解决	2			
		遇到困难不气馁	1			
	个人职业素养（15%）	操作时不大声喧哗	1			
		不做与工作无关的事	1			
		遵守操作纪律	2			
		仪表仪态端正	1			
		工作态度积极	2			
		注重交流和沟通	2			
		能够注重协作互助	2			
		创新意识强	2			
		操作过程有记录	2			

（续）

项目		评价内容	分值	学生自评	小组互评	教师评分
实践操作成果评价（50%）	电路连接的正确性（12%）	能正确连接电路	4			
		连接电路所选用导线粗细、颜色都正确	2			
		没有漏接导线	2			
		没有错接导线	2			
		连接导线长度合适	2			
	电路连接的工艺水平（16%）	所有连接的软导线均入线槽	2			
		导线两端均做接线端子	2			
		除控制和指示单元和开关电源的接线端子外，每个接线端子只接一根导线	2			
		接线端子外露铜丝不过长	1			
		接线端子没有压皮现象	1			
		信号线两端需要套号码管	2			
		号码管编号正确、清楚、整齐、无漏标	2			
		连接导线入线槽时要尽量垂直对准线槽孔	2			
		导线连接牢固,无松动现象	2			
	气路连接的正确性和工艺水平（13%）	气路连接正确	3			
		气管捆扎符合工艺要求	2			
		选用的气管粗细、颜色正确	1			
		节流阀调节的位置合适	2			
		所有节流阀均处于锁紧状态	2			
		气路敷设在拖链内	2			
		气路和电路分开敷设	1			
	记录和总结（9%）	过程的记录清晰、全面	3			
		能及时完成总结的各项内容	2			
		总结的内容正确、丰富	2			
		总结有独到的见解	2			

任务三　自动搬运输送装置的调试

【任务描述与要求】

1. 调试安装好的自动搬运输送装置

调试安装好的自动搬运输送装置，使搬运输送装置能达到以下控制要求：

1）系统上电，搬运输送装置位于初始位置，则黄色指示灯亮，若不在初始位置，则红色指示灯亮。

2）当搬运输送装置不在初始位置时，装置不能起动工作，只能回原点操作。

2. 回原点操作

SA1 位于左位，则按一下起动按钮 SB1，搬运输送装置按以下过程回初始位置：机械手手爪松开→手臂缩回到位→机械手下降到位→机械手右旋到位→机械手装置回到原点后自动停止，此时黄色指示灯亮。

3. 正常工作过程

当搬运输送装置在原点，SA 位于右位时，按一下起动按钮 SB1，搬运输送装置起动工作，运行指示灯（绿色指示灯）常亮，机械手手臂伸出，伸出到位→机械手手爪夹紧，夹紧 1s→机械手上升到位→机械手手臂缩回到位→机械手装置左移 50cm→机械手手臂伸出，伸出到位→机械手下降到位→机械手手爪松开，松开 5s→机械手手爪夹紧，夹紧 1s→机械手上升到位→机械手手臂缩回，缩回到位→机械手装置左移 60cm，停 1s→机械手左旋到位→机械手手臂伸出到位→机械手下降到位→机械手手爪松开，松开 1s→机械手手臂缩回→机械手右旋到位→机械手装置右移到原点后，停 2s，再重复上述过程。

在工作过程中按一下停止按钮 SB2，则搬运输送装置在完成本次搬运输送工作后，将回到原点并停止。设备停止后，运行指示灯熄灭。

4. 紧急停止

1）在设备运行过程中，遇到意外情况，可按下急停按钮，装置立刻停止工作，同时绿色警示灯快速闪烁，直到情况解除后，恢复急停按钮，绿色警示灯熄灭。

2）当机械手装置碰到右限位传感器时，伺服电动机立刻停止运行，同时绿色警示灯快速闪烁，此时按一下 SB1 按钮，机械手装置左移，移到原点位置时停止，绿色警示灯熄灭。

3）当机械手装置碰到左限位传感器时，伺服电动机立刻停止运行，同时绿色警示灯快速闪烁，此时按一下 SB1 按钮，机械手装置右移，移到原点位置时停止，绿色警示灯熄灭。

【任务分析与思考】

1. 自动搬运输送装置正常工作的要求是什么？
2. 怎样起动和停止自动搬运输送装置？
3. 自动搬运输送装置的控制要求有几种动作过程？
4. 自动搬运输送装置的工作过程有何特点？
5. 自动搬运输送装置的工作流程是怎样的？

【相关知识】

一、自动生产线调试的一般步骤

不同的生产线，调试的内容各有不同，但是也有共同点，自动生产线的调试一般要有以下步骤：

1. 上电前的检查

在设备通电前，需要保证电路连接正确，各种机械设备安装准确到位，各项保护措施能起到正常的保护作用，保证上电工作时不损坏设备。所以上电前的检查工作非常重要。

（1）上电前的电路检查

1）短路检查。

2）断路检查。

3）对地绝缘检查。

4）电源电压检查。

为了减少不必要的损失，一定要在通电前进行输入电源的电压检查确认，是否与原理图所要求的电压一致。特别是对于有 PLC、变频器等价格比较昂贵的电器元件，一定要认真执行这一步骤，避免电源的输入输出反接对电器元件造成损害。因此，在打开电源总开关前需要进行一次电压检查。

（2）上电前的机械部件检查

1）检查所有机械部件是否安装牢固。

2）检查各运动部件的运动是否顺畅，运动范围是否正确。

（3）上电前的气路或油路检查

1）气源气压或油路油量的检查。

2）各气阀的手动调试检查阀所对应的动作是否正确。

2. 接通电源进一步进行电路信号检查

1）检查 PLC 的输入输出信号是否正确。

2）检查各传感器信号检测是否正确。

3）检查各传感器的安装位置是否合适。

3. 下载程序

下载各控制器件的控制程序，如 PLC 和触摸屏正常工作需要先下载相应的程序，一般下载的程序包括：PLC 程序、触摸屏程序、显示文本程序等。将写好的程序下载到相应的系统内，并检查系统的报警。

4. 参数设定

参数设定需要根据设备的控制要求来确定，一般需要设定的参数包括：显示的文本、变频器、触摸屏、二次仪表等。

5. 检查设备上电后的报警

在很多情况下，设备初次上电后很可能会出现一些系统报警，一般是因为内部参数设定不正确或外部条件构成了系统报警的条件。这时要根据调试者的经验进行判断，首先对配线进行检查，确保正确。然后排除一些外部报警因素，如果还不能解决故障报警，就要对 PLC 的内部程序进行详细的分析，逐步分析确保正确。

6. 设备功能的调试

排除设备上电后的报警就要对设备功能进行调试。首先要了解设备的工艺流程；然后进行手动空载调试，动作无误再进行自动空载调试；最后进行带载调试。并记录调试电流、电压等的工作参数。

注：调试过程中，不仅要调试各部分的功能，还要对设置的报警进行模拟，确保故障条件满足时能够

实现真正的报警。

7. 记录加温恒温曲线

对于需要对设备进行加温恒温的试验时，要记录加温恒温曲线，确保设备功能完好。

8. 系统的联机调试

完成单台设备的调试后再进行前机与后机的联机调试，检查设备各部分之间的配合。

9. 连续长时间的运行

检测设备是否经得起长时间的工作，需要连续长时间的运行来检测设备工作的稳定性。

10. 调试完毕的记录整理

设备调试完毕，要进行报检，并对调试过程中的各种记录整理备档。

二、搬运输送装置调试的特点

任务三需要完成调试的搬运输送装置的工作过程是通过机械手到固定的位置抓取工件，再由同步传送带将抓紧工件的机械手装置输送到指定地点，由机械手将工件放到固定位置，因此，有几个关键环节需要调试到位。

1）同步带的松紧度要合适。

2）滑动装配体在平行导轨上的运动要顺畅。

3）原点传感器的位置要准确，确保准确抓取到工件，并将工件放到准确的位置。

【任务实施】

YL—335B 搬运输送装置的调试可参考以下方案来完成。

一、调试准备

1. 根据工作任务中搬运输送装置的控制要求，画出搬运输送装置的工作流程图

搬运输送装置的工作流程图如图 1-51 所示。

2. 准备调试所用的工具和测量仪表

根据表 1-3 和图 1-51 准备工具和测量仪表。

二、通电前的调试

1. 通电前的机械部件调试

（1）检查机械固定部件

1）检查所有的机械固定部件的安装是否牢固。

2）导轨的平行度是否符合要求。

3）安装同步带的支架间的间距是否合适。

（2）调试机械运动部件

1）检查机械手装置在导轨上的滑动是否顺畅，无噪声，滑动范围是否符合要求。

2）检查机械手的旋转运动是否顺畅，旋转的角度是否是 90°，若不是，则需要调整螺钉。

3）检查机械手伸出和缩回运动是否顺畅。如果不顺畅，则要检查机械手手臂气缸的伸

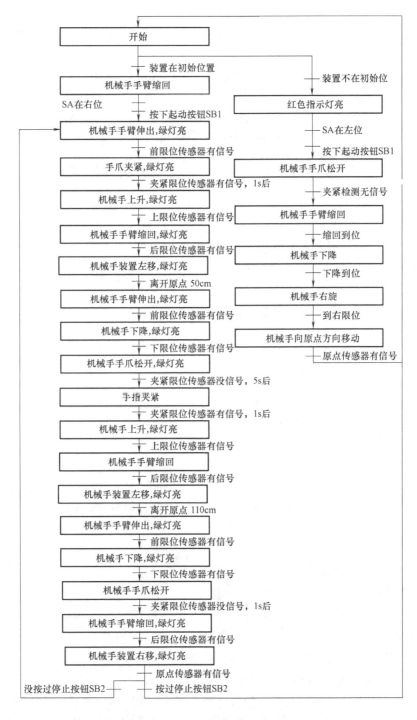

图 1-51　搬运输送装置工作流程图

出杆是否变形，若变形，需要拆下后整形再重新安装。

4）检查机械手的上升和下降运动是否顺畅。

5）检查机械手手爪是否能抓紧工件。

2. 调试气路

调试气路时，首先要将气源总阀的气压调小，以免气压过高，导致机械部件的损坏。气路的调试可按以下步骤进行。

1）将气压调小后，打开气源总阀，然后将气压调到设备所需的气压 0.4 ~ 0.6MPa。

2）观察是否有漏气现象，若有先排除。

3）机械手装置各气缸是否处于初始状态，如果有气缸不处于初始状态，则说明该气缸的气路接反，需要将相应电磁阀上的两根气管交换位置。

4）操作电磁阀上的手动按钮，检查控制的气缸是否正确，并调整节流阀，使气缸的运动速度合适。

5）关闭气源总阀开关。

3. 检测电路

1）短路检测：用万用表的 $R \times 10\Omega$ 挡分别测量 L 和 N、L 和 G、+24V 和 0V 之间的电阻，均不接近于 0，则说明电路没有短路现象。

2）检查所有 0V 线和 24V 线连接的位置是否正确。

3）测量电源电压和要求的电压是否相符。

三、通电调试

在确定设备机械部件安装正确到位，电路没有短路故障，气路没有漏气且连接正确，气缸运动速度合适，电源电压正常后，可接通设备电源，开始通电调试。

1. 设备起动工作前的通电调试

（1）接通电源

接通电源前将设备内部各开关置于断开状态，然后再接通总电源。

（2）写入程序

该设备运用 PLC 实现自动控制过程，需要写入 PLC 控制程序。把计算机中文件夹"自动生产线控制程序"下，文件名为"自动搬运装置控制程序"的程序写入 PLC 中。具体的写入步骤如下：

1）连接 PLC 与计算机之间的数据线。

2）打开计算机，双击"我的电脑"，双击"D 盘"，再双击"自动生产线控制程序"文件夹，然后双击"自动搬运装置控制程序"文件夹，最后双击"搬运输送装置.gwp"文件，打开控制程序。

3）如图 1-52 所示，将鼠标移置菜单栏"在线"，单击"PLC 写入（W）"，或用快捷键"Ctrl + W"都可以弹出如图 1-53 所示的 PLC 程序写入对话框。

4）清除 PLC 原有内存程序及所有参数。为了避免受 PLC 中原有程序的影响，在程序写入 PLC 之前，先清除 PLC 内存。单击左下角的"清除 PLC 内存"，弹出如图 1-54 所示对话框，选择需要清除的数据对象后单击"执行"即可实现。

注：只有当 PLC 处于停止运行状态时，才能清除 PLC 内存。若 PLC 处于运行状态，执行清除 PLC 内存，则会弹出图 1-55 所示对话框，此时关闭对话框，将 PLC 置于停止运行状态，再重新执行清除 PLC 内存即可。

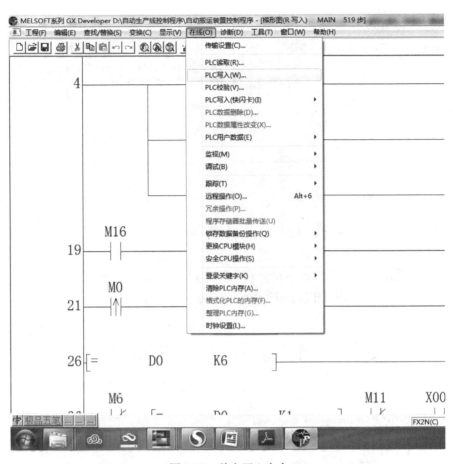

图 1-52 单击写入命令

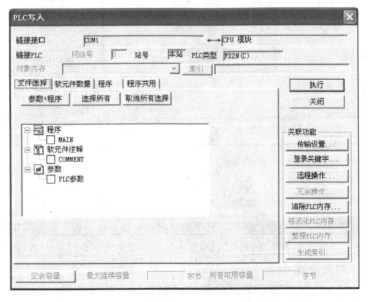

图 1-53 PLC 程序写入对话框

图 1-54 清除 PLC 内存对话框   图 1-55 不能执行清除 PLC 内存提示对话框

5）PLC 程序写入。清除 PLC 内存后，选择需要写入 PLC 的项目后，单击"执行"，此时会弹出一个是否执行写入对话框，选择"是"后，开始写入 PLC 程序，写入 PLC 程序需要一定的时间，此时会弹出等待对话框，写入结束后弹出如图 1-56 所示的对话框，此时说明 PLC 程序的下载结束，关闭相应的对话框即完成了 PLC 程序写入。

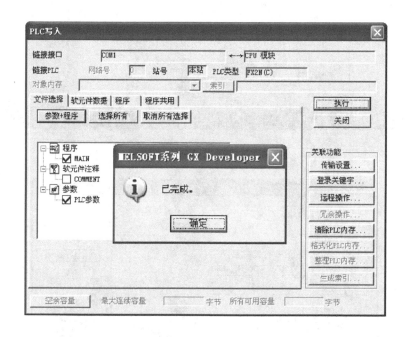

图 1-56 PLC 程序写入结束对话框

注：下载程序前要确保 PLC 电源已接通，且下载电缆线可靠连接。若下载电缆线没有连接好或 PLC 电源没有接通，则单击"在线"菜单项中的"PLC 写入"后，会弹出图 1-57 所示对话框。

（3）调整传感器的位置

装置通电后，打开气源总阀开关，并将气压调整到合适状态后，可参考表 1-20 所列步骤完成传感器位置的调试。

图1-57　PLC程序不能写入对话框

表1-20　搬运输送装置传感器位置的调试步骤及情况记载表

步骤	操作内容	观察内容	正确结果	出现不正常现象时的调试方法	调试情况
1	移动机械手装置到原点位置	原点传感器触点动作	能听到原点传感器触点状态变化的声音	若触点不动作,则可能是原点传感器位置不准确,需要调整原点传感器位置,也可能是原点传感器故障,则排除故障	
2	移动机械手装置到右限位置	右限位传感器触点动作	能听到右限位传感器触点状态变化的声音	若触点不动作,观察机械手装置是否压到了限位开关的动片滑轮,若没有,则调整传感器位置	
3	移动机械手装置到左限位置	左限位传感器触点动作	能听到左限位传感器触点状态变化的声音	若触点不动作,观察机械手装置是否压到了限位开关的动片滑轮,若没有,则调整传感器位置	
4	不做任何操作	下限位传感器指示灯	下限位传感器指示灯亮	若不亮,则松开下限位传感器固定螺钉,移动传感器,直到传感器指示灯亮后,再重新固定	
5	不做任何操作	后限位传感器指示灯	后限位传感器指示灯亮	若不亮,则松开后限位传感器固定螺钉,移动传感器,直到传感器指示灯亮后,再重新固定	
6	按下机械手前电磁阀手动按钮	前限位传感器指示灯	前限位传感器指示灯变亮	若不亮,则调整前限位传感器的位置,任何位置都不亮,则检查线路和传感器的好坏	
7	按下机械手上升电磁阀手动按钮	上限位传感器指示灯	上限位传感器指示灯变亮	若不亮,则调整上限位传感器的位置,任何位置都不亮,则检查线路和传感器的好坏	
8	按下机械手旋转电磁阀手动左旋按钮	左限位传感器指示灯	左限位传感器指示灯变亮	若不亮,则调整左限位传感器的位置,任何位置都不亮,则检查线路和传感器的好坏	
9	按下机械手旋转电磁阀手动右旋按钮	右限位传感器指示灯	右限位传感器指示灯变亮	若不亮,则调整右限位传感器的位置,任何位置都不亮,则检查线路和传感器的好坏	

（续）

步骤	操作内容	观察内容	正确结果	出现不正常现象时的调试方法	调试情况
10	在手爪中放工件,按下机械手手爪电磁阀手动夹紧按钮	机械手夹紧工件时,夹紧传感器指示灯	夹紧传感器指示灯变亮	若不亮,则调整夹紧传感器的位置,任何位置都不亮,则检查线路和传感器的好坏	
11	按下机械手手爪电磁阀手动松开按钮	夹紧传感器指示灯	夹紧传感器指示灯变灭	若不灭,则调整夹紧传感器的位置,任何位置都不灭,说明传感器损坏	

（4）检查 PLC 输入输出地址

写入程序后,可根据表 1-21 检查 PLC 各输入输出信号的连接是否正确,具体操作可参考表 1-22 和表 1-23 所列步骤来完成,并做好相应的记录。

表 1-21　搬运输送装置 PLC 的 I/O 地址表

输入信号				输出信号			
序号	PLC 输入点	信号名称	信号来源	序号	PLC 输出点	信号名称	信号控制对象
1	X0	原点检测	行程开关	1	Y0	伺服脉冲控制	伺服控制器
2	X1	右限位		2	Y2	伺服方向控制	
3	X2	左限位		3	Y3	机械手上升	机械手各运动气缸
4	X3	机械手抬升下限	机械手装置	4	Y4	机械手左旋	
5	X4	机械手抬升上限		5	Y5	机械手右旋	
6	X5	机械手左旋到位		6	Y6	机械手伸出	
7	X6	机械手右旋到位		7	Y7	手爪夹紧	
8	X7	机械手伸出到位		8	Y10	手爪松开	
9	X10	机械手缩回到位		9	Y15	黄色指示灯	按钮/指示灯模块
10	X11	机械手夹紧检测		10	Y16	绿色指示灯	
11	X12	伺服报警	报警	11	Y17	红色指示灯	
12	X24	停止按钮	按钮/指示灯模块				
13	X25	起动按钮					
14	X26	急停按钮					
15	X27	方式选择					

注：进行以下操作时确保 PLC 处于"stop"状态。

表 1-22　搬运输送装置 PLC 输入口接线调试步骤及情况记载表

步骤	操作内容	观察内容	正确结果	出现不正常现象时的调试方法	调试情况
1	按一下起动按钮 SB1	X25 信号指示灯亮暗变化	X25 信号指示灯变亮后熄灭	检查起动按钮及其与 PLC 的 COM 和 X25 之间的连接线	
2	按一下停止按钮 SB2	X24 信号指示灯亮暗变化	X24 信号指示灯变亮后熄灭	检查停止按钮及其与 PLC 的 COM 和 X24 之间的连接线	
3	按下急停按钮	X26 信号指示灯亮暗变化	X26 信号指示灯由亮变灭	检查急停按钮及其与 PLC 的 COM 和 X26 之间的连接线	
4	恢复急停按钮	X26 信号指示灯亮暗变化	X26 信号指示灯由灭变亮	检查急停按钮及其与 PLC 的 COM 和 X26 之间的连接线	

（续）

步骤	操作内容	观察内容	正确结果	出现不正常现象时的调试方法	调试情况
5	将 SA 转换到右位置	X27 信号指示灯亮暗变化	X27 信号指示灯由灭变亮	检查 SA 及其与 PLC 的 COM 和 X26 之间的连接线	
6	移动机械手装置到原点位置	X0 信号指示灯亮暗变化	X0 信号指示灯由亮变灭	检查急停按钮及其与 PLC 的 COM 和 X0 之间的连接线	
7	压下右限位传感器动片	X1 信号指示灯亮暗变化	X1 信号指示灯由亮变灭	检查急停按钮及其与 PLC 的 COM 和 X1 之间的连接线	
8	压下左限位传感器动片	X2 信号指示灯亮暗变化	X2 信号指示灯由亮变灭	检查急停按钮及其与 PLC 的 COM 和 X2 之间的连接线	
9	按下机械手电磁阀手动上升按钮	X3、X4 信号指示灯亮暗变化	X3 信号指示灯亮变灭，X4 信号指示灯灭变亮	若两个信号的变化相反，则交换 X3、X4 的连接位置；若某一个信号变化不正确，则检查传感器与 PLC 之间连接线	
10	按下机械手电磁阀手动前伸按钮	X7、X10 信号指示灯亮暗变化	X7 信号指示灯亮，X10 信号指示灯灭	若两个信号的变化相反，则交换 X7、X10 的连接位置；若某一个信号变化不正确，则检查传感器与 PLC 之间连接线	
11	按下机械手电磁阀组中的左旋按钮	X5、X6 信号指示灯亮暗变化	X6 信号指示灯灭，X5 信号指示灯亮	若两个信号的变化相反，则交换 X5、X6 的连接位置；若某一个信号变化不正确，则检查传感器与 PLC 之间连接线	
12	按下机械手电磁阀组中的右旋按钮	X5、X6 信号指示灯亮暗变化	X5 信号指示灯火，X6 信号指示灯亮	若两个信号的变化相反，则交换 X5、X6 的连接位置；若某个信号变化不正确，则检查传感器与 PLC 之间连接线	
13	按下机械手电磁阀组中的松开按钮	X11 信号指示灯亮暗变化	X11 信号指示灯灭	若信号变化不正确，则检查夹紧传感器与 PLC 之间连接线	
14	按下机械手电磁阀组中的松开按钮	X11 信号指示灯亮暗变化	X11 信号指示灯灭变亮	若信号变化不正确，则检查夹紧传感器与 PLC 之间连接线	

表 1-23　搬运输送装置 PLC 输出口接线调试步骤及情况记载表

步骤	操作方法	操作内容	观察内容	正确结果	出现不正常现象时的调试方法	调试情况
1	用万用表 $R \times 1$ 挡依次测量 PLC 输出端与电磁阀组各线圈连接线之间电阻	Y3 与上升电磁阀线圈连接线之间电阻	电阻值	接近于 0	检查是该线路之间故障还是线路连接错误，然后排除或调整	
2		Y4 与左旋电磁阀线圈连接线之间电阻	电阻值	接近于 0	检查是该线路之间故障还是线路连接错误，然后排除或调整	
3		Y5 与右旋电磁阀线圈连接线之间电阻	电阻值	接近于 0	检查是该线路之间故障还是线路连接错误，然后排除或调整	
4		Y6 与前伸电磁阀线圈连接线之间电阻	电阻值	接近于 0	检查是该线路之间故障还是线路连接错误，然后排除或调整	

（续）

步骤	操作方法	操作内容	观察内容	正确结果	出现不正常现象时的调试方法	调试情况
5	用万用表 $R \times 1$ 挡依次测量 PLC 输出端与电磁阀组各线圈连接线之间电阻	Y7 与夹紧电磁阀线圈连接线之间电阻	电阻值	接近于 0	检查是该线路之间故障还是线路连接错误,然后排除或调整	
6		Y10 与松开电磁阀线圈连接线之间电阻	电阻值	接近于 0	检查是该线路之间故障还是线路连接错误,然后排除或调整	
7		Y0 与伺服驱动器脉冲控制连接端之间电阻	电阻值	接近于 0	检查是该线路之间故障还是线路连接错误,然后排除或调整	
8		Y2 与伺服驱动器方向控制连接端之间电阻	电阻值	接近于 0	检查是该线路之间故障还是线路连接错误,然后排除或调整	

2. 搬运输送装置的功能调试

1）将 PLC 置于运行状态。

2）根据工作流程图进行功能调试。根据控制要求,搬运输送装置的功能包括回初始状态、正常工作状态和意外报警三个功能,分别进行调试。

① 回初始状态功能调试。在确认电路、气路、气压及机械部件都正常后,可开始功能调试,回初始状态功能调试的具体操作步骤可参考表 1-24 所列步骤来完成。

表 1-24　搬运输送装置回初始状态功能调试步骤及情况记载表

步骤	操作项目	操作方法	观察内容	正确结果	出现不正常现象时的调试方法	调试情况
1	手动操作让搬运装置离开初始状态	让机械手装置移动到直线执行器的中间位置 按一下机械手夹紧按钮 按一下机械手上升按钮	指示灯亮暗变化	黄色指示灯灭,红色指示灯亮	先观察输出信号 Y15 和 Y17 指示灯,是不是 Y15 灭,Y17 亮,如果不正确,则说明 PLC 或程序不正常,程序不正常重新写入;如果正确,则检查 Y17 的输出回路	
2	起动回原点操作	将 SA 转换到左位后,按一下 SB1	搬运输送装置的运动	机械手手爪松开→机械手下降到位→机械手装置右移回到原点后自动停止→此时黄色指示灯亮	如果哪个动作不动,则先观察相应的 PLC 输出信号指示灯是否亮,若亮,则检查相应的输出回路,若不亮,则说明程序有问题	

② 正常工作状态功能调试。在设备回到初始状态之后,开始进行正常工作状态的功能调试,具体的操作可根据工作流程图,参考表 1-25 所列步骤来完成。

表 1-25 搬运输送装置正常工作状态功能调试步骤及情况记载表

步骤	操作方法	观察内容	正确结果	出现不正常现象时的调试方法	调试情况
1	将 SA 转换到左位置后, 按一下 SB1	搬运输送装置是否起动, 指示灯状态	黄色指示灯灭, 绿色指示灯亮, 搬运输送装置起动运行	不能起动, 则观察装置是不是在初始位置, 若不在, 则先让装置回初始状态, 如果在, 则检查程序是否正常或输出回路是否正常	
		搬运输送装置起动后的运行过程	和图 1-51 所示的流程图的过程相同	观察相应信号是否正确, 若信号不正确则检查相应的输入、输出回路, 若电路信号均正常, 则需要怀疑程序的可靠性	
2	两个周期结束后, 按一下停止按钮	搬运输送装置的运动	搬运输送装置完成当前工作过程后, 回到初始位置再停止工作	检查相应的输出回路, 若不亮, 则说明程序有问题	
3	按一下 SB1	搬运输送装置是否重新起动, 指示灯状态	黄色指示灯灭, 绿色指示灯亮, 搬运输送装置起动运行	不能起动, 则观察装置是不是在初始位置, 若不在, 则先让装置回初始状态, 如果在, 则检查程序是否正常或输出回路是否正常	
		搬运输送装置起动后的运行过程	和图 1-51 所示的流程图的过程相同	观察相应信号是否正确, 若信号不正确则检查相应的输入、输出回路。若电路信号均正常, 则需要怀疑程序的可靠性	
4	一个工作周期结束后, 在第二个工作周期中按一下停止按钮 SB2	搬运输送装置的运动	搬运输送装置完成当前工作过程后, 回到初始位置再停止工作	观察相应信号是否正确, 若信号正确则检查程序中与停止有关的程序段	
5	重复步骤 1~4 操作	装置的稳定性和程序的可靠性	每次操作后, 装置的运行状态均正常	先确定是装置安装问题还是程序问题, 然后检查装置或程序	

【交流与探索】

1. 记录完成工作任务的过程和所用的时间, 出现的问题和解决的方法。
2. 交换检查另一组搬运输送装置的功能和调试记录结果是否相符, 并做好记录。
3. 比较完成工作任务的方案和参考方案有何异同, 并说明采用不同方案的优劣。
4. 重新完成一次搬运输送装置的功能调试, 写一份优化的安装过程, 并总结注意事项。

【完成任务评价】

任务评价见表 1-26。

表 1-26　完成搬运输送装置功能调试的任务评价表

项目	评 价 内 容		分值	学生自评	小组互评	教师评分
实践操作过程评价（50%）	安全文明操作（14%）	按要求穿着工作服	2			
		工具摆放整齐	2			
		完成任务后及时清理工位	2			
		不乱丢杂物	2			
		未发生电路故障事故	3			
		未造成设备或元件损坏	3			
	工作程序规范（16%）	调试的先后顺序安排恰当	2			
		调试过程规范、程序合理	2			
		工具使用规范	3			
		操作过程返工次数少	2			
		调试结束后进行记录	2			
		调查试的过程合理	2			
		操作技能娴熟	3			
	遇到困难的处理（5%）	能及时发现问题	2			
		有问题能想办法解决	2			
		遇到困难不气馁	1			
	个人职业素养（15%）	操作时不大声喧哗	1			
		不做与工作无关的事	1			
		遵守操作纪律	2			
		仪表仪态端正	1			
		工作态度积极	2			
		注重交流和沟通	2			
		能够注重协作互助	2			
		创新意识强	2			
		操作过程有记录	2			
实践操作成果评价（50%）	调试准备充分、正确（9%）	画工作流程图	1			
		画出的工作流程图规范、清晰	2			
		画出的工作流程正确	4			
		准备的工具齐全、合适	1			
		准备的测量仪表齐全、合适	1			
	通电前调试（12%）	调试内容正确	2			
		调试项目齐全	2			
		调试方法正确	2			
		仪表使用方法正确	2			
		气路调试方法正确	2			
		各气缸动作速度合适	2			

（续）

项目		评 价 内 容	分值	学生自评	小组互评	教师评分
实践操作成果评价（50%）	通电调试（20%）	会写入程序	1			
		写入程序方法,内容正确	1			
		传感器调试全面	1			
		传感器调试方法正确	2			
		PLC 的 I/O 调试全面	1			
		PLC 的 I/O 调试正确	2			
		初始状态调试方法正确	1			
		回初始状态功能调试完整	1			
		回初始状态功能调试方法正确	2			
		工作过程调试完整	3			
		工作过程调试方法正确	4			
		报警功能调试完整	1			
	记录和总结（9%）					

项目二

供料装置的安装与调试

供料系统是自动化生产设备和自动线中复杂程度较高而且难度较大的重要组成部分，生产工艺特别是装配工艺的自动化柔性化，很大程度取决于一个好的供料系统。因此一个好的供料系统除了要有足够的存储空间和输送效率外，还要能够对零件进行定向和定位，保证零件在供料系统的末端以正确的方式进入下一工序系统。如图 2-1 所示为一些自动生产线常用的供料装置。

a) 色母称重定量供料装置

b) 干燥设备供料装置

c) 转角盘供料装置

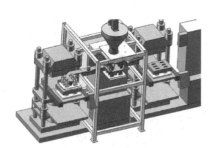

d) 高性能旋转供料装置

e) 中央供料装置

f) 叶轮供料机

g) 注塑机中央供料装置

图 2-1　自动生产线常用的供料装置

h) 挤出行业供料装置

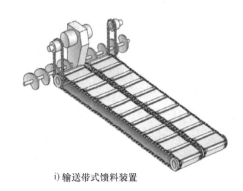
i) 输送带式馈料装置

图 2-1　自动生产线常用的供料装置（续）

　　供料装置的结构形式在很大程度上取决于装配件的形式和生产节拍。供料装置根据装配件的大小、形状复杂程度和供料的时间节拍又有多种形式。对于少品种大批量生产中的中小型装配件，可用料仓式和料斗式上料机构。对于大型装配件，如箱体类，通常采用输送带式馈料装置。对于多品种少批量生产，最好采用机械手或工业机器人。

　　YL—335B 自动生产线中供料装置采用料仓式供料装置，其结构示意图如图 2-2 所示。料仓式供料装置，是指人工把工件定向整理后，顺序地放在料仓（贮料器）中，然后供料装置自动地依次把工件一个个送至规定地点的一种装置。这种供料装置虽然自动化程度较低，但结构简单，工作可靠性高，适用于大批量生产中，工件重量、尺寸较大或形状较复杂而难于自动定向，或在自动定向中会使工件损坏、工序时间较长的场合。

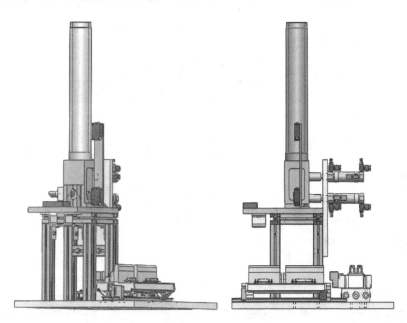

图 2-2　料仓式供料装置结构示意图

　　YL—335B 自动生产线中供料装置的工作原理是：工件垂直叠放在料仓中，推料气缸处于料仓的底层并且其活塞杆可从料仓的底部通过。当活塞杆在退回位置时，它与最下层工件处于同一水平位置，而顶料气缸则与次下层工件处于同一水平位置。在需要将工件推出到物料台上时，首先使顶料气缸的活塞杆推出，压住次下层工件；然后使推料气缸活塞杆推出，从而把最下层工件推到物料台上。在推料气缸返回并从料仓底部抽出后，再使顶料气缸返回，松开次下层工件。这样，料仓中的工件在重力的作用下，就自动向下移动一个工件，为下一次推出工件做好准备。

本项目要完成 YL—335B 自动生产线中的供料装置的机械部件的组装、供料装置的电路和气路的安装以及自动供料装置的调试三个工作任务，学会安装、调试供料装置的方法，相关连接部件装配工艺，并能熟练地进行机械部件、电路、气路的安装，PLC 程序的写入和供料装置的调试。

任务一　　供料装置机械部件的安装

【任务描述与要求】

用表 2-1 所示供料装置机械部件器材清单和表 2-2 所示的配件清单所列的器材和配件，根据图 2-3 所示供料装置机械部件总装图，在安装平台上按图 2-4 所示供料装置机械部件安装示意图，组装供料装置并满足：

1）各部件安装牢固，无松动现象。

2）各部件安装要横平竖直。

3）各部件安装位置准确。顶料气缸缩回时不会影响工件供给，伸出时正好能顶住工件；推料气缸缩回时不影响工件供给，伸出时正好能将工件推到料台中心位置。

4）气缸旋入安装板的松紧应适中。

表 2-1　供料装置机械部件器材清单

序号	名　称	数量	作　用	备　注
1	120mm×20mm 型材	2	组成铝合金型材支架	组成铝合金型材支架
2	145mm×20mm 型材	4	组成铝合金型材支架	
3	80mm×20mm 型材	1	组成铝合金型材支架	
4	70mm×20mm 型材	2	组成铝合金型材支架	
5	L 形支架 30mm×20mm×20mm	8	支撑铝合金型材支架	
6	L 形支架 155mm×20mm×20mm	1	固定光电传感器	组成出料台及料仓底座
7	U 形支架 50mm×15mm×25mm	1	固定电感式传感器	
8	Ω 形支架	1	固定光电传感器	
9	料仓	1	放工件的通道	
10	底座	1	出料台及料仓底座	
11	80mm×180mm×10mm 立板	1	固定气缸	组成推料机构
12	直线气缸	2	推送工件，阻止工件落下	
13	160mm×35mm 金属条	1	固定 PLC 接线端子	
14	340mm×290mm 底板	1	供料装置的底板	

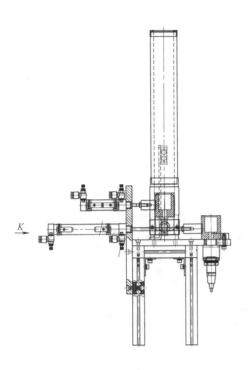

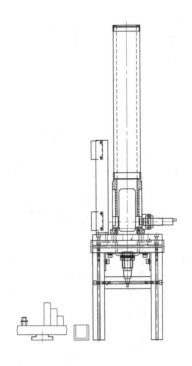

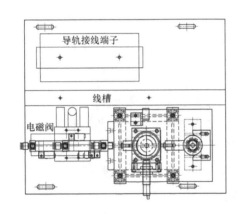

图 2-3　供料装置机械部件总装图

表 2-2　供料装置机械配件清单

序号	名　　称	规　格	数量	作　　　用
1	内六角螺栓	3×11.5	2	固定气缸安装板
2	内六角螺栓	2.5×12	4	固定两个红外传感器
3	内六角螺栓	3×8	18	固定 L 形支架
4	内六角螺栓	4×14	4	固定塑料料筒
5	内六角螺栓	3×11	4	固定 Ω 形支架

（续）

序号	名　称	规格	数量	作　用
6	内六角螺栓	3×30	4	固定供料装置底板
7	内六角螺栓	3×18	2	固定支架
8	内六角螺栓	5×25	4	固定橘黄色底板
9	垫片		若干	
10	沉头螺钉	4×6	2	固定导轨
11	圆头螺钉	3×30	4	固定电磁阀

图 2-4　供料装置机械部件安装示意图

【任务分析与思考】

1. 需要安装的供料装置可以分成几部分？各部分的名称分别是什么？
2. 需要安装的供料装置各部分分别由哪些零件组成？这些零件的形状怎样？
3. 安装图 2-3 所示的供料装置需要哪些配件和工具？
4. 按什么样的工艺步骤，能快速地安装好图 2-3 所示的供料装置？

【相关知识】

一、供料装置的机械结构

供料装置的机械结构根据其具体用途和应用场合的不同而不同。下面以 YL—335B 自动生产线中供料装置为例，介绍其机械结构。

供料装置的机械部分主要出料台和料仓底座组件（图 2-5）、推料机构组件（图 2-6）、铝合金型材支架组件（图 2-7）和固定底板四部分组成。

二、推料机构的特殊要求

推料机构需要将料仓底层的工件顺利地推到料台中心位置，然后再顺利返回。这就要求推料气缸在推出和缩回过程中，底层以上的工件不能掉落，使用顶料气缸将底层上的工件顶住。具体的动作过程是：顶料气缸推出，顶住顶层上方的工件，推料气缸推出，将底层的工件推到料台中收位置后缩回，等推料气缸缩回到位后，顶料气缸再缩回，工件就能自然下落到底层。

图 2-5　出料台和料仓底座组件　　　图 2-6　推料机构组件　　　图 2-7　铝合金型材支架组件

　　推料机构机械部件安装时，为保证正常工作，顶料气缸和推料气缸的位置都要调整到合适的位置，并保证垂直度。

【任务实施】

　　供料装置在安装底板上的安装位置是固定的，可直接进行具体的安装。YL—335B 供料装置机械部件的安装可以参考以下方案来完成。

一、准备安装 YL—335B 供料装置机械部件的工具和器材

1. 清理安装平台

　　安装前，先确认安装平台已放置平衡，安装台下的滚轮已锁紧，安装平台上安装槽内没有遗留的螺母、小配件或其他的杂物，然后用软毛刷将安装平台清扫干净。

2. 准备器材

　　根据安装供料装置机械部件所需要的器材清单（见表 2-1）和配件清单（见表 2-2）清点器材，并检查各器材是否齐全，是否完好无损，如有损坏，请及时更换。在清点器材的同时，将器材放置到合适的位置，将较小的配件放在一个固定的容器中，以方便安装时快速找到，并保证在安装过程不遗漏小的器材或配件。

3. 准备工具

　　安装 YL—335B 供料装置机械部件所用的工具与安装供料装置机械部件的工具相同，可根据表 1-3 清点工具，并将工具整齐有序地摆放在工具盒或工具袋中。

二、安装 YL—335B 供料装置机械部件的方法和步骤

　　YL—335B 供料装置的机械部件可分解为铝合金型材支架组件、出料台及料仓底座组件和推料机构组件三部分，因此，可以先分别组装好各组件，然后再进行总装，如图 2-8 所示。具体的安装方法和步骤如下。

1. 组装铝合金型材支架组件

　　铝合金型材支架组件的组装可按照以下步骤来完成。

（1）安装顶部框架组件

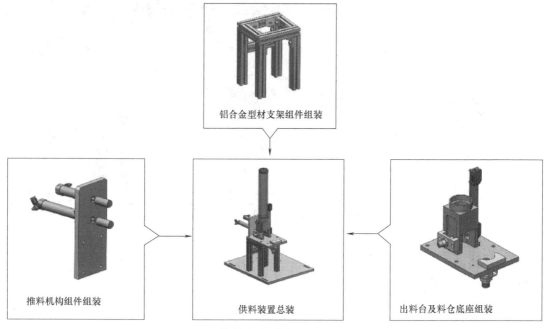

铝合金型材支架组件组装

推料机构组件组装　　　　　　供料装置总装　　　　　　出料台及料仓底座组装

图 2-8　供料装置机械部件装配示意图

铝合金型材顶部框架组件组装的参考步骤如下。

1）安装左右横梁连接件。根据表 2-3 所示的操作步骤、操作图示和操作说明，安装左右横梁连接件。

表 2-3　安装左右横梁连接件

操作步骤	操作图示	操作说明
1	20mm×20mm×70mm 铝合金 2×M4×8mm M4方形螺母 L形连接件	按左图所示准备好材料,然后按箭头方向将两个 M4 方形螺母插入型材中,再按图示用螺钉将 L 形连接件安装到型材上
2	2×M4×8mm M4方形螺母	将另一对螺钉螺母如图安装到 L 形连接件的另外一个安装孔

（续）

操作步骤	操作图示	操作说明
3		安装好连接件的左右横梁,如左图所示

>> **注意** 所有螺钉不要拧紧。

2）组装顶部框架。根据图 2-9 所示操作方法和步骤组装顶部框架。注意拧紧螺钉时,要确保左右横梁的外侧面和前后横梁的端面对齐,并且左右横梁端面和前后横梁接触面之间不留缝隙。

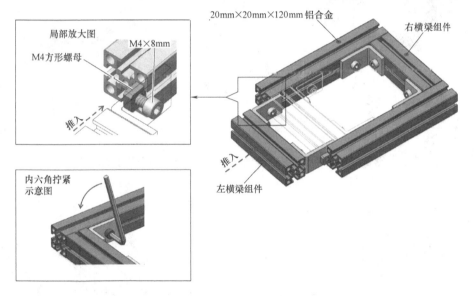

图 2-9 供料装置铝合金支架的顶部框架组装示意图

（2）安装 4 根立柱支架

1）安装顶部框架连接件:根据图 2-10 所示操作方法和步骤安装顶部框架连接件。注意连接件上的安装螺钉均不需要拧紧。

2）安装 4 根立柱支架:根据图 2-11 所示操作方法和步骤安装 4 根 20mm × 20mm × 145mm 的铝合金型材立柱支架,并注意以下几点:

① 两根有通孔的立柱支架需要同时安装在前横梁或后横梁上,并且保证通孔在一条直线上。

② 紧固螺钉时,要保证立柱支架外侧面与顶部框架的外侧面在一个平面内。

③ 安装时,立柱支架端面与顶部框架之间不能留有缝隙。

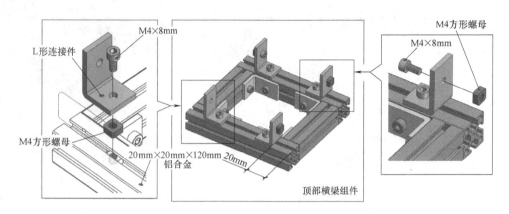

图 2-10　供料装置铝合金支架的顶部框架连接件安装示意图

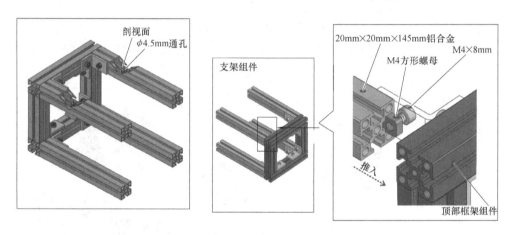

图 2-11　供料装置铝合金型材支架 4 根立柱的安装示意图

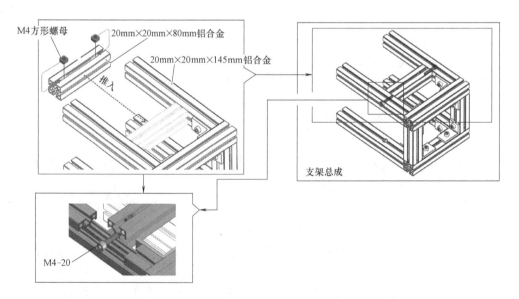

图 2-12　供料装置铝合金型材支架后下端横梁的安装示意图

（3）安装铝合金型材支架后下端横梁

在铝合金型材支架后下端还有一根固定推手机构组件的横梁，可根据图 2-12 所示操作方法和步骤来完成安装，并注意以下几点：

1）在安装前，需要在横梁一侧的安装槽内放入两颗 M4 方形螺母。

2）安装时，注意放入方形螺母的一侧应该向着支架组件的外侧。

2. 组装料台和料仓底座组件

（1）组装分料组件 1（安装料仓底座传感器支架）

根据图 2-13 所示操作方法和步骤来组装分料组件 1。

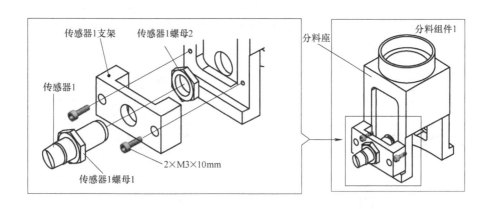

图 2-13　分料组件 1 的安装示意图

（2）组装分料组件 2

根据图 2-14 所示操作方法和步骤来组装分料组件 2。

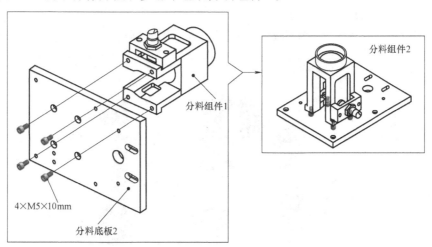

图 2-14　分料组件 2 的安装示意图

（3）组装分料组件 3

根据图 2-15 所示操作方法和步骤来组装分料组件 3。

（4）组装分料组件 4

根据图 2-16 所示操作方法和步骤来组装分料组件 4。

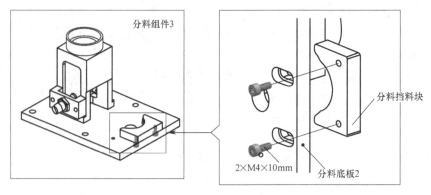

图 2-15 分料组件 3 的安装示意图

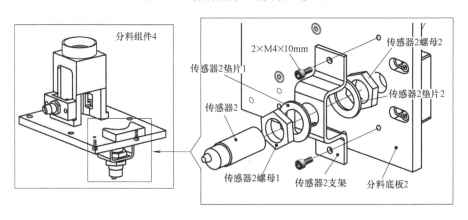

图 2-16 分料组件 4 的安装示意图

（5）将两个传感器 3 安装到支架上

根据图 2-17 所示操作方法和步骤将两个传感器 3 安装到支架上。

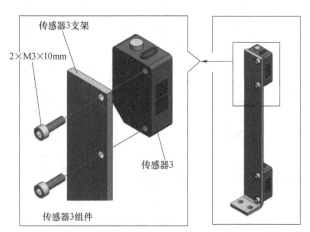

图 2-17 两个传感器 3 安装到支架上的安装示意图

（6）组装分料组件 5

根据图 2-18 所示操作方法和步骤来组装分料组件 5。

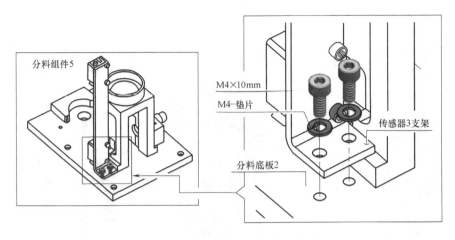

图 2-18　分料组件 5 的安装示意图

3. 组装推料机构组件

推料机构组件比较简单，根据图 2-19 所示将立板垂直，将直线气缸插入相应安装孔后，拧紧气缸螺母，注意拧紧气缸螺母时，直线气缸节流阀的方向要求与图示方向一致，然后再旋上挡料头，注意较短的气缸安装在上面的安装孔。

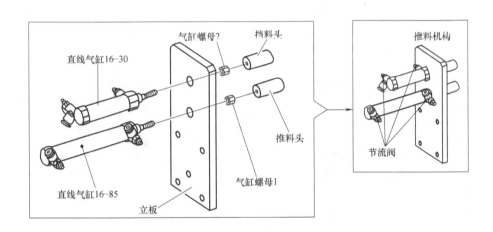

图 2-19　推料机构组件的安装示意图

4. 总装供料装置

（1）组装供料总成 1

根据图 2-20 所示操作方法和步骤组装供料总成 1。

（2）组装供料总成 2

根据图 2-21 所示操作方法和步骤组装供料总成 2。

（3）组装供料总成 3

根据图 2-22 所示操作方法和步骤将供料装置安装到固定底板上。

（4）最后的总装

根据图 2-23 所示操作方法和步骤完成最后的总装。

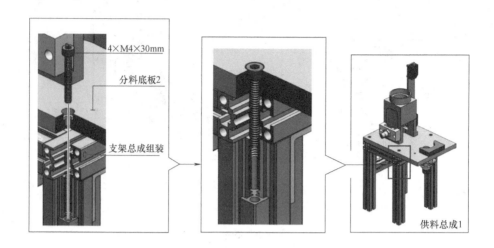

图 2-20　供料总成 1 的安装示意图

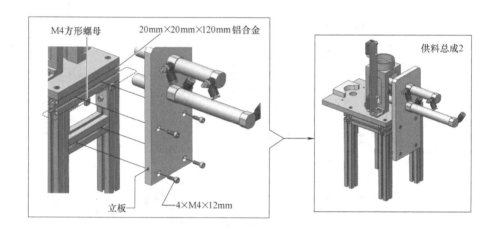

图 2-21　供料总成 2 的安装示意图

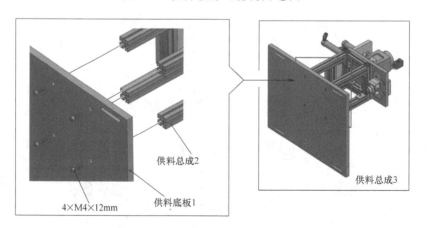

图 2-22　供料总成 3 的安装示意图

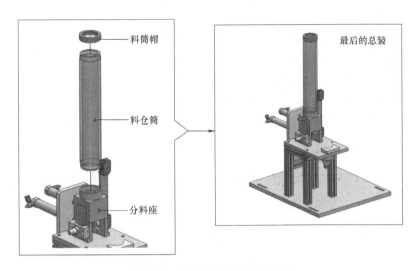

图 2-23　最后的总装安装示意图

三、安装技巧和注意事项

YL—335B 自动生产线供料装置的机械结构比较简单，重点注意预留螺钉和安装的水平度和垂直度，以及安装的先后顺序。具体有以下注意事项：

1）装配铝合金型材支架时，注意调整好各条边的平行度及垂直度，锁紧螺栓。

2）立板和铝合金型材支架的连接，是靠预先在特定位置的铝合金型材"T"形槽中放置与之相配的螺母，因此在对该部分的铝合金型材进行连接时，一定要在相应的位置放置相应的螺母。如果没有放置螺母或没有放置足够多的螺母，将造成无法安装或安装不可靠。

3）机械机构固定在底板上的时候，需要将底板移动到操作台的边缘，螺栓从底板的反面拧入，将底板和机械机构部分的支架型材连接起来。

四、检查与调整

1. 检查与调整各机械部件的安装牢固度

机械部件安装结束后，用手稍微用力去摇各机械部件，检查各个机械部件是否有晃动现象。若有，则需要进行调整，可以重新安装或紧固固定螺母。

2. 检查与调整安装的水平度和垂直度

水平度和垂直度的检查与调整主要有以下几处：

1）用直角尺测量立柱支架和立板是否和工作台面垂直，若不垂直，则需要重新调整，直到达到要求为止。

2）用直角尺测量移动气缸和立板是否垂直，若不垂直，则需要重新调整，直到达到要求为止。

3. 检查与调整运动部件的运动空间

1）手动将推料气缸活动杆拉出和缩回，观察以下情况。

① 其运动范围内是否有阻碍。

② 拉出到极限位置时，是否正好将工件推到工作平台中央位置。

③ 缩回到极限位置时，是否会阻碍上层工件的下落。

若不符合要求，则进行调整。

2）手动将顶料气缸活动杆拉出和缩回，观察以下情况。

① 其运动范围内是否有阻碍。

② 拉出到极限位置时，是否能将工件顶紧。

③ 缩回到极限位置时，是否会阻碍工件的下落。

若不符合要求，则进行调整。

【交流与探索】

1. 记录完成工作任务的过程和所用的时间，出现的问题和解决的方法。

2. 交换检查另一组的供料装置的安装质量，并做好记录。

3. 比较完成工作任务的方案和参考方案有何异同，并说明采用不同方案的优劣。

4. 重装一次供料装置，写一份优化的安装过程，并总结注意事项。

【完成任务评价】

任务评价见表2-4。

表2-4 供料装置机械安装评价表

项目		评价内容	分值	学生自评	小组互评	教师评分
实践操作过程评价（50%）	安全文明操作（14%）	按要求穿着工作服	2			
		工具摆放整齐	2			
		完成任务后及时清理工位	2			
		不乱丢杂物	2			
		未发生机械部件撞击事故	3			
		未造成设备或元件损坏	3			
	工作程序规范（16%）	安装的先后顺序安排恰当	2			
		安装过程规范、程序合理	2			
		工具使用规范	3			
		操作过程返工次数少	2			
		安装结束后进行检查和调整	2			
		检查和调整的过程合理	2			
		操作技能娴熟	3			
	遇到困难的处理（5%）	能及时发现问题	2			
		有问题能想办法解决	2			
		遇到困难不气馁	1			
	个人职业素养（15%）	操作时不大声喧哗	1			
		不做与工作无关的事	1			
		遵守操作纪律	2			
		仪表仪态端正	1			
		工作态度积极	2			
		注重交流和沟通	2			

（续）

项目		评价内容	分值	学生自评	小组互评	教师评分
实践操作 过程评价 （50%）	个人职业素养 （15%）	能够注重协作互助	2			
		创新意识强	2			
		操作过程有记录	2			
实践操作 成果评价 （50%）	各机械部 件的安装 （40%）	各机械部件安装的相对位置正确	5			
		各机械部件安装牢固	5			
		各机械部件之间的连接间隙合理	4			
		机械部件安装所选用的配件合适	4			
		推料气缸的旋紧力度合适	4			
		铝合金支架平行度、垂直度调整到位	5			
		料仓筒的安装到位	3			
		挡料块的安装正确	2			
		推类总成的安装正确	4			
		推类气缸的伸缩顺畅、到位	2			
		顶类气缸的伸缩顺畅、到位	2			
	记录和总结 （10%）	过程的记录清晰、全面	4			
		能及时完成总结的各项内容	2			
		总结的内容正确、丰富	2			
		总结有独到的见解	2			

 任务二　供料装置电路和气路的安装

【任务描述与要求】

1. 用表2-5所示供料装置电路器材清单所列的器材，按图2-24所示的供料装置电气控制原理图及其技术要求，完成供料装置电路的安装和检测，并达到以下要求：

1）电路连接正确。

2）电路的连接符合工艺规范要求。

3）检测方法和仪表使用方法正确。

表2-5　供料装置电路器材清单

序号	名　称	型号	数量	作　用	备注
1	单控电磁阀 YA1	4V110—06 通气孔 φ4	2	控制推料气缸和顶料气缸	2个电磁阀组成电磁阀组
2	电感式传感器	GH1—305QA	1	检测料仓底部是否有工件	
3	光电传感器	CX—441	2	检测料仓中是否不足或缺料	
4	光电传感器	MHT15—N2317	1	检测料台是否有工件	

（续）

序号	名 称	型号	数量	作 用	备注
5	推料气缸前限	D—C73	1	检测推料气缸伸出到位	
6	推料气缸后限	D—C73	1	检测推料气缸缩回到位	
7	顶料气缸前限	D—C73	1	检测顶料气缸伸出到位	
8	顶料气缸后限	D—C73	1	检测顶料气缸缩回到位	
9	可编程序控制器	PLC FX2N—32MR	1	控制设备的自动运行	
10	PLC 输入接线端子——PLC 模块侧	HO1651	1	引出 PLC 输入端	
11	PLC 输入接线端子——检测信号侧	HO1687	1	连接传感器及限位开关	
12	PLC 输出接线端子——PLC 模块侧	HO1688	1	引出 PLC 输出端	
13	PLC 输出接线端子——电磁阀、执行机构侧	HO1650	1	连接电磁阀和伺服驱动器等	
14	控制模块	YL-Z-17	1	可实现设备的起停、工作方式的选择或急停,以及工作情况的指示	
15	熔丝	F2A/250V	1	短路和过载保护	
16	熔丝插座	WUK5—HESI	1	安装保险管的位置	
17	稳压电源	YL—003	1	提供 24V 直流电源	
18	数据线		2	连接上下接线端子排	
19	线槽	3100mm × 200mm × 500mm	1	放线	
20	导轨	240mm × 35mm	1	安装接线端子排	
21	导线	0.75mm² 黄	1	电路连接	
22	导线	0.75mm² 绿	1	电路连接	
23	导线	0.75mm² 红	1	电路连接	
24	导线	0.75mm² 蓝	1	电路连接	
25	导线	三芯电缆	0.5m	电路连接	
26	插针	E7508 黄	1	做导线头	
27	插针	E7508 绿	1	做导线头	
28	插针	E7508 红	1	做导线头	
29	插针	E7508 蓝	1	做导线头	
30	插针	U 形蓝	5	做导线头	

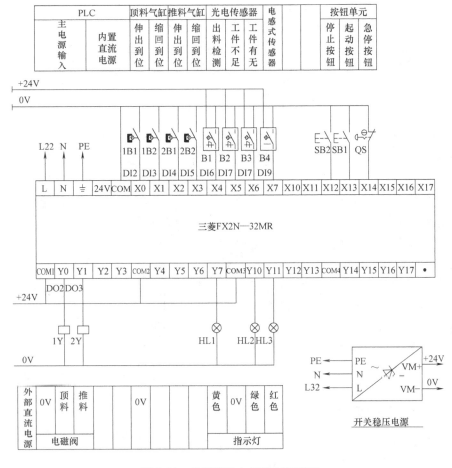

图 2-24　供料装置电气控制原理图

2. 用表 2-6 所示器材清单所列的器材和配件，按图 2-25 所示的供料装置气动原理图及其技术要求，完成供料装置气路的安装和调试，并达到以下要求：

1）气路连接正确。

2）气路的连接符合工艺规范要求。

3）气缸的动作速度合适。

表 2-6　供料装置气路器材清单

序号	名称	型号	数量	作　用
1	推料气缸	CDJ2KB16×85—B	1个	实现工件的推出
2	顶料气缸	CDJ2KB16×30—B	1个	在底层工件送出过程中顶住上层工件，以防止工件下落
3	单控电磁阀1Y	4V110-06 通气孔 φ4	1个	控制推料气缸的伸缩
4	单控电磁阀2Y	4V110-06 通气孔 φ4	1个	控制顶料气缸的伸缩
5	气管	橙色 φ4mm	0.5m	气路连接
6	气管	蓝色 φ4mm	0.5m	气路连接
7	气管	蓝色 φ6mm	2m	气路连接

(续)

序号	名称	型号	数量	作　用
8	扎带	3×150mm	1包	气路绑扎
9	空气压缩机	W—58	1台	提供气源
10	气源总阀	GFR200—08	1个	调节气压 过滤的

【任务分析与思考】

1. 需要安装的供料装置的主要控制器是什么?

2. 需要安装的供料装置有哪些执行和指示器件? 有哪些检测器件和控制元件?

3. 安装图 2-24 所示的供料装置的电路和气路需要哪些配件和工具?

4. 按什么样的工艺步骤, 能快速地安装好图 2-24 所示的供料装置电路?

5. 电路在什么情况下才能通电?

6. 需要安装的供料装置的气动回路有哪些器件?

7. 按什么样的工艺步骤, 能快速地安装好图 2-25 所示的供料装置气路?

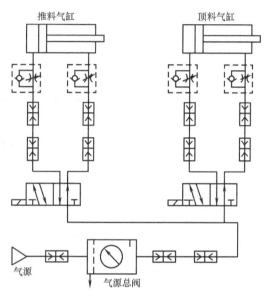

图 2-25　供料装置气动原理图

【相关知识】

一、供料装置电气控制的结构

供料装置电气控制由供电电源、电气控制箱、检测器件和执行器件四部分组成。

1. 供电电源

供料装置的供电电源和搬运输送装置共用, 可参考项目一任务二的相关内容。

2. 电气控制箱

供料装置电气控制箱的结构, 除 PLC 型号不同外, 其他都和搬运输送装置电气控制箱的结构相同, 如图 1-31 所示。电气控制箱主要包括 PLC、PLC 输入输出接线端口、开关电源、控制显示单元。其中 PLC 选用的型号是三菱 FX2N—32MR, 共有 16 个输入点和 16 个继电器输出点。

3. 检测器件

供料装置的检测器件包括 1 个电感式传感器、3 个光电传感器和 4 个磁性传感器。

(1) 电感式传感器

供料装置选用的电感式传感器是型号为 GH1—305QA, 其外形结构如图 2-26 所示。其工作原理和电路图中的图形符号与搬运输送装置的原点传感器相同。

(2) 光电传感器

供料装置选用的光电传感器有两种型号，一种型号为 MHT15—N2317，用来检测料台是否有工件，其外形结构如图 2-27 所示；另一种型号为 CX—441，用来检测料仓是否工件不足或工件有无，其外形结构如图 2-28 所示。尽管两种型号的结构不同，但是均为漫反射式光电传感器。

图 2-26　电感式传感器外形结构图

图 2-27　料台工件检测光电
传感器外形结构示意图

图 2-28　料仓工件检测光电
传感器外形结构示意图

　　漫反射光电传感器结构和工作原理：漫反射式光电传感器是利用光照射到被测物体上后反射回来的光线而工作的，由于物体反射的光线为漫反射光，故称为漫反射式光电传感器。它的光发射器与光接收器处于同一侧位置，且为一体化结构。在工作时，光发射器始终发射检测光，若传感器前方一定距离内没有物体，则没有光被反射到接收器，传感器处于常态而不动作；反之若传感器的前方一定距离内出现物体，只要反射回来的光强度足够，则接收器接收到足够的漫反射光就会使传感器动作而改变输出的状态。漫射式光电接近开关的工作原理如图 2-29 所示。

　　光电传感器的图形符号如图 2-30 所示。CX—441 型光电传感器在使用时需要选择好动作模式和调节好灵敏度。调节旋钮和指示灯位于光电传感器的顶端面上，如图 2-31 所示。

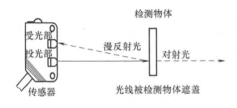

图 2-29　漫反射式传感器工作原理示意图

图 2-30　光电传感器图形符号

　　动作转换开关的功能是选择受光动作（Light）或遮光动作（Drag）模式。即当此开关按顺时针方向充分旋转至 L 侧，则进入检测 ON 模式（检测到物料时动作）；当此开关按逆时针方向充分旋转至 D 侧，则进入检测 OFF 模式（检测到物料时恢复）。距离设定旋钮是回转调节器，调整距离时注意逐步轻轻旋转，若用力过大，会超过极限位置，导致设定旋钮空转。调整的方法是，首先按逆时针方向将距离设定旋钮充分旋到最小检测距离，然后根据要求距离放置检测物体，按顺时针方向逐步旋转距离设定旋钮，找到传感器进入检测条件的点；拉开检测物体

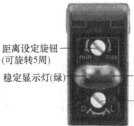

图 2-31　CX—441 型光电传感器调节
旋钮和指示灯分布示意图

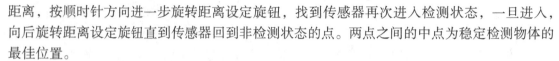

距离，按顺时针方向进一步旋转距离设定旋钮，找到传感器再次进入检测状态，一旦进入，向后旋转距离设定旋钮直到传感器回到非检测状态的点。两点之间的中点为稳定检测物体的最佳位置。

（3）磁性传感器

供料装置选用的磁性传感器型号是 D—C73，其外形结构如图 2-32 所示。

4. 执行器件

供料装置的执行器件为两个单控电磁组成的电磁阀组，其外形结构如图 2-33 所示。

二、供料装置的气动元件

供料装置的气动元件包括气源处理组件和 2 个双作用单出杆气缸，气源处理组件和项目一搬运输送装置的气源处理组件完全一样，双作用单出杆气缸的外形结构示意图如图 2-34 所示，其中型号为 CDJ2KB16×85—B 是推料气缸，用来将底层工件推到料台中心，型号为 CDJ2KB16×30—B 是顶料气缸，用来顶住次下层工件。

图 2-32　D—C73 磁性
传感器的外形结构示意图

图 2-33　供料装置电磁
阀组的外形结构示意图

图 2-34　双作用单出杆气缸
的外形结构示意图

【任务实施】

YL—335B 供料装置电路的安装是在安装机械部件的基础上进行的，可以先安装电路，再安装气路，具体可参考以下方案来完成。

一、准备安装 YL—335B 供料装置电路的器材和工具

1. 准备器材

根据安装供料装置电路所需要的器材清单（见表 2-5）清点器材，并检查各器材是否齐全，是否完好无损，如有损坏，请及时更换。在清点器材的同时，将器材分类放置到合适的位置，将较小的配件放在一个固定的容器中，以方便安装时快速找到，并保证在安装过程中不遗漏小的器材或配件。

2. 准备工具

安装 YL—335B 供料装置电路时，需要制作、安装连接导线和检测电路的工具，所要的工具清单见表 1-15。请根据表 1-15 工具，并按使用顺序整齐地摆放在工具盒或工具袋中。

安装 YL—335B 供料装置电路所用的螺钉旋具规格由连接器件的连接螺栓确定，不同的器件固定螺栓的规格不同，应注意选用相应规格的螺钉旋具进行安装，以免安装时损坏螺栓。

二、安装 YL—335B 供料装置电路

安装供料装置电路时，首先要断开电源开关，将电路中的各个元器件安装到位，然后连

接电路，最后进行检测。具体方法和步骤如下：

1. 安装电磁阀组

按图 2-35 所示的方向位置，将电磁阀组固定到安装底板上，注意：电磁阀的方向反过来也能固定，但是，连接电路和气路时就不方便操作，因此，一定不能反过来安装。

2. 安装导轨和线槽

导轨用来安装接线端子，按图 2-36 所示，将固定接线端子的导轨安装到固定底板上，注意导轨的规格为 240mm×35mm。

图 2-35　电磁阀组安装示意图

图 2-36　导轨安装示意图

供料装置的所有连接导线都要从线槽走线，线槽安装在走线比较集中的位置，按图 2-37 所示，将 3100mm×200mm×500mm 的线槽安装到固定底板上。

3. 安装接线端子排

依次将型号为 HO1687、HO1650 的接线端子排安装到导轨上。具体安装方法是，先将图 2-38 所示的固定卡槽嵌入导轨一侧，再沿箭头方向旋转到水平，稍用力压下，则另一侧的活动卡槽也嵌入导轨。此时，稍用力往上拉接线端子排，不能拉出，但是，沿导轨方向可以移动接线端子排，说明接线端子排已经安装好。

图 2-37　线槽安装示意图

4. 连接电磁阀导线

如图 2-39 所示，将电磁阀导线连接到 HO1650 接线端子最外侧的接线端上，注意连接时不同颜色导线的连接位置。

图 2-38　接线端子排安装示意图

图 2-39　电磁阀导线示意图

5. 连接传感器导线

传感器的连接导线比较多，但是只要理清各导线代表的信号，根据原理图依次连接就不容易出错。具体方法和步骤如下：

（1）连接顶料气缸伸出限位传感器电路

如图 2-40 所示，将顶料气缸伸出限位传感器的连接线连接到 HO1687 接线端子排的最靠近 HO1650 接线端子排的接线端子上，注意：将蓝色线接到最下端的 0V 端，黑色线接到中间的信号接线端子。

（2）连接气缸的其他限位传感器电路

根据原理图上 PLC 输入端子由小到大的顺序依次连接的限位传感器是顶料气缸伸出限位、顶料气缸缩回限位、推料气缸伸出限位、推料气缸缩回限位。顶料气缸伸出限位传感器连接导线已经连接好，按照相同的连接方法依次连接其余三个限位传感器的连接导线。注意：连接时要紧挨先连接好的传感器连接线连接，如图 2-41 所示。

图 2-40　顶料气缸伸出限位传感器电路连接示意图

图 2-41　气缸限位传感器电路连接结束示意图

（3）连接检测工件的传感器

供料装置共有 4 个检测工件的传感器，且均为三线式传感器。三线式传感器连接导线一般来说，蓝色线为电源负极，即接 0V，黑色线为信号线，棕色线为电源正极，即接 +24V。具体的安装方法和步骤如下：

1）如图 2-42 所示，将出料检测传感器的蓝色线接到最下层的 0V 端，注意所选择的接线端子紧挨连接完毕的导线端子；再将黑色线接到中间层的信号端，棕色线接到最上层的 +24V 端，注意，同一传感器的三根连接导线在接线端子排上的连接位置要对齐，如图 2-43 所示，以方便检查和维护维修。

图 2-42　出料检测传感器电路连接示意图

图 2-43　出料检测传感器电路连接位置图

2）如图 2-44 所示，依次将工件不足检测传感器、工件有无检测传感器、电感式传感器的电路，按照出料检测传感器电路连接的方法连接好。

6. 连接电气控制箱内电路

（1）连接 PLC 电源

用三芯电缆线从开关电源的电源输入端引出 AC 220V 到 PLC 的电源输入端。

（2）连接 DC24V 电源

供料装置电气控制箱内的器件及安装位置与搬运输送装置相同，只是 PLC 的型号不同，但是 DC24V 电源电路的连接完全可以参考搬运输送装置电气控制箱内 DC24V 电源的连接方法。

（3）连接 PLC 输入信号线（选用绿色线）

PLC 输入端口 X0 ~ X7 的信号来自传感器，其连接导线通过 PLC 输入接线端口转接，X12 ~ X15 的信号来自控制显示单元，可直接连接。具体操作可参考以下步骤。

图 2-44　其他工件检测传感器
电路连接示意图

1）根据 PLC 输入端口 X0 ~ X7 到 PLC 输入接线端口 DI2 ~ DI9 的距离，准备好 8 根导线，再根据 PLC 输入端口 X12 ~ X14 到控制显示单元的距离，准备好 3 根导线。

2）将准备好的导线两端做插针接头，套上号码管。

3）根据原理图编写号码。

4）根据所编号码连接导线。

（4）连接 PLC 输出信号线（选用黄色线）

PLC 输出端口 Y0、Y1 给电磁阀提供信号，其连接导线通过 PLC 输出接线端口转接，Y7、Y10、Y11 给控制显示单元的指示灯提供信号，可直接连接。具体操作可参考以下步骤。

1）根据 PLC 输出端口 Y0、Y1 到 PLC 输出接线端口 DO2、DO3 的距离，准备好 2 根导线，再根据 PLC 输出端口 Y7、Y10、Y11 到控制显示单元 HL1 ~ HL3 引出端的距离，准备好 3 根导线。

2）将准备好的导线两端做插针接头，套上号码管。

3）根据原理图编写号码。

4）根据所编号码连接导线。

思考：从以上（3）、（4）的电路安装方法可以总结出什么结论？

7. 连接电气控制箱和装置侧的数据线

设备提供了两根连接 PLC 输入/输出接线端子排的数据线，只需要将数据线的两端分别插入两个接线端口的数据线座上即可。

三、电路的检测与传感器位置的调整

1. 通电前的检测

电路安装结束后，需要先进行检测，确保电路没有短路故障后，才能进行通电调试。具体检测方法可以参考项目一任务二中的相关内容。

2. 通电检查与调整

确认电路没有短路故障后，接通电源，按以下步骤进行检查与调整。

1）先观察 PLC 电源指示灯和开关电源电源指示灯是否变亮。若不亮，则断开电源，检查电源电路，排除故障后再重新接通电源。

2）分别按下 SB1、SB2，观察可编程控制器 X12、X13 对应的指示灯是否由灭变亮。若

是，则正确，若否，则对应输入回路有故障，需要检查修复。

3）按下 QS，观察可编程控制器 X14 对应的指示灯是否由亮变灭。若是，则正确，若否，则对应输入回路有故障，需要检查修复。

4）供料装置上无工件，气缸在后位时，观察 PLC 输入指示灯 X1、X3 是否变亮，X0、X2、X4、X5、X6、X7 是否变灭。若是，则正确，若否，则对应输入回路有故障或传感器的位置需要调整，需要检查修复。

5）将工件放在检测工件传感器的检测位（注意电感式传感器检测位需要放金属工件），观察 X4、X5、X6、X7 是否变亮。若是，则正确，若否，则对应输入回路有故障或传感器的位置需要调整，需要检查修复。

6）手动依次让顶料气缸和推料气缸伸出到位，观察 PLC 输入指示灯 X0、X2 是否变亮。若不亮，则调整相应检测传感器的位置，直到变亮后再旋紧螺栓来固定传感器的位置，若没有位置可以使相应指示灯亮，则说明相应输入回路有故障。

四、安装 YL—335B 供料装置气路

YL—335B 供料装置的气路比较简单，可以参考以下步骤来完成。

1）准备器材和工具。供料装置气动元件都已经安装到位，只需要准备气管和工具。按表 2-6 所列的气管种类和长度准备气管，再准备 1 把剪气管的剪刀。

2）剪好 $\phi4mm$ 气管。依次按电磁阀 1Y 到推料气缸，2Y 到顶料气缸的距离分别剪下 1 根蓝色和 1 根橙色 $\phi4mm$ 气管。

3）将剪好的 $\phi4mm$ 气管按相应的位置连接好，注意连接时，一定要注意进气管和出气管的区分，保证初始状态时，气缸处于缩回位置。

4）剪好 $\phi6mm$ 气管。依次按气源总阀到电磁阀组，空气压缩机到气源总阀的距离分别剪下 2 根蓝色 $\phi6mm$ 气管。

5）将剪好的 2 根 $\phi6mm$ 气管按相应的位置连接好。

五、YL—335B 供料装置气路的检查与调整

安装完气路后，需要保证气路正确、无漏气现象，且各气缸动作速度合适。因此，安装结束后需要对气路进行检查与调整，具体可参考以下步骤来完成。

1）确保供料装置气缸动作时没有其余物品阻碍。

2）将气源总阀的调压阀调到最小，再打开气源总阀。

3）调节气源总阀的调压阀，将气压调节到 0.4 ~ 0.8MPa。

4）用一字螺钉旋具依次按下电磁阀的手动按钮，根据观察到的现象作相应的调整。

① 气缸动作是否正确，若动作不正确，则说明气路连接错误，需要重新连接气路；

② 气路是否漏气，若气路有漏气现象，则需要判断漏气原因后解决（最常见的是气管没有插紧）；

③ 气缸的动作速度是否适中，若气缸的动作速度不合适，则调节相应的节流阀，直到动作速度合适为止。

5）调整结束后关闭气源总阀。

【交流与探索】

1. 记录完成工作任务的过程和所用的时间，出现的问题和解决的方法。
2. 交换检查另一组的供料装置的安装质量，并做好记录。
3. 比较完成工作任务的方案和参考方案有何异同，并说明采用不同方案的优劣。
4. 重新安装一次供料装置的电路和气路，写一份优化的安装过程，并总结注意事项。

【完成任务评价】

任务评价见表2-7。

表 2-7　供料装置电路和气路安装评价表

项目		评 价 内 容	分值	学生自评	小组互评	教师评分
实践操作过程评价（50%）	安全文明操作（14%）	按要求穿着工作服	2			
		工具摆放整齐	2			
		完成任务后及时清理工位	2			
		不乱丢杂物	2			
		未发生电路故障事故	3			
		未造成设备或元件损坏	3			
	工作程序规范（16%）	安装的先后顺序安排恰当	2			
		安装过程规范、程序合理	2			
		工具使用规范	3			
		操作过程返工次数少	2			
		安装结束后进行检查和调整	2			
		检查和调整的过程合理	2			
		操作技能娴熟	3			
	遇到困难的处理（5%）	能及时发现问题	2			
		有问题能想办法解决	2			
		遇到困难不气馁	1			
	个人职业素养（15%）	操作时不大声喧哗	1			
		不做与工作无关的事	1			
		遵守操作纪律	2			
		仪表仪态端正	1			
		工作态度积极	2			
		注重交流和沟通	2			
		能够注重协作互助	2			
		创新意识强	2			
		操作过程有记录	2			

（续）

项目		评 价 内 容	分值	学生自评	小组互评	教师评分
实践操作成果评价（50%）	电路连接的正确性（15%）	能正确连接线路	5			
		连接线路所选用导线粗细、颜色都正确	2			
		没有漏接导线	3			
		没有错接导线	3			
		连接导线长度合适	2			
	电路连接的工艺水平（16%）	所有连接的软导线均入线槽	2			
		导线两端均做了接线端子	2			
		除控制和指示单元和开关电源的接线端子外，每个接线端子只接一根导线	2			
		接线端子外露铜丝不过长	1			
		接线端子没有压皮现象	1			
		信号线两端需要套号码管	2			
		号码管编号正确、清楚、整齐、无漏标	2			
		连接导线入线槽时要尽量垂直对准线槽孔	2			
		导线连接牢固，无松动现象	2			
	气路连接的正确性和工艺水平（10%）	气路连接正确	3			
		气管捆扎符合工艺要求	1			
		选用的气管粗细、颜色正确	1			
		节流阀调节的位置合适	2			
		所有节流阀均处于锁紧状态	2			
		气路和电路分开敷设	1			
	记录和总结（9%）	过程的记录清晰、全面	3			
		能及时完成总结的各项内容	2			
		总结的内容正确、丰富	2			
		总结有独到的见解	2			

任务三　自动供料装置的调试

【任务描述与要求】

1. 调试安装好的自动供料装置，使供料装置能达到以下控制要求

系统上电，供料装置位于初始位置（推料气缸和顶料气缸均处于缩回位置），且料仓内有足够的工件，黄色指示灯 HL1 亮；若不在初始位置或料仓没有足够的工件，红色指示灯 HL3 亮。

当供料装置黄色指示灯 HL1 亮时，才能起动工作；若红色指示灯 HL3 亮，则不能起动工作。

2. 正常工作过程

当供料装置黄色指示灯 HL1 亮时，按一下起动按钮 SB1，供料装置起动工作，绿色指示灯 HL2（运行指示灯）常亮，顶料气缸伸出到位，顶住底层工件上面的工件，若料台有工件，则黄色指示灯 HL1 以 1Hz 频率闪烁，提示需要将料台工件取走，工件取走后，HL1 熄灭；若料台没有工件，则推料气缸伸出，将工件推出到料台，推料气缸推出到位后，缩回，缩回到位后，顶料气缸缩回，底层检测到工件 1s 后，再重复上述过程。

在工作过程中，按一下停止按钮 SB2，若料台有工件，则立刻停止工作；若料台没有工件，则供料装置在完成本次供料工作后停止。设备停止后，绿色指示灯熄灭。

在工作过程中，若工件不足，则黄色指示灯 HL1 以 2Hz 频率闪烁，提示添加工件，装置继续工作。若添加了工件，则绿色指示灯 HL2 恢复常亮；若没有添加工件，当没有工件时，装置自动停止工作。

在工作过程中，按下急停按钮，则设备立刻停止工作，当急停按钮复位后，才能重新起动。

【任务分析与思考】

1. 自动供料装置正常工作有何要求？
2. 怎样起动和停止自动供料装置？
3. 自动供料装置的控制要求有几种动作过程？
4. 自动供料装置的工作过程有何特点？
5. 自动供料装置的工作流程是怎样的？

【任务实施】

YL—335B 供料装置的调试可参考以下方案来完成。

一、调试准备

1. 根据工作任务中供料装置的控制要求，画出供料装置工作流程图

根据工作任务中供料装置的控制要求，可以画出供料装置的工作流程图，如图 2-45 所示。

2. 准备好调试所要用的工具和测量仪表

根据表 1-3 和表 1-15 准备工具和测量仪表。

二、通电前的调试

1. 通电前的机械部件调试

按项目一任务三通电前的机械部件调试要求调试各机械部件，还需要检查料仓工件是否能顺利下落，具体的方法是：在料仓顶部，靠近料仓口轻轻放入工件，观察工件是否能顺利地落到料仓底部，若不能，则需要调整料仓的安装，直到工件能顺利地下落为止。

2. 调试气路

调试方法同项目一任务三的调试气路的方法。

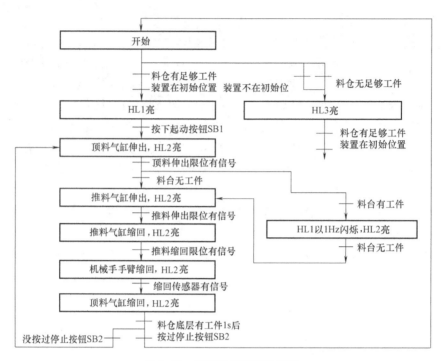

图 2-45　供料装置工作流程图

3. 检测电路

检测方法同项目一任务三的检测电路的方法。

三、通电调试

在确定设备机械部件安装正确到位，电路没有短路故障，气路没有漏气且连接正确，气缸运动速度合适，电源电压正常后，可接通设备电源，开始通电调试。

1. 设备起动工作前的通电调试

（1）接通电源

接通电源前将设备内部各开关置于断开状态，然后再接通总电源。

（2）写入程序

该设备运用 PLC 实现自动控制过程，需要写入 PLC 控制程序，把 D 盘中文件夹"自动生产线控制程序"下，文件名为"自动供料装置控制程序"的程序写入 PLC 中。具体的写入步骤参考项目一任务三中写入程序的方法。

（3）调整传感器的位置

装置通电后，打开气源总阀开关，并将气压调整到合适状态后，按表 2-8 所列步骤完成传感器位置的调试。

表 2-8　供料装置传感器位置的调试步骤及情况记载表

步骤	操作内容	观察内容	正确结果	不正常的调试方法	调试情况
1	气缸处于自然状态时	推料气缸和顶料气缸的后位传感器指示灯	传感器指示灯变亮	若不亮,则可能是该传感器位置不准确,需要调整后位传感器位置,也可能是传感器故障,则排除故障	

（续）

步骤	操作内容	观察内容	正确结果	不正常的调试方法	调试情况
2	按下电磁阀 1Y 的手动按钮	顶料气缸前限位传感器指示灯	顶料气缸伸出到位后,传感器指示灯变亮	若不亮,则可能是该传感器位置不准确,需要调整传感器位置,也可能是传感器故障或回路故障,则排除故障	
3	按下电磁阀 2Y 的手动按钮	推料气缸前限位传感器指示灯	推料气缸伸出到位后,传感器指示灯变亮	若不亮,则可能是该传感器位置不准确,需要调整传感器位置,也可能是传感器故障,则排除故障	
4	在料台上放一个工件	料台下光电传感器	传感器指示灯变亮	若不亮,则调节传感器的安装高度,如果调节到任何高度都不亮,则可能是传感器故障或回路故障	
5	在料仓放入一个金属工件,并落下	推料口传感器	传感器指示灯变亮	若不亮,则调节传感器的灵敏度,如果调节后仍然不亮,则可能是传感器故障或回路故障	
6	在料仓再放入三个以上黑色工件	工件不足传感器	传感器指示灯变亮	若不亮,则调节传感器的灵敏度,如果调节后仍然不亮,则可能是传感器故障或回路故障	

（4）检查 PLC 输入输出地址

写入程序后,可根据表 2-9 检查 PLC 各输入输出信号的连接是否正确,具体操作可参考表 2-10 和表 2-11 所列步骤来完成,并做好相应的记录。

表 2-9　供料装置 PLC 的 I/O 地址表

输入信号				输出信号			
序号	PLC 输入点	信号名称	信号来源	序号	PLC 输出点	信号名称	信号控制对象
1	X0	顶料气缸伸出到位	气缸行程限位	1	Y0	顶料气缸伸出	电磁阀
2	X1	顶料气缸缩回到位		2	Y2	推料气缸伸出	
3	X2	推料气缸伸出到位		3	Y7	黄色指示灯 HL1	指示灯模块
4	X3	推料气缸缩回到位		4	Y10	绿色指示灯 HL2	
5	X4	料台工件检测	工件检测	5	Y11	红色指示灯 HL3	
6	X5	工件不足检测					
7	X6	工件有无检测					
8	X7	出料口金属工件检测					
9	X12	停止按钮	按钮单元				
10	X13	起动按钮					
11	X14	急停按钮					

注：进行以下操作时确保 PLC 处于"stop"状态。

表 2-10　供料装置 PLC 输入口接线调试步骤及情况记载表

步骤	操作内容	观察内容	正确结果	不正常时的调试方法	调试情况
1	按一下起动按钮 SB1	X13 信号指示灯亮暗变化	X13 信号指示灯变亮后熄灭	检查起动按钮及其与 PLC 的 COM 和 X13 之间的连接线	
2	按一下停止按钮 SB2	X12 信号指示灯亮暗变化	X12 信号指示灯变亮后熄灭	检查停止按钮及其与 PLC 的 COM 和 X12 之间的连接线	
3	按下急停按钮	X14 信号指示灯亮暗变化	X14 信号指示灯由亮变灭	检查急停按钮及其与 PLC 的 COM 和 X14 之间的连接线	
4	恢复急停按钮	X14 信号指示灯亮暗变化	X14 信号指示灯由灭变亮	检查急停按钮及其与 PLC 的 COM 和 X14 之间的连接线	
5	按下电磁阀 1Y 手动按钮	X0、X1 信号指示灯亮暗变化	X1 信号指示灯由亮变灭,然后 X0 信号指示灯由灭变亮	检查顶料气缸前、后限位传感器及其与 PLC 的 COM 和 X0、X1 之间的连接线	
6	按下电磁阀 2Y 手动按钮	X2、X3 信号指示灯亮暗变化	X3 信号指示灯由灭变亮,然后 X2 信号指示灯由亮变灭	检查推料气缸前、后限位传感器及其与 PLC 的 COM 和 X2、X3 之间的连接线	

表 2-11　供料装置 PLC 输出口接线调试步骤及情况记载表

步骤	操作方法	操作内容	观察内容	正确结果	不正常时的调试方法	调试情况
1	用万用表 $R \times 1\Omega$ 挡依次测量 PLC 输出端与电磁阀组各线圈连接线的电阻	Y0 与电磁阀 1Y 线圈连接线之间电阻	电阻值	接近于 0	检查是该电路之间故障还是电路连接错误,然后排除或调整	
2		Y1 与电磁阀 2Y 线圈连接线之间电阻	电阻值	接近于 0	检查是该电路之间故障还是电路连接错误,然后排除或调整	
3	用万用表 $R \times 1\Omega$ 挡依次测量 PLC 输出端与控制显示模块连接线的电阻	Y7 与 HL1 连接线之间电阻	电阻值	接近于 0	检查是该电路之间故障还是电路连接错误,然后排除或调整	
4		Y10 与 HL2 连接线之间电阻	电阻值	接近于 0	检查是该电路之间故障还是电路连接错误,然后排除或调整	
5		Y11 与 HL3 连接线之间电阻	电阻值	接近于 0	检查是该电路之间故障还是电路连接错误,然后排除或调整	

2. 供料装置的功能调试

1）将 PLC 置于运行状态。

2）根据工作流程图进行功能调试。

根据控制要求，供料装置功能调试的具体操作步骤可对照工作流程图，参考表 2-12 所列步骤来完成。

表 2-12　供料装置功能调试步骤及情况记载表

步骤	操作方法	观察内容	正确结果	不正常时的调试方法	调试情况
1	料仓不放料	供料装置指示灯状态	黄色和绿色指示灯灭,红色指示灯亮	先检查 X5 信号指示灯是否亮,若亮,说明该输入回路故障;若不亮,则检查 Y7 信号指示灯是否亮,若不亮,则程序问题;若亮,检查 Y11 输出回路	
2	顶料气缸或推料气缸离开后限位	供料装置指示灯状态		先检查 X1、X3 信号指示灯是否亮,若均亮,说明该后限传感器故障;若不亮,则检查 Y7 信号指示灯是否亮,若不亮,则程序问题;若亮,检查 Y11 输出回路	
3	在上述两种情况下,按一下 SB1	供料装置是否起动及指示灯状态	装置不起动,指示灯状态同步骤 1 和 2	若装置起动,说明程序故障	
4	放足工件,并让两气缸回到缩回位置	指示灯状态	红色和绿色指示灯灭,黄色指示灯亮	先检查输入信号指示灯是否正确,不正确,则检查相应输入回路,再检查输出信号指示灯,若不正确,则是程序故障	
5	步骤 4 调试正常后,按一下 SB1	供料装置是否起动,指示灯状态	黄色指示灯灭,绿色指示灯亮,供料装置起动运行	不能起动,则检查程序是否正常或输出回路是否正常	
5		供料装置起动后的运行过程	和图 2-45 所示的流程图的过程相同	观察相应的信号是否正确,若信号不正确则检查相应的输入、输出回路	
6	两个周期结束后,按一下停止按钮	供料装置的运动	供料装置完成当前工作过程后,回到初始位置再停止工作	则检查相应的输出回路,若不亮,说明程序有问题	
7	按一下 SB1	供料装置是否重新起动,指示灯状态	黄色指示灯灭,绿色指示灯亮,供料装置起动运行	不能起动,则观察装置是不是在初始位置,若不在,则先让装置回初始状态,如果在,则检查程序是否正常或输出回路是否正常	
7		供料装置起动后的运行过程	和图 2-45 所示的流程图的过程相同	观察相应的信号是否正确,若信号不正确则检查相应的输入、输出回路。若电路信号均正常,则需要怀疑程序的可靠性	
8	一个工作周期结束后,在第二个工作周期中按一下停止按钮 SB2	供料装置的运动	供料装置完成当前工作过程后,回到初始位置再停止工作	观察相应信号是否正确,若正确则检查程序中与停止有关的程序段	
9	重复步骤 5～8操作	装置的稳定性和程序的可靠性	每次操作后,装置的运行状态均正常	先确定是装置安装问题还是程序问题,然后检查装置或程序	

【交流与探索】

1. 记录完成工作任务的过程和所用的时间,出现的问题和解决的方法。

2. 交换检查另一组的供料装置的功能和调试记录结果是否相符，并做好记录。

3. 比较完成工作任务的方案和参考方案有何异同，并说明采用不同方案的优劣。

4. 重新完成一次供料装置的功能调试，写一份优化的安装过程，并总结注意事项。

【完成任务评价】

任务评价见表2-13。

表 2-13　供料装置功能调试评价表

项目	评 价 内 容		分值	学生自评	小组互评	教师评分
实践操作过程评价（50%）	安全文明操作（14%）	按要求穿着工作服	2			
		工具摆放整齐	2			
		完成任务后及时清理工位	2			
		不乱丢杂物	2			
		未发生电路故障事故	3			
		未造成设备或元件损坏	3			
	工作程序规范（16%）	调试的先后顺序安排恰当	2			
		调试过程规范、程序合理	2			
		工具使用规范	3			
		操作过程返工次数少	2			
		调试结束后进行记录	2			
		调查试的过程合理	2			
		操作技能娴熟	3			
	遇到困难的处理（5%）	能及时发现问题	2			
		有问题能想办法解决	2			
		遇到困难不气馁	1			
	个人职业素养（15%）	操作时不大声喧哗	1			
		不做与工作无关的事	1			
		遵守操作纪律	2			
		仪表仪态端正	1			
		工作态度积极	2			
		注重交流和沟通	2			
		能够注重协作互助	2			
		创新意识强	2			
		操作过程有记录	2			
实践操作成果评价（50%）	调试准备充分、正确（9%）	画了工作流程图	1			
		画出的工作流程图规范、清晰	2			
		画出的工作流程正确	4			
		准备的工具齐全、合适	1			
		准备的测量仪表齐全、合适	1			

（续）

项目		评价内容	分值	学生自评	小组互评	教师评分
实践操作成果评价（50%）	通电前调试（12%）	调试内容正确	2			
		调试项目齐全	2			
		调试方法正确	2			
		仪表使用方法正确	2			
		气路调试方法正确	2			
		各气缸动作速度合适	2			
	通电调试（20%）	会写入程序	1			
		写入程序方法，内容正确	1			
		传感器调试全面	2			
		传感器调试方法正确	2			
		PLC 的 I/O 调试全面	2			
		PLC 的 I/O 调试正确	2			
		功能调试完整	4			
		功能调试方法正确	4			
		调试的操作全面	2			
	记录和总结（9%）	过程的记录清晰、全面	3			
		能及时完成总结的各项内容	2			
		总结的内容正确、丰富	2			
		总结有独到的见解	2			

项目三

冲压装置的安装与调试

冲压加工与其他机械加工相比具有生产效率高、精度高、质量稳定、材料利用率高、操作简便、适用于大批量生产和自动化等优点。冲压加工在机械加工中占有比较大的比重，应用范围十分广泛，在国民经济的各个部门中，几乎都有冲压加工产品。汽车、飞机、拖拉

a) 汽车冲压装置

b) 冲压设备自动生产线

c) 金属包装容器自动冲压设备

d) 气动元件冷冲压装置

e) 气液增力缸式冲压装置

f) 铝型材冲压装置

g) 多工位冲压机加工装置

图 3-1　常用的自动冲压装置

机、电器、电机、仪表、铁道、邮电、化工以及轻工日用产品均应用到了冲压加工产品。

由于冲压加工的工件要求不同，冲压装置的结构形式也多种多样，如图 3-1 所示为一些常用的自动冲压装置。

YL—335B 自动生产线中的自动冲压装置的外部结构示意图如图 3-2 所示。它的执行机构主要包括冲压机构和送料机构。工作时要求送料机构保证原料胚件静止不动，将原料胚件送到冲头处，然后冲压机构快速地冲压原料胚件，制成要求的零件，最后冲头快速返回，送料机构把加工好的工件重新送回物料台。

本项目要完成 YL—335B 自动生产线中的冲压装置机械部件的组装、冲压装置电路和气路的安装以及自动冲压装置的调试三个工作任务。学会安装、调试冲压装置的方法，相关连接部件装配工艺；并能熟练地进行机械部件、电路、气路的安装，PLC 程序的写入和冲压装置的调试。

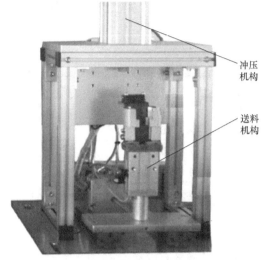

图 3-2　自动冲压装置的外部结构示意图

任务一　组装冲压装置机械部件的安装

【任务描述与要求】

用表 3-1 所示冲压装置机械部件器材清单和表 3-2 所示的配件清单所列的器材和配件，根据图 3-3 所示，冲压装置机械总装图，在安装平台上安装图 3-4 所示冲压装置的机械部件，组成冲压装置并满足：

1）各部件安装牢固，无松动现象。

2）各部件安装要横平竖直。

3）各部件安装位置准确。移动气缸缩回时，冲压平台正好位于冲压气缸正下方，当移动气缸伸出时，冲压平台能伸出到冲压气缸安装板的外部。

4）气缸旋入安装板的松紧应适中。

表 3-1　冲压装置机械部件器材清单

序号	名称	数量	作用	备注
1	冲压气缸	1	对工件进行冲压加工	加工（冲压）机构
2	安装板	1	安装冲压气缸	
3	节流阀及快速接头	2	控制气体输出	
4	磁感应传感器	2	冲压气缸到位检测	
5	冲压头	1		
6	220mm×20mm 型材	6	组成加工机构支架	加工机构支架
7	110mm×20mm 型材	2	组成加工机构支架	
8	150mm×20mm 型材	2	组成加工机构支架	

（续）

序号	名称	数量	作用	备注
9	30mm×20mm×20mm L 形支架	12	组成加工机构支架	夹紧机构
10	半圆形手爪	2	构成手爪	
11	手爪气缸	1	驱动手爪	
12	节流阀	2	控制气体输出	
13	磁感应传感器	1	气缸到位检测	
14	圆柱形支撑座	1	支撑手爪及手爪气缸	
15	大 L 形支架	1	固定光电传感器	
16	光电传感器	1	检测手爪上是否有物料	滑动台
17	手爪底板	1	连接手爪与滑动台	
18	长方形面板	1	固定移动气缸	
19	三角支撑块	2		
20	移动气缸	1	推送手爪	
21	磁感应传感器	2	伸缩气缸推出收回到位检测	
22	电磁阀组	3	控制气缸	
23	长方形金属面板	1	固定电磁阀组	
24	底板	1	固定导轨	直线导轨
25	金属导轨	2	滑动装置	
26	滑块	2		
27	PLC 输入输出接线端子	1	连接导线的端子	
28	金属条	1	固定 PLC 接线端子	
29	橘黄色底板	1	供料装置的底板	

表3-2　冲压装置机械配件清单

序号	名称	规格	数量	作用
1	内六角螺栓	5×60	4	固定冲压气缸
2	内六角螺栓	3×12	14	固定电磁阀安装板
3	螺母	M3	6	固定电磁阀安装板
4	内六角螺栓	3×10	10	固定电磁阀安装板
5	内六角螺栓	3×8	24	固定支架
6	内六角螺栓	3×15	8	固定支架
7	内六角螺栓	3×10	4	固定机器手起动手爪
8	内六角螺栓	4×10	4	固定推送板
9	内六角螺栓	4×12	2	固定长方形金属挡板
10	内六角螺栓	4×20	2	固定导轨安装板
11	内六角螺栓	4×10	5	固定导轨安装板
12	内六角螺栓	2.5×12	2	固定红外传感器
13	内六角螺栓	5×25	4	固定橘黄色底板

（续）

序号	名称	规格	数量	作用
14	垫片		若干	
15	沉头螺钉	4×6	2	固定导轨

【任务分析与思考】

1. 需要安装的冲压装置可以分成几部分？各部分的名称分别是什么？

2. 需要安装的冲压装置各部分分别由哪些零件组成？这些零件的形状怎样？

3. 安装图 3-3 所示的冲压装置需要哪些配件和工具？

4. 按什么样的工艺步骤，能快速地安装好图 3-3 所示的冲压装置？

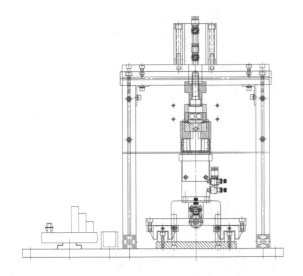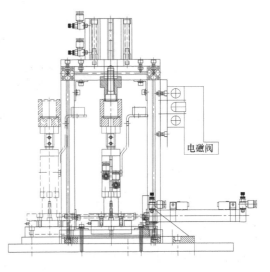

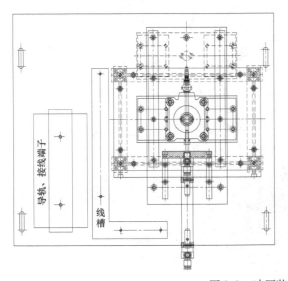

图 3-3　冲压装置机械总装图

【相关知识】

一、冲压装置的机械结构

冲压装置的机械结构根据其具体用途和应用场合的不同而不同。下面以 YL—335B 自动生产线中冲压装置为例，介绍其机械结构，如图 3-4 所示。

图 3-4　冲压装置机械部件安装示意图

冲压装置的机械部分主要由加工台、滑动机构、冲压机构三部分组成。其中，加工台用于固定被加工件，滑动机构带动加工台把工件移到冲压机构正下方进行冲压加工，加工结束后，再将工件移出，以方便工件的更换。加工台和滑动机构的结构如图 3-5 所示，主要由气动手指、加工台伸缩气缸、线性导轨及滑块、磁感应接近开关、漫射式光电传感器组成。冲压机构用于对工件进行冲压加工，其结构如图 3-6 所示，主要由薄型气缸、冲压头、安装板等组成。

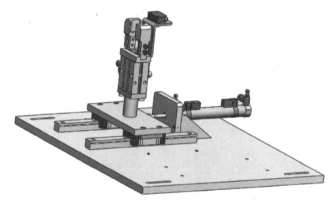

图 3-5　加工台和滑动机构结构图

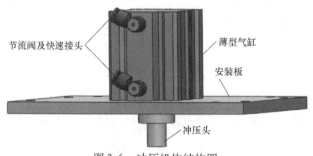

图 3-6　冲压机构结构图

二、冲压装置使用时的注意事项

1）半自动和手动冲床必须安装双手制动开关，严禁脚踏或单手起动开关进行冲压。

2）连续冲压时，不能在距冲床1m以内用手拿取产品。

3）技术员上模调机时，只能一个人调试，不要两个人去调试。

4）技术员调机送料，只能在机台外，距离不低于1m。

5）架模时一定要锁紧螺钉，每4h要停机检查螺钉是否松动。

6）当模具在生产过程中出现问题，不需要卸模，直接在冲床上维修时，必先关掉设备电源，并在电源盒上挂上正在维修标示牌才可实施。

7）所有工具用完后全部归还到工具箱，不能放在机台上，以免工具滑落伤到人。

8）机台不生产时，要及时切掉电源。

9）拿取工件时，要用专门工具，不得用手直接送料或取件。

10）生产者站立要恰当，手和头部应与冲床保持一定的距离，并时刻注意冲床动作，严禁与他人闲谈。

11）生产时操作员、修模员严禁把手伸入模具内作业。

12）严禁穿拖鞋，以免车间模具、铁块等砸到脚。

13）男作业员严禁留长发，女作业员长发要盘起来，以免长发卷入冲床。

14）电油、酒精、清洗剂等其他油类要注意防火。

15）材料、废料和模具装箱时需带手套作业，以免划伤手。

16）有油渍时须及时清理，以免地滑摔跤。

17）严禁非电工人员接电与维修机器。

18）严禁用风枪对准人吹，易伤到眼睛。

19）冲压时操作员需戴上耳塞。

20）发现机台异常时先关掉电源再及时找当班技术员处理，不能擅自处理。

21）清理、检查设备时，必须切断电源后操作。

22）设备较长时间不工作时应切断电源，清理、擦洗工作台面，拆下模具保养入库，每周定时检查润滑系统油料。

【完成任务引导】

冲压装置在安装底板上的安装位置是固定的，可直接进行具体的安装。YL—335B冲压装置机械部件的安装可以参考以下方案来完成。

一、准备安装 YL—335B 冲压装置机械部件的工具和器材

1. 清理安装平台

安装前，先确认安装平台已放置平衡，安装台下的滚轮已锁紧，安装平台上安装槽内没有遗留的螺母、小配件或其他杂物，然后用软毛刷将安装平台清扫干净。

2. 准备器材

根据安装冲压装置机械部件所需要的器材清单（见表3-1）和配件清单（见表3-7）清点器材，并检查各器材是否齐全，是否完好无损，如有损坏，请及时更换。在清点器材的同

时，将器材放置到合适的位置，将较小的配件放在一个固定的容器中，以方便安装时快速找到，并保证在安装过程不遗漏小的器材或配件。

3. 准备工具

安装 YL—335B 冲压装置机械部件所用的工具与安装冲压装置机械部件的工具相同，可根据表1-3清点工具，并将工具整齐有序地摆放在工具盒或工具袋中。

二、安装 YL—335B 冲压装置机械部件的方法和步骤

对于 YL—335B 冲压装置机械部件的安装，可按照先安装铝合金型材支架组件，再安装冲压装置其他部分的顺序来完成。具体的安装方法和步骤参考如下。

1. 安装加工台和滑动机构

加工台和滑动机构的安装可按表3-3所示步骤和方法来完成。

表3-3　安装加工台和滑动机构

操作步骤	操作图示	操作说明
1	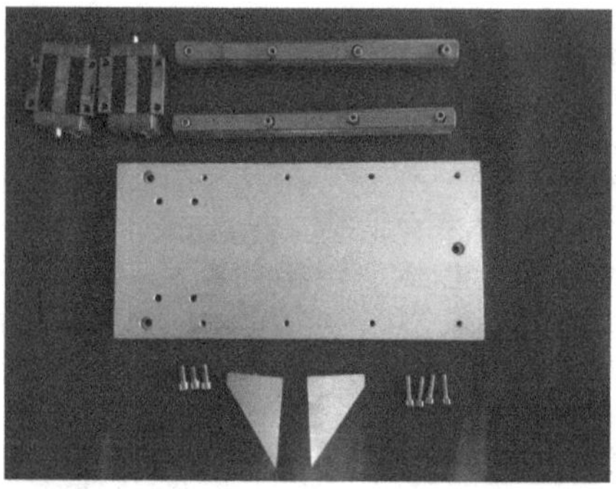	按图示准备滑动机构的安装器件和螺钉
2	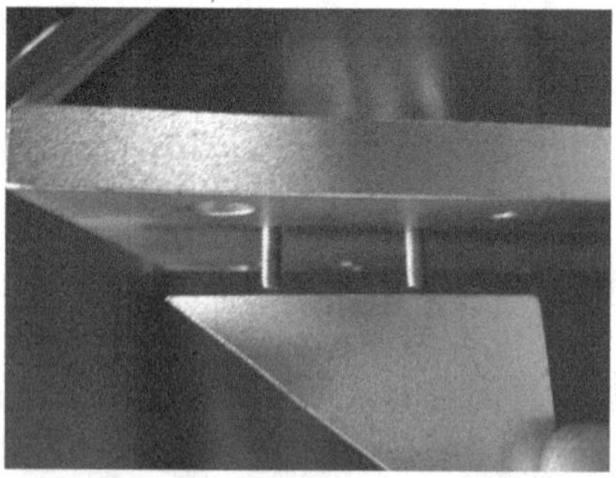	将底板竖起后,按图示用两个螺栓固定三角形支撑块
3		安装后要确保三角形支撑块和底板之间没有缝隙

（续）

操作步骤	操作图示	操作说明
4	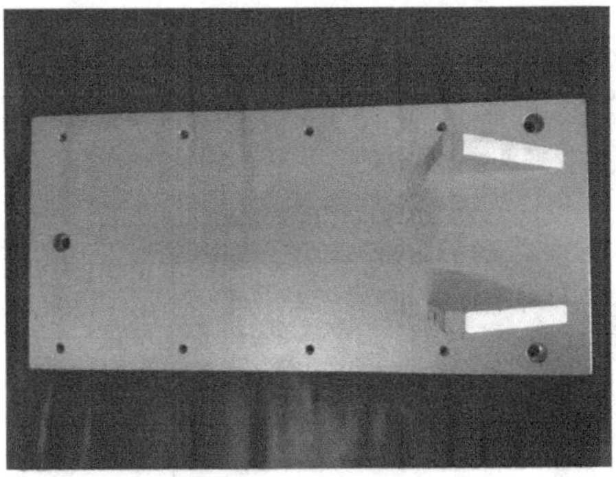	按同样的方法安装另一块三角形支撑块
5	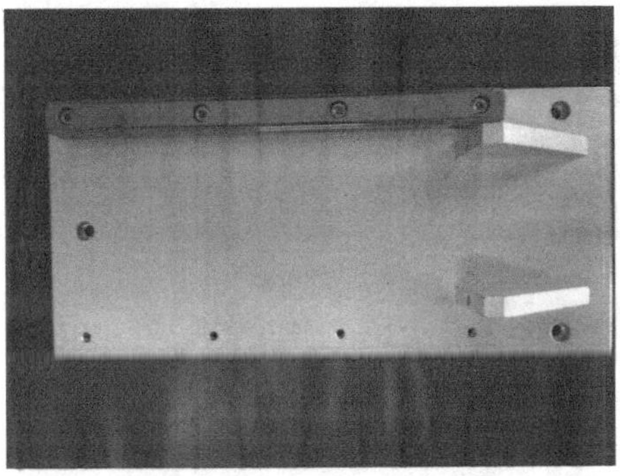	如图,底板放平整后,将金属导轨固定到底板上
6	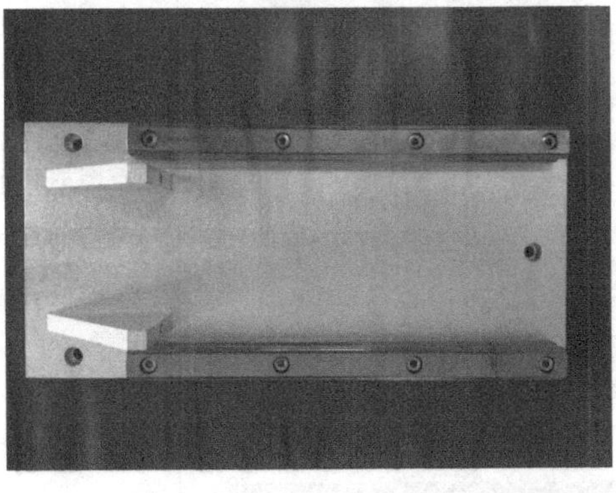	将另一金属导轨也固定到底板上
7		将滑动块下端的滑槽对准导轨套入金属导轨上

（续）

操作步骤	操作图示	操作说明
8	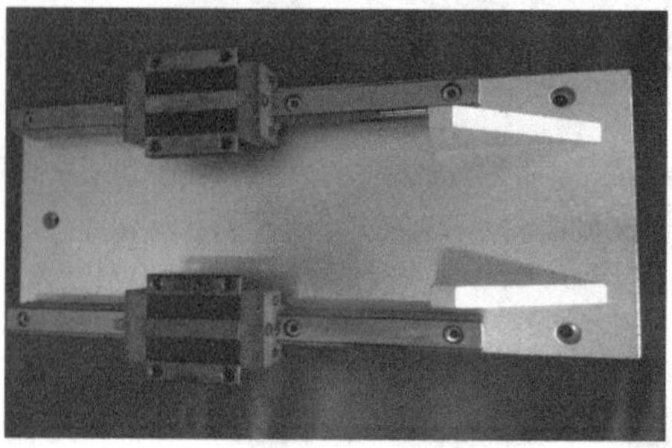	将两个滑块嵌入金属导轨后,检查滑块的滑动是否顺畅
9	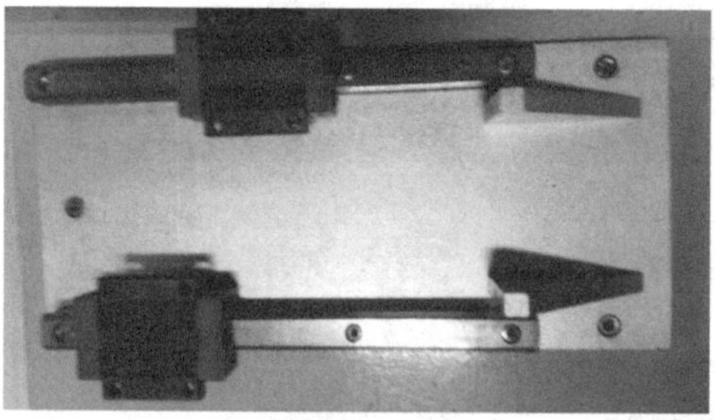	将上一步安装好的装置固定到底板上
10	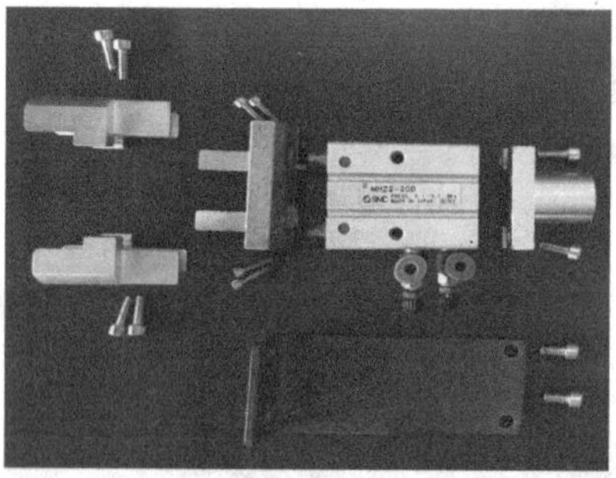	按图示准备加工台的各安装器件和螺钉
11	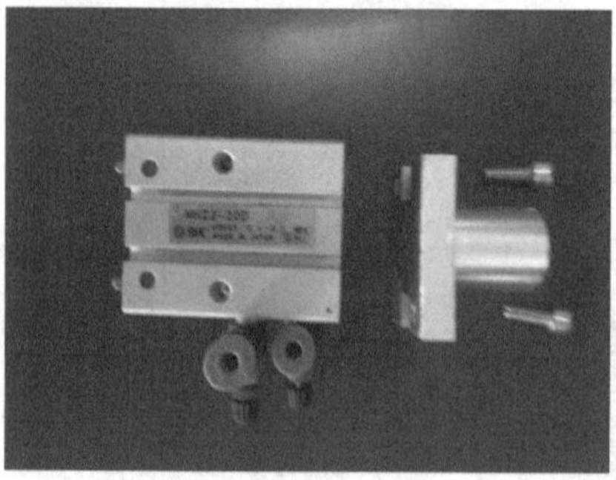	按图将手爪气缸安装到圆柱形支撑座上

（续）

操作步骤	操作图示	操作说明
12	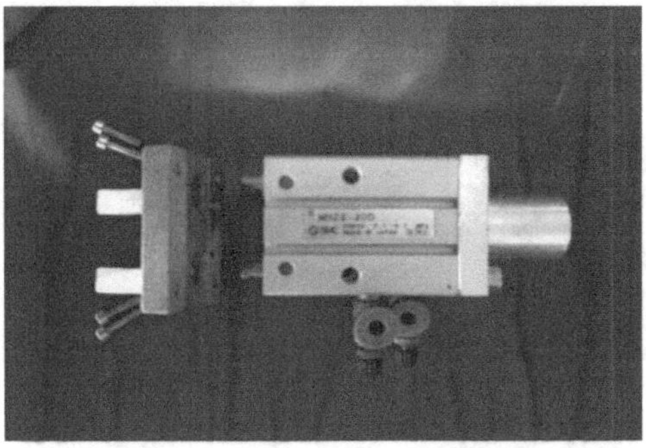	按图将加工平台固定到手爪气缸上
13	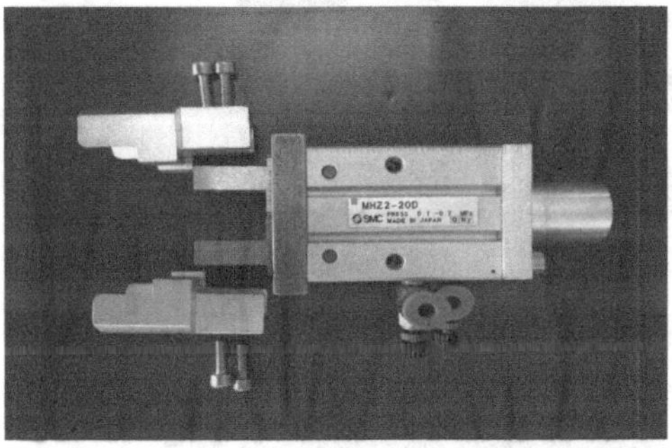	按图将半圆形手爪安装到加工平台
14	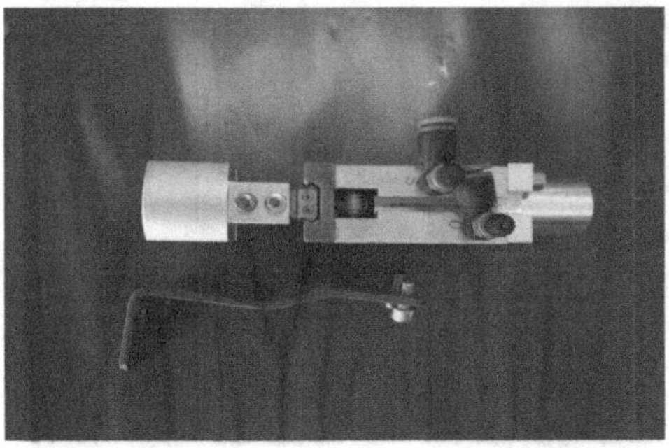	大 L 形支架固定到图示位置
15	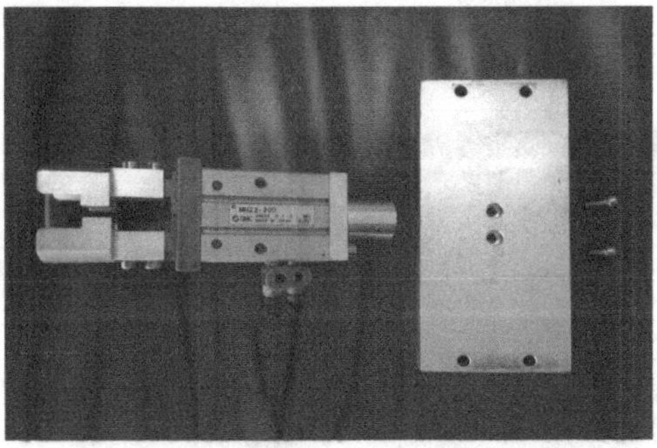	按图示准备器件和螺钉

（续）

操作步骤	操作图示	操作说明
16		将平台向下,安装板在上,对准备安装后,紧固螺钉
17	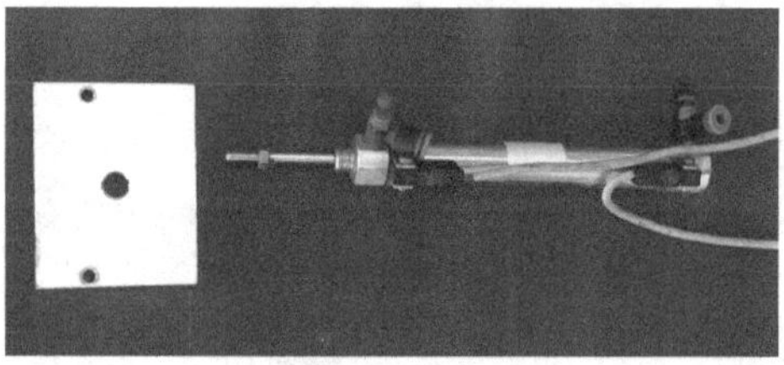	按图示准备器件
18	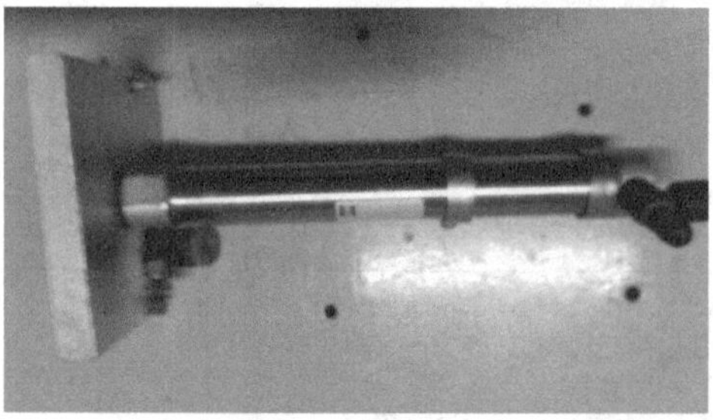	将移动气缸安装到支撑板上,注意将气缸旋紧
19	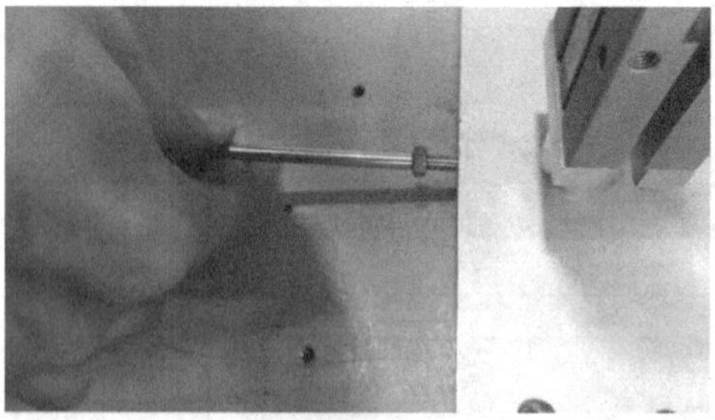	将移动气缸伸出杆拉出后旋入平台底板的螺纹孔
20	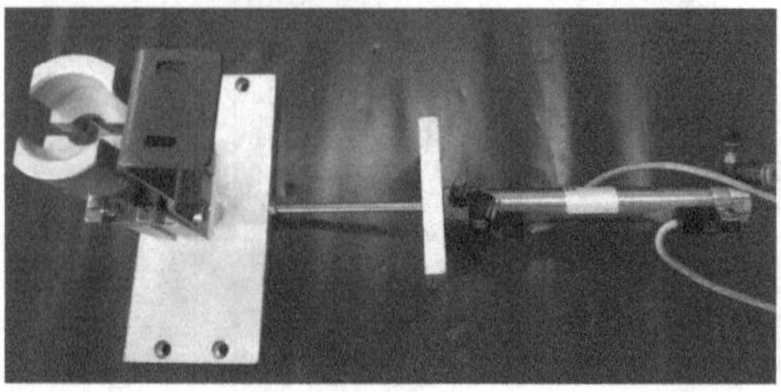	将伸出杆上的螺母旋紧

（续）

操作步骤	操作图示	操作说明
21	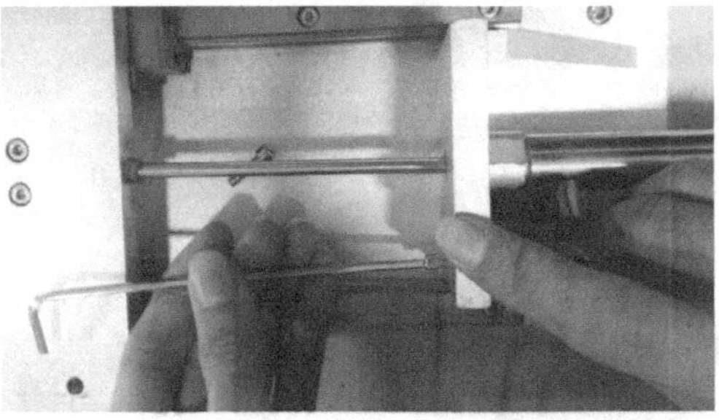	将上一步安装好的装置放到导轨板上，并将气缸支撑板的安装孔和三角形支撑块的安装孔对准，再用螺钉紧固
22	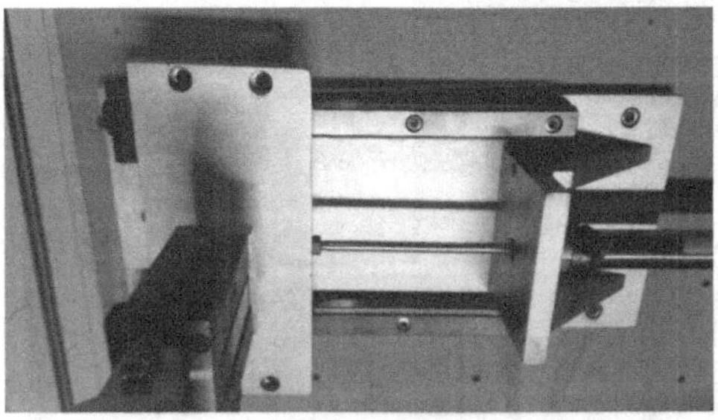	将平台底板四个安装孔和两个滑块上的四个安装对准
23		用螺钉将平台固定到滑块上

2. 安装冲压装置的铝合金型材支架

冲压装置的铝合金型材支架的安装可按表 3-4 所示操作步骤和方法来完成。

表 3-4 安装冲压装置的铝合金型材支架

操作步骤	操作图示	操作说明
1		准备各个型材，L 形支架，内六角螺栓等

（续）

操作步骤	操作图示	操作说明
2		将两长一短型材利用内六角拼螺栓装成如图所示
3		利用同一方法拼装出另一支架
4	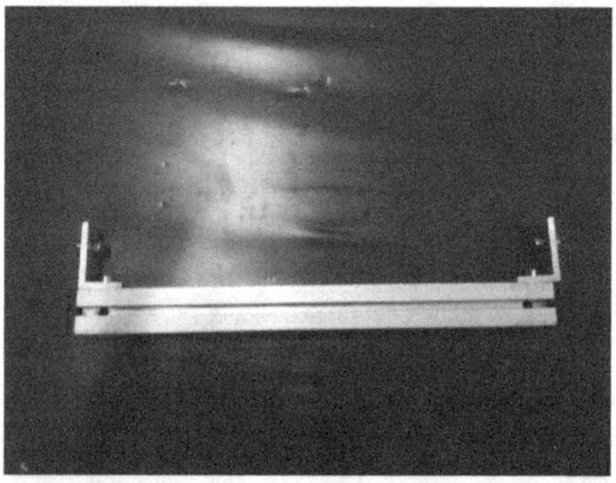	将 L 形支架固定到型材上
5	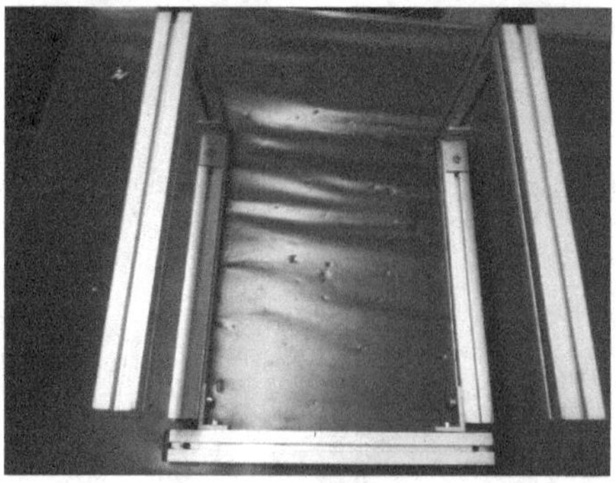	利用 L 形支架把两个金属支架连接

（续）

操作步骤	操作图示	操作说明
6		用同一方法连接另一端
7		L形支架固定特写
8		支架拼装完成

3. 安装冲压装置的电磁阀组和冲压机构

冲压装置的电磁阀组和冲压机构的安装操作步骤和方法见表3-5。

表3-5 安装冲压装置的电磁阀组和冲压机构

操作步骤	操作图示	操作说明
1		将电磁阀组固定到长方形金属面板上
2	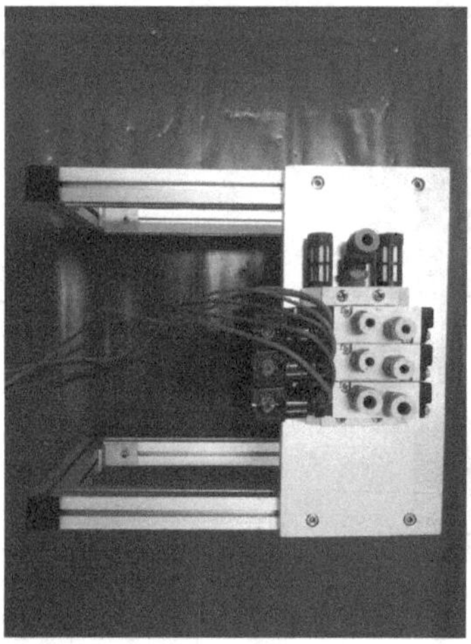	将固定电磁阀组的长方形金属面板安装到铝合金型材支架上
3		将铝合金支架固定到底板上

（续）

操作步骤	操作图示	操作说明
4		把安装冲压气缸的安装板固定到支架顶端
5	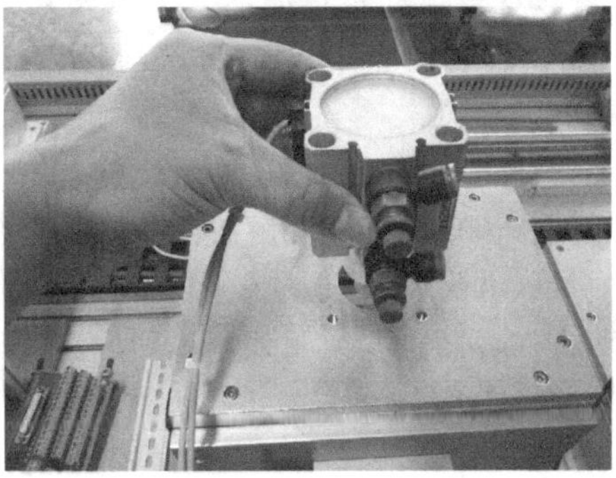	将冲压气缸安装到安装板上

三、安装技巧和注意事项

YL—335 自动生产线冲压装置的机械结构包含一个滑动机构，因此不仅要注意预留的螺栓、安装的水平度和垂直度、安装的先后顺序，还要注意滑动机构中直线导轨的平行度和滑块的安装。具体有以下注意事项：

1）装配铝合金型材支撑架时，注意调整好各条边的平行度和垂直度，锁紧螺栓。

2）电磁阀组安装板和铝合金型材支撑架的连接，是靠预先在特定位置的铝型材"T"形槽中放置预留与之相配的螺栓，因此在对该部分的铝合金型材进行连接时，一定要在相应的位置放置相应的螺栓。如果没有放置螺栓或没有放置足够多的螺栓，将造成无法安装或安装不可靠。

3）在安装滑动块时，注意不要将滑动块内部的滚珠掉出。

4）带动滑块移动的气缸需要和直线导轨平行。

四、检查与调整

1. 检查与调整各机械部件的安装牢固度

机械部件安装结束后，用手稍微用力去摇各机械部件，检查各个机械部件是否有晃动现象。若有，则需要进行调整，可以重新安装或紧固固定螺栓。

2. 检查与调整安装的水平度和垂直度

水平度和垂直度的检查与调整主要有以下几处：

1）用直角尺测量立柱支架和立板是否和工作台面垂直，若不垂直，则需要重新调整，直到达到要求为止。

2）用直角尺测量移动气缸和立板是否垂直，若不垂直，则需要重新调整，直到达到要求为止。

3. 检查与调整运动部件的运动空间

所安装的冲压装置的运动部件有冲压气缸、冲压台手爪气缸、滑动台移动气缸，需要进行以下检查和调整：

1）手动将滑动台移动气缸活动杆拉出和缩回，观察①其运动范围内是否有障碍。②拉出到极限位置时，工件平台是否完全位于冲压气缸安装板的外部。③移动气缸缩回到极限位置时，工件平台的中心位置是否和冲压头的中心位置对齐。如果运动时有阻碍或两个极限位置不符合要求，则需要进行调整。

2）手动将冲压台的手爪气缸松开和夹紧，观察运动是否灵活，手爪夹紧时，是否能将工件夹牢，松开时，工件是否能轻松取出。若不符合要求，则需要进行调整。

【交流与探索】

1. 记录完成工作任务的过程和所用的时间，出现的问题和解决的方法。
2. 交换检查另一组的冲压装置的安装质量，并做好记录。
3. 比较完成工作任务的方案和参考方案有何异同，并说明采用不同方案的优劣。
4. 重装一次冲压装置，写一份优化的安装过程，并总结注意事项。

【完成任务评价】

任务评价见表3-6。

表3-6　冲压装置机械部件安装评价表

项目		评价内容	分值	学生自评	小组互评	教师评分
实践操作过程评价（50%）	安全文明操作（14%）	按要求穿着工作服	2			
		工具摆放整齐	2			
		完成任务后及时清理工位	2			
		不乱丢杂物	2			
		未发生机械部件撞击事故	3			
		未造成设备或元件损坏	3			
	工作程序规范（16%）	安装的先后顺序安排恰当	2			
		安装过程规范、程序合理	2			
		工具使用规范	3			
		操作过程返工次数少	2			
		安装结束后进行检查和调整	2			
		检查和调整的过程合理	2			
		操作技能娴熟	3			
	遇到困难的处理（5%）	能及时发现问题	2			
		有问题能想办法解决	2			
		遇到困难不气馁	1			

（续）

项目		评 价 内 容	分值	学生自评	小组互评	教师评分
实践操作过程评价（50%）	个人职业素养（15%）	操作时不大声喧哗	1			
		不做与工作无关的事	1			
		遵守操作纪律	2			
		仪表仪态端正	1			
		工作态度积极	2			
		注重交流和沟通	2			
		能够注重协作互助	2			
		创新意识强	2			
		操作过程有记录	2			
实践操作成果评价（50%）	各机械部件的安装（40%）	各机械部件安装的相对位置正确	5			
		各机械部件安装牢固	5			
		各机械部件之间的连接间隙合理	4			
		机械部件安装所选用的配件合适	4			
		移动气缸的旋紧力度合适	4			
		铝合金支架平行度、垂直度调整到位	5			
		滑动机构的安装到位	3			
		加工台的安装正确	2			
		冲压气缸的安装正确	4			
		移动气缸的伸缩顺畅、到位	2			
		冲压气缸的伸缩顺畅、到位	2			
	记录和总结（10%）	过程的记录清晰、全面	4			
		能及时完成总结的各项内容	2			
		总结的内容正确、丰富	2			
		总结有独到的见解	2			

任务二　冲压装置电路和气路的安装

【任务描述与要求】

1. 根据表3-7所示冲压装置电路器材清单所列的器材，按图3-7所示的冲压装置电气控制原理图及其技术要求，完成冲压装置电路的安装和检测。并达到以下要求：

1）电路连接正确。

2）电路的连接符合工艺规范要求。

3）检测方法和仪表使用方法正确。

表 3-7 冲压装置电路器材清单

序号	名　　称	型　号	数量	作　　用	备　注
1	单控电磁阀	4V110—M5 通气孔 φ4	1	控制工作台移动气缸	3 个电磁阀组成电磁阀组
2	单控电磁阀	4V110—M5 通气孔 φ4	1	控制工作台手爪气缸	
3	单控电磁阀	4V110—M5 通气孔 φ4	1	控制冲压气缸	
4	工作台移动气缸前限	D—C73	1	检测工作台移动气缸伸出到位	
5	工作台移动气缸后限	D—C73	1	检测工作台移动气缸缩回到位	
6	工作台手爪夹紧限位	D—Z73	1	检测工作台手指气缸夹紧到位	
7	冲压气缸上限	D—A73	1	检测冲压气缸上升到位	
8	冲压气缸下限	D—A73	1	检测冲压气缸下降到位	
9	光电传感器		1	检测冲压台是否有工件	
10	可编程控制器	PLC FX2N—32MR	1	控制设备的自动运行	
11	PLC 输入接线端子——PLC 模块侧	HO1651	1	引出 PLC 输入端	
12	PLC 输入接线端子——检测信号侧	HO1687	1	连接传感器及限位开关	
13	PLC 输出接线端子——PLC 模块侧	HO1688	1	引出 PLC 输出端	
14	PLC 输出接线端子——电磁阀、执行机构侧	HO1650	1	连接电磁阀和伺服驱动器等	
15	控制模块	YL-Z-17	1	可实现设备的起停、工作方式的选择或急停，以及工作情况的指示	
16	保险管	F2A/250V	1	短路和过载保护	
17	保险管插座	WUK5—HESI	1	安装保险管的位置	
18	稳压电源	YL—003	1	提供 24V 直流电源	
19	数据线		2	连接上下接线端子排	
20	线槽	3100mm×200mm×500mm	1	放线	
21	导轨	240mm×35mm	1	安装接线端子排	
22	导线	0.75mm² 黄	1	电路连接	
23	导线	0.75mm² 绿	1	电路连接	
24	导线	0.75mm² 红	1	电路连接	
25	导线	0.75mm² 蓝	1	电路连接	
26	导线	三芯电缆	0.5m	电路连接	
27	插针	E7508 黄	1	做导线头	
28	插针	E7508 绿	1	做导线头	
29	插针	E7508 红	1	做导线头	
30	插针	E7508 蓝	1	做导线头	
31	插针	U 形蓝	5	做导线头	

2. 用表 3-8 所示器材清单所列的器材和配件，按图 3-8 所示的冲压装置气动原理图及其技术要求，完成冲压装置气路的安装和调试。并达到以下要求：

1）气路连接正确。

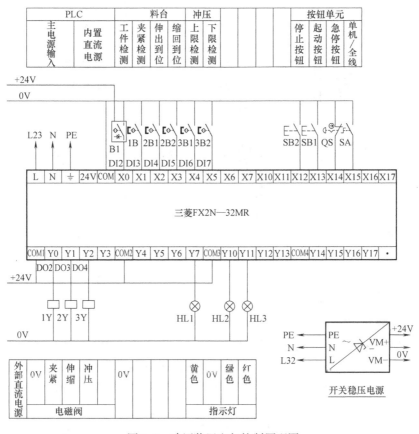

图 3-7 冲压装置电气控制原理图

2）气路的连接符合工艺规范要求。

3）气缸的动作速度合适。

表 3-8 冲压装置气路器材清单

序号	名称	型号	数量	作用
1	冲压台移动气缸	CDJ2KB16×100—B	1	实现冲压平台的移动
2	工件夹紧气缸	CDJ2KB16×30—B	1	夹紧工件,固定工件的位置
3	冲压气缸			完成冲压过程
4	单控电磁阀1Y	4V110—06 通气孔 ϕ4	1	控制工作台移动气缸
5	单控电磁阀2Y	4V110—06 通气孔 ϕ4	1	控制工作台手指气缸
6	单控电磁阀2Y	4V110—06 通气孔 ϕ4	1	控制冲压气缸
7	气管	橙色 ϕ4mm	0.5m	气路连接
8	气管	蓝色 ϕ4mm	0.5m	气路连接
9	气管	蓝色 ϕ6mm	2m	气路连接
10	扎带	3×150mm	1	气路绑扎
11	空气压缩机	W—58	1	提供气源
12	气源总阀	GFR200—08	1	调节气压过滤

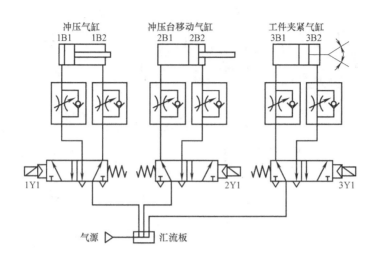

图 3-8　冲压装置气动原理图

【任务分析与思考】

1. 需要安装的冲压装置的主要控制器是什么?
2. 需要安装的冲压装置有哪些执行和指示器件? 有哪些检测器件和控制元件?
3. 安装图 3-7 和图 3-8 所示的冲压装置的电路和气路需要哪些配件和工具?
4. 按什么样的工艺步骤, 能快速地安装好图 3-7 所示的冲压装置电路?
5. 电路在什么情况下才能通电?
6. 需要安装的冲压装置的气动回路有哪些器件?
7. 按什么样的工艺步骤, 能快速地安装好图 3-8 所示的冲压装置气路?

【相关知识】

一、冲压装置电气控制的结构

冲压装置电气控制由供电电源、电气控制箱、检测器件和执行器件四部分组成。

1. 供电电源

冲压装置的供电电源和搬运输送装置共用, 可参考项目一任务二的相关内容。

2. 电气控制箱

冲压装置电气控制箱的结构, 除 PLC 型号不同外, 其他都和搬运输送装置电气控制箱的结构相同, 如图 1-31 所示。电气控制箱主要包括 PLC、PLC 输入输出接线端口、开关电源、控制显示单元。其中 PLC 选用的型号是三菱 FX2N—32MR, 共有 16 个输入点和 16 个继电器输出点。

3. 检测器件

冲压装置的检测器件包括 1 个光电传感器和 5 个磁性传感器。

(1) 光电传感器

冲压装置选用的光电传感器型号是 CX—441, 其外形结构如图 3-9 所示, 用来检测冲压平台是否有工件。其工作原理和电路图中的图形符号与供料装置使用的同一型号光电传感器相同。

（2）磁性传感器

冲压装置选用的磁性传感器型号有三种，冲压气缸上的传感器和项目一中搬运输送装置机械手升降气缸上的传感器一致，型号为 D—A73，冲压平台机械手爪的夹紧传感器和搬运输送装置机械手使用的夹紧位限位一样，型号是 D—Z73，冲压平台移动气缸前后限位和供料装置推料气缸前后限位一样，型号是 D—C73，三种传感器的外形结构如图 3-10 所示。

4. 执行器件

冲压装置的执行器件为三个单控电磁组成的电磁阀组，其外形结构如图 3-11 所示。

图 3-9　工件检测传感器　　　图 3-10　冲压装置三种磁性　　　图 3-11　冲压装置电磁阀组
　　外形结构示意图　　　　　　传感器外形结构示意图　　　　　的外形结构示意图

二、冲压装置的气动元件

冲压装置的气动元件包括气源处理组件、1 个双作用单出杆气缸、1 个机械手手爪气缸和 1 个冲压气缸，气源处理组件和项目一搬运输送装置的气源处理组件完全一样；冲压装置移动气缸的型号是 CDJ2B16×100—B，其外形结构如图 3-12 所示；冲压装置机械手手爪气缸的型号是 MHZ2-200，其外形结构如图 3-13 所示；冲压装置冲压气缸的型号是 CDQ2B50×20—D，其外形结构如图 3-14 所示。

图 3-12　冲压装置移动气缸　　　图 3-13　冲压装置机械手手爪　　　图 3-14　冲压装置冲压气缸
　　的外形结构示意图　　　　　　气缸的外形结构示意图　　　　　的外形结构示意图

【任务实施】

YL-335B 冲压装置电路的安装是在安装机械部件的基础上进行的，可以先安装电路，再安装气路，具体可参考以下方案来完成。

一、准备安装 YL—335B 冲压装置电路的器材和工具

1. 准备器材

根据安装冲压装置电路所需要的器材清单（如表 3-7 所示）清点器材，并检查各器材是否齐全，是否完好无损，如有损坏，及时更换。在清点器材的同时，将器材分类放置到合适的位置，将较小的配件放在一个固定的容器中，以方便安装时快速找到，并保证在安装过程中不遗漏小的器件或配件。

2. 准备工具

安装 YL—335B 冲压装置电路时，需要制作、安装连接导线和检测电路的工具，所要的工具清单见表 1-15。请根据表 1-15 清点工具，并按使用顺序整齐地摆放在工具盒或工具袋中。

安装 YL—335B 冲压装置电路所用的螺钉旋具规格由连接器件的连接螺栓确定，不同的器件固定螺栓的规格不同，应注意选用相应规格的螺钉旋具进行安装，以免安装时损坏螺栓。

二、安装 YL—335B 冲压装置电路

安装冲压装置电路时，首先要断开电源开关，将电路中的各个元器件安装到位，然后连接电路，最后进行检测。具体方法和步骤如下：

1. 安装电磁阀组

YL—335B 冲压装置的电磁阀组和机械部件一起安装。

2. 安装导轨和线槽

导轨是用来安装接线端子的，导轨的型号为 240mm×35mm，固定的方法和供料装置导轨的方法相同，安装位置是机械部件的侧面，具体位置如图 3-15 所示。

冲压装置的所有连接导线都要从线槽走线，冲压装置的线槽有 2 根，安装成一个直角，如图 3-16 所示。

注意：线槽拼装成直角的两个线槽需要按照 45°拼接。

图 3-15 冲压装置导轨和线槽安装示意图

图 3-16 冲压装置电磁阀电路安装示意图

3. 安装接线端子排

冲压装置接线端子和供料装置的接线端子相同，可以按照相同的方法安装。

4. 连接电磁阀导线

如图 3-16 所示，将电磁阀线圈的连接导线连接到 HO1650 接线端子最外侧的接线端子上，注意连接时不同颜色导线的连接位置。

5. 连接传感器导线

冲压装置传感器电路的连接方法和供料装置传感器电路的连接方法相同，只是传感器电路的连接顺序要根据原理图作相应调整。冲压装置传感器电路连接的顺序是：工件检测传感器、夹紧限位传感器、移动气缸伸出限位、移动气缸缩回限位、冲压气缸上限、冲压气缸下限。

6. 连接电气控制箱内电路

（1）连接 PLC 电源

用三芯电缆线从开关电源的电源输入端引出 AC 220V 到 PLC 的电源输入端。

（2）连接 DC 24V 电源

冲压装置电气控制箱内的器件及安装位置与搬运输送装置相同，只是 PLC 的型号不同，但是 DC 24V 电源电路的连接完全可以参考搬运输送装置电气控制箱内 DC24V 电源的连接方法。

（3）连接 PLC 输入信号线（选用绿色导线）

PLC 输入端口 X0～X5 的信号来自传感器，其连接导线通过 PLC 输入接线端口转接，X12～X15 的信号来自控制显示单元，可直接连接。具体操作可参考以下步骤。

1）根据 PLC 输入端口 X0～X5 到 PLC 输入接线端口 DI2～DI7 的距离，准备好 5 根导线，再根据 PLC 输入端口 X12～X15 到控制显示单元的距离，准备好 4 根导线。

2）将导线两端做插针接头，套上号码管。

3）根据原理图编写号码。

4）根据所编号码连接导线。

（4）连接 PLC 输出信号线（选用黄色线）

PLC 输出端口 Y0～Y2 给电磁阀提供信号，其连接导线通过 PLC 输出接线端口转接，Y7、Y10、Y11 给控制显示单元的指示灯提供信号，可直接连接。具体操作可参考以下步骤。

1）根据 PLC 输出端口 Y0～Y2 到 PLC 输出接线端口 DO2～DO4 的距离，准备好 2 根导线，再根据 PLC 输出端口 Y7、Y10、Y11 到控制显示单元 HL1～HL3 引出端的距离，准备好 3 根导线。

2）将准备好的导线两端做插针接头，套上号码管。

3）根据原理图编写号码。

4）根据所编号码连接导线。

思考：从以上（3）、（4）的电路安装方法可以总结出什么结论？

7. 连接电气控制箱和装置侧的数据线

设备提供了两根连接 PLC 输入/输出接线端子排的数据线，只需要将数据线的两端分别插入两个接线端口的数据线座上即可。

三、电路的检测与传感器位置的调整

1. 通电前的检测

电路安装结束后，需要先进行检测，确保电路没有短路故障后，才能进行通电调试。具体检测方法可以参考项目一任务二中的相关内容。

2. 通电检查与调整

确认电路没有短路故障后，接通电源，按以下步骤进行检查与调整。

1）先观察 PLC 电源指示灯和开关电源电源指示灯是否变亮，若不亮，则断开电源，检

查电源电路，排除故障后再重新接通电源。

2）分别按下 SB1、SB2、操作 SA 观察可编程控制器 X13、X12、X15 对应的指示灯是否由灭变亮。若否，则对应输入回路有故障，需要检查修复。

3）按下 QS，观察可编程控制器 X14 对应的指示灯是否由亮变灭。若是，则正确，若否，则对应输入回路有故障，需要检查修复。

4）冲压装置上无工件，气缸在后位，机械手手爪松开时，观察 PLC 输入指示灯 X3、X4 是否变亮，X0、X2、X5 是否变灭。若是，则正确，若否，则不正确的输入回路有故障或传感器的位置需要调整，需要检查修复。

5）在冲压平台上放入工件，观察 X0 是否变亮。若是，则正确，若否，则对应输入回路有故障或传感器需要调整，需要检查修复。

6）手动依次让移动气缸、手爪气缸和冲压气缸伸出到位，观察 PLC 输入指示灯 X1、X2、X5 是否变亮。若不亮。则调整相应检测传感器的位置，直到变亮后再旋紧螺栓来固定传感器的位置，若没有位置可以使相应指示灯亮，则说明相应输入回路有故障。

四、安装 YL—335B 冲压装置气路

YL—335B 冲压装置的气路比较简单，可以参考以下步骤来完成。

1）准备器材和工具。冲压装置气动元件都已经安装到位，只需要准备气管和工具。按表 3-8 所列的气管种类和长度准备好气管，再准备 1 把剪气管的剪刀。

2）剪好 $\phi4$ 气管。依次按电磁阀 1Y 到手爪气缸，2Y 到移动气缸，3Y 到冲压气缸的距离分别剪下 1 根蓝色和 1 根橙色 $\phi4$ 气管。

3）将剪好的 $\phi4$ 气管按相应的位置连接好，注意连接时，一定要注意进气管和出气管的出分，保证初始状态时，气缸处于缩回位置。

4）剪好 $\phi6$ 气管。依次按气源总阀到电磁阀组，气泵到气源总阀的距离分别剪下 1 根蓝色 $\phi6$ 气管。

5）将剪好的两根 $\phi6$ 气管按相应的位置连接好。

五、YL—335B 冲压装置气路的检查与调整

安装完气路后，需要保证气路正确、无漏气现象，且各气缸动作速度合适。因此，安装结束后需要对气路进行检查与调整，具体可参考以下步骤来完成。

1）确保冲压装置气缸动作时没有其余物品阻碍。

2）将气源总阀的调压阀调到最小，再打开气源总阀。

3）调节气源总阀的调压阀，将气压调节到 0.4～0.8MPa。

4）观察各气缸是否处于缩回位置，手爪处于松开状态，如果不是，说明位置不正确的气缸的两根气管需要更换位置。

5）用一字螺钉旋具依次按下电磁阀的手动按钮，根据观察到的现象作相应的调整。

① 气缸动作是否正确，若动作不正确，则说明气路连接错误，需要重新连接气路。

② 气路是否漏气，若气路有漏气现象，则需要判断漏气原因后解决（最常见的是气管没有插紧）。

③ 气缸的动作速度是否适中，若气缸的动作速度不合适，则调节相应的节流阀，直到

动作速度合适为止。

6）调整结束后关闭气源总阀。

【交流与探索】

1. 记录完成工作任务的过程和所用的时间，出现的问题和解决的方法。
2. 交换检查另一组的冲压装置的安装质量，并做好记录。
3. 比较完成工作任务的方案和参考方案有何异同，并说明采用不同方案的优劣。
4. 重新安装一次冲压装置的电路和气路，写一份优化的安装过程，并总结注意事项。

【完成任务评价】

任务评价见表3-9。

表3-9 冲压装置电路和气路安装评价表

项目	评 价 内 容		分值	学生自评	小组互评	教师评分
实践操作过程评价（50%）	安全文明操作（14%）	按要求穿着工作服	2			
		工具摆放整齐	2			
		完成任务后及时清理工位	2			
		不乱丢杂物	2			
		未发生电路故障事故	3			
		未造成设备或元件损坏	3			
	工作程序规范（16%）	安装的先后顺序安排恰当	2			
		安装过程规范，程序合理	2			
		工具使用规范	3			
		操作过程返工次数少	2			
		安装结束后进行检查和调整	2			
		检查和调整的过程合理	2			
		操作技能娴熟	3			
	遇到困难的处理（5%）	能及时发现问题	2			
		有问题能想办法解决	2			
		遇到困难不气馁	1			
	个人职业素养（15%）	操作时不大声喧哗	1			
		不做与工作无关的事	1			
		遵守操作纪律	2			
		仪表仪态端正	1			
		工作态度积极	2			
		注重交流和沟通	2			
		能够注重协作互助	2			
		创新意识强	2			
		操作过程有记录	2			
实践操作成果评价（50%）	电路连接的正确性（15%）	能正确连接线路	5			
		连接线路所选用导线粗细、颜色都正确	2			
		没有漏接导线	3			
		没有错接导线	3			
		连接导线长度合适	2			
	电路连接的工艺水平（16%）	所有连接的软导线均入线槽	2			
		导线两端均做了接线端子	2			
		除控制和指示单元和开关电源的接线端子外，每个接线端只接一根导线	2			

（续）

项目		评价内容	分值	学生自评	小组互评	教师评分
实践操作成果评价（50%）	电路连接的工艺水平（16%）	接线端子外露铜丝不过长	1			
		接线端子没有压皮现象	1			
		信号线两端需要套号码管	2			
		号码管编号正确、清楚、整齐、无漏标号码	2			
		连接导线入线槽时要尽量垂直对准线槽孔	2			
		导线连接牢固，无松动现象	2			
	气路连接的正确性和工艺水平（10%）	气路连接正确	3			
		气管捆扎符合工艺要求	1			
		选用的气管粗细、颜色正确	1			
		节流阀调节的位置合适	2			
		所有节流阀均处于锁紧状态	2			
		气路和电路分开敷设	1			
	记录和总结（9%）	过程的记录清晰、全面	3			
		能及时完成总结的各项内容	2			
		总结的内容正确、丰富	2			
		总结有独到的见解	2			

任务三　自动冲压装置的调试

【任务描述与要求】

1. 调试安装好的自动冲压装置，使冲压装置能达到以下控制要求

系统上电，冲压装置位于初始位置（移动气缸和冲压气缸均处于缩回位置），手爪气缸松开，且冲压平台没有工件，黄色指示灯 HL1 亮；若不在初始位置或冲料平台有工件，红色指示灯 HL3 亮。

当冲压装置黄色指示灯 HL1 亮时，才能起动操作；若红色指示灯 HL3 亮，则不能起动操作。

冲压装置有两种操作模式，当 SA 处于右位时，可对冲压装置的各个运动部件进行调试，当 SA 处于左位时，冲压装置可进行自动冲压。

2. 手动调试过程

当冲压装置满足起动操作的条件，且 SA 处于右位时，每按一下 SB1，冲压装置就按以下步骤依次完成一个动作：冲压平台伸出到位 5s→手爪夹紧→冲压平台缩回→冲压气缸下降→冲压气缸上升→冲压平台伸出→手爪松开。当开始调试后，黄色指示灯熄灭，绿色指示灯 HL2 以 1Hz 频率闪烁，完成一次整个过程后，绿色指示灯熄灭，黄色指示灯亮。此时可进行下一次的调试。

3. 自动冲压工作过程

当冲压装置满足起动操作的条件，且 SA 处于左位时，按一下起动按钮 SB1，冲压装置起动工作，绿色指示灯 HL2（运行指示灯）常亮，冲压装置冲压平台伸出，伸出到位后，可往平台上放置工件，检测到冲压平台有工件 5s 后，手爪夹紧，夹紧到位后，冲压平台缩回，缩回到位后，等待 2s，对工件进行三次冲压（冲压气缸下降后再上升到位算冲压一次），冲压结束，冲压平台伸出，伸出到位后，手爪松开，等待取下冲压好的工件。当检测到放入新的工件5s后，手爪夹紧，按上述过程完成下一次的冲压加工过程，如此不断重复。

在冲压平台伸出10s后，若加工好的工件还没有取走，则黄色指示灯以5Hz频率快速闪烁，提示取走工件，直到工件被取走黄色指示灯熄灭。

在冲压平台工件被取走10s后，若没有再放入工件，则冲压平台缩回到位后自动停止。

在工作过程中，按一下停止按钮SB2，若冲压平台没有工件，则冲压平台缩回到位后立刻停止工作；若冲压平台有工件，则冲压装置在完成本次冲压工作，再回到初始位置后停止。设备停止后，绿色指示灯熄灭。

任何时候，按下急停按钮，则设备立刻停止工作，红色指示灯以1Hz频率闪烁，当急停按钮复位后，红色指示灯停止闪烁。

【任务分析与思考】

1. 自动冲压装置起动操作有何要求？
2. 怎样起动和停止自动冲压装置的正常工作过程？
3. 自动冲压装置的控制要求有几种动作过程？
4. 自动冲压装置的工作过程有何特点？
5. 自动冲压装置的工作流程是怎样的？

【任务实施】

YL—335B冲压装置的调试可参考以下方案来完成。

一、调试准备

1. 根据工作任务中冲压装置的控制要求，画出冲压装置的工作流程图

根据工作任务中冲压装置的控制要求，可以画出冲压装置的工作流程，如图3-17所示。注意：任何时候按下急停按钮，设备都停止工作，并且红色指示灯以1Hz频率闪烁，这个要求没有在流程图中体现，但是，该项功能需要调试。

2. 准备好调试所要用的工具和测量仪表

根据表1-3和表1-15准备好工具和测量仪表。

二、通电前的调试

1. 通电前的机械部件调试

按项目一任务三通电前的机械部件调试要求调试各机械部件，还需要检查冲压平台缩回到位时，平台放工件位置的中心是否和冲压头的中心在同一垂直线上。

2. 调试气路

调试方法同项目一任务三的调试气路的方法。

3. 检测电路

检测方法同项目一任务三的检测电路的方法。

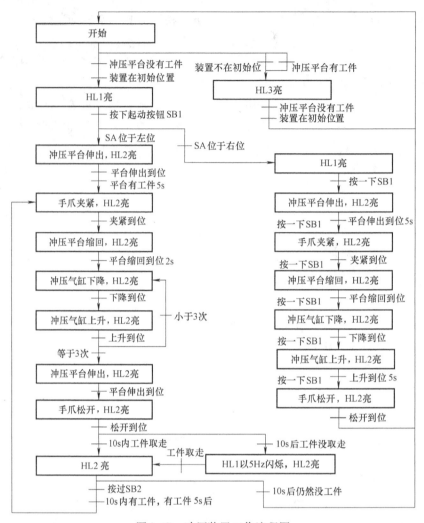

图 3-17　冲压装置工作流程图

三、通电调试

在确定设备机械部件安装正确到位，电路没有短路故障，气路没有漏气且连接正确，气缸运动速度合适，电源电压正常后，可接通设备电源，开始通电调试。

1. 设备起动工作前的通电调试

（1）接通电源

接通电源前将设备内部各开关置于断开状态，然后再接通总电源。

（2）写入程序

该设备运用 PLC 实现自动控制过程，需要写入 PLC 控制程序，把 D 盘中文件夹"自动生产线控制程序"下，文件名为"冲压装置控制程序"的程序写入 PLC 中。具体的写入步骤参考项目一任务三中写入程序的方法。

（3）调整传感器的位置

装置通电后，打开气源总阀开关，并将气压调整到合适状态后，按表 3-10 所列步骤完成传感器位置的调试。

（4）检查 PLC 输入输出地址

写入程序后，可根据表 3-11 检查 PLC 各输入输出信号的连接是否正确，具体操作可参考表 3-12 和表 3-13 所列步骤来完成，并做好相应的记录。

表 3-10　冲压装置传感器位置的调试步骤及情况记载表

步骤	操作内容	观察内容	正确结果	不正常的调试方法	调试情况
1	气缸处于自然状态时	移动气缸后限位、冲压气缸下限位传感器和手爪夹紧限位的指示灯	传感器和限位指示灯亮	若不亮，则可能是该传感器位置不准确，需要调整传感器位置，也可能是传感器故障或回路故障，则排除故障	
2	按下电磁阀 1Y 的手动按钮	手爪夹紧限位指示灯	手爪气缸动作后，传感器指示灯亮	若不亮，则可能是该传感器位置不准确，需要调整传感器位置，也可能是传感器故障或回路故障，则排除故障	
3	按下电磁阀 2Y 的手动按钮	移动气缸前限位传感器指示灯	移动气缸伸出到位后，传感器指示灯亮	若不亮，则可能是该传感器位置不准确，需要调整传感器位置，也可能是传感器故障，则排除故障	
4	按下电磁阀 3Y 的手动按钮	冲压气缸下限位传感器指示灯	冲压气缸下降到位后，传感器指示灯亮	若不亮，则可能是该传感器位置不准确，需要调整传感器位置，也可能是传感器故障，则排除故障	
5	在冲压平台放上一个工件	冲压平台上的光电传感器指示灯	传感器指示灯变亮	若不亮，则调节传感器的前后位置或灵敏度，如果调节到任何位置和灵敏度都不亮，则可能是传感器故障或回路故障	

表 3-11　冲压装置 PLC 的 I/O 地址表

输入信号				输出信号			
序号	PLC 输入点	信号名称	信号来源	序号	PLC 输出点	信号名称	信号控制对象
1	X0	工件检测	气缸行程限位	1	Y0	手爪气缸夹紧	电磁阀
2	X1	夹紧检测		2	Y1	移动气缸伸缩	
3	X2	移动气缸伸出到位		3	Y2	冲压气缸冲压	
4	X3	移动气缸缩回到位		4	Y7	黄色指示灯 HL1	指示灯
5	X4	冲压气缸上限检测	工件检测	5	Y10	绿色指示灯 HL2	
6	X5	冲压气缸下限检测		6	Y11	红色指示灯 HL3	
7	X12	停止按钮	按钮单元				
8	X13	起动按钮					
9	X14	急停按钮					
10	X15	工作方式选择开关					

注：进行以下操作时确保 PLC 处于"stop"状态。

表 3-12　冲压装置 PLC 输入口（I）接线调试步骤及情况记载表

步骤	操作内容	观察内容	正确结果	不正常时的调试方法	调试情况
1	按一下起动按钮 SB1	X13 信号指示灯亮暗变化	X13 信号指示灯变亮后熄灭	检查起动按钮及其与 PLC 的 COM 和 X13 之间的连接线	

（续）

步骤	操作内容	观察内容	正确结果	不正常时的调试方法	调试情况
2	按一下停止按钮SB2	X12信号指示灯亮暗变化	X12信号指示灯变亮后熄灭	检查停止按钮及其与PLC的COM和X12之间的连接线	
3	按下急停按钮	X14信号指示灯亮暗变化	X14信号指示灯由亮变灭	检查急停按钮及其与PLC的COM和X14之间的连接线	
4	恢复急停按钮	X14信号指示灯亮暗变化	X14信号指示灯由灭变亮	检查急停按钮及其与PLC的COM和X14之间的连接线	
5	将SA转到右边	X15信号指示灯亮暗变化	X15信号指示灯由灭变亮	检查急停按钮及其与PLC的COM和X15之间的连接线	
6	在冲压平台上放一个工件	X0信号指示灯亮暗变化	X0信号指示灯由灭变亮	检查工件检测传感器及其与PLC的COM和X0之间的连接线	
7	按下电磁阀1Y手动按钮	X1信号指示灯亮暗变化	X1信号指示灯由灭变亮	检查手爪气缸前后限位传感器及与PLC的COM和X1之间的连接线	
8	按下电磁阀2Y手动按钮	X2、X3信号指示灯亮暗变化	X3信号指示灯由亮变灭，然后X2信号指示灯由灭变亮	检查移动气缸前后限位传感器及与PLC的COM和X2、X3之间的连接线	
9	按下电磁阀3Y手动按钮	X4、X5信号指示灯亮暗变化	X4信号指示灯由亮变灭，然后X5信号指示灯由灭变亮	检查冲压气缸上下限位传感器及与PLC的COM和X4、X5之间的连接线	

表3-13　冲压装置PLC输出口（O）接线调试步骤及情况记载表

步骤	操作内容	操作内容	观察内容	正确结果	不正常时的调试方法	调试情况
1	用万用表R×1挡依次测量PLC输出端与电磁阀组各线圈连接线的电阻	Y0与电磁阀1Y线圈连接线之间电阻	电阻值	接近于0	检查是该电路之间故障还是电路连接错误，然后排除或调整	
2		Y1与电磁阀2Y线圈连接线之间电阻	电阻值	接近于0	检查是该电路之间故障还是电路连接错误，然后排除或调整	
3		Y2与电磁阀3Y线圈连接线之间电阻	电阻值	接近于0	检查是该电路之间故障还是电路连接错误，然后排除或调整	
4	用万用表R×1挡依次测量PLC输出端与控制显示模块连接线的电阻	Y7与HL1连接线之间电阻	电阻值	接近于0	检查是该电路之间故障还是电路连接错误，然后排除或调整	
5		Y10与HL2连接线之间电阻	电阻值	接近于0	检查是该电路之间故障还是电路连接错误，然后排除或调整	
6		Y11与HL3连接线之间电阻	电阻值	接近于0	检查是该电路之间故障还是电路连接错误，然后排除或调整	

2. 冲压装置的功能调试

1）将PLC置于运行状态。

2）根据工作流程图进行功能调试。

根据控制要求，冲压装置功能调试的具体操作步骤可对照工作流程图，参考表3-14所列步骤来完成。

表3-14　冲压装置功能调试步骤及情况记载表

步骤	操作内容	观察内容	正确结果	不正常时的调试方法	调试情况
1	冲压平台放一个工件	冲压装置指示灯状态	黄色和绿色指示灯灭，红色指示灯亮	先检查X0信号指示灯是否亮，若不亮，说明该输入回路故障；若亮，则检查Y11指示灯是否亮，不亮，则程序问题；若亮，检查Y11输出回路	
2	移动气缸离开后限位或冲压气缸离开上限位或手爪气缸处于夹紧状态	冲压装置指示灯状态		先检查X1、X3、X5信号指示灯的亮暗，若X1不亮，其他均亮，说明该有传感器或其回路故障；若和上述现象不同，则检查Y11指示灯是否亮，若不亮，则程序问题；若亮，检查Y11输出回路	
3	在上述两种情况下，按一下SB1	冲压装置是否起动及指示灯状态	装置不起动，指示灯状态同前一步	若装置起动，说明程序故障	
4	让冲压装置位于初始状态	指示灯状态	红色和绿色指示灯灭，黄色指示灯亮	先检查输入信号指示灯是否正确，不正确，则检查相应输入回路，再检查输出信号指示灯，若不正确，则是程序故障	
5	上一步调试正常后，按一下SB1	冲压装置是否起动，指示灯状态	黄色指示灯灭，绿色指示灯亮，冲压装置起动运行	不能起动，则检查程序是否正常或输出回路是否正常	
		冲压装置起动后的运行过程	和图3-17所示的流程图的过程相同	观察相应的信号是否正确，若信号不正确则检查相应的输入、输出回路	
6	两个周期结束后，按一下停止按钮	冲压装置的运动	冲压装置完成当前工作过程后，回到初始位置再停止工作	则检查相应的输出回路，若不亮，则说明程序有问题	
7	按一下SB1	冲压装置是否重新起动，指示灯状态	黄色指示灯灭，绿色指示灯亮，冲压装置起动运行	不能起动，则观察装置是不是在初始位置，若不在，则先让装置回初始状态，如果在，则检查程序是否正常或输出回路是否正常	
		冲压装置起动后的运行过程	和图3-17所示的流程图的过程相同	观察相应的信号是否正确，若信号不正确则检查相应的输入、输出回路。若电路信号均正常，则需要怀疑程序的可靠性	
8	一个工作周期结束后，在第二个工作周期中按一下停止按钮SB2	冲压装置的运动	冲压装置完成当前工作过程后，回到初始位置再停止工作	观察相应信号是否正确，若正确则检查程序中与停止有关的程序段	

（续）

步骤	操作内容	观察内容	正确结果	不正常时的调试方法	调试情况
9	重复5~8步操作	装置的稳定性和程序的可靠性	每次操作后,装置的运行状态均正常	先确定是装置安装问题还是程序问题,然后再检查装置或程序	
10	起动装置正常工作后,不取下冲压好的工件	装置是否在10s后,黄色指示灯状态	装置在等待取工件时间达到10s时,黄色指示灯以5Hz频率快速闪烁	黄色指示灯不闪烁,则观察Y7指示灯是否闪烁,若不闪烁,则说明程序问题	
11	起动装置正常工作后,冲压平台在伸出位置时没有工件10s	冲压平台是否缩回后,装置停止	冲压平台缩回到位后,绿色指示灯灭,黄色指示灯亮,装置停止工作	可能是工件检测传感器或程序故障	
12	起动装置正常工作后,按下急停按钮	装置运行情况和指示灯状态	装置立刻停止,红色指示灯以1Hz频率闪烁	急停按钮或回路故障,也可能是程序故障,还可能是Y11回路故障	

【交流与探索】

1. 记录完成工作任务的过程和所用的时间，出现的问题和解决的方法。
2. 交换检查另一组的冲压装置的功能和调试记录结果是否相符，并做好记录。
3. 比较完成工作任务的方案和参考方案有何异同，并说明采用不同方案的优劣。
4. 重新完成一次冲压装置的功能调试，写一份优化的安装过程，并总结注意事项。

【完成任务评价】

任务评价见表3-15。

表3-15 完成冲压装置功能调试的评价表

项目		评价内容	分值	学生自评	小组互评	教师评分
实践操作过程评价(50%)	安全文明操作(14%)	按要求穿着工作服	2			
		工具摆放整齐	2			
		完成任务后及时清理工位	2			
		不乱丢杂物	2			
		未发生电路故障事故	3			
		未造成设备或元件损坏	3			
	工作程序规范(16%)	调试的先后顺序安排恰当	2			
		调试过程规范、程序合理	2			
		工具使用规范	3			
		操作过程返工次数少	2			
		调试结束后进行记录	2			
		调查试的过程合理	2			
		操作技能娴熟	3			

（续）

项目		评价内容	分值	学生自评	小组互评	教师评分
实践操作过程评价（50%）	遇到困难的处理（5%）	能及时发现问题	2			
		有问题能想办法解决	2			
		遇到困难不气馁	1			
	个人职业素养（15%）	操作时不大声喧哗	1			
		不做与工作无关的事	1			
		遵守操作纪律	2			
		仪表仪态端正	1			
		工作态度积极	2			
		注重交流和沟通	2			
		能够注重协作互助	2			
		创新意识强	2			
		操作过程有记录	2			
实践操作成果评价（50%）	调试准备充分、正确（9%）	画了工作流程图	1			
		画出的工作流程图规范、清晰	2			
		画出的工作流程正确	4			
		准备的工具齐全、合适	1			
		准备的测量仪表齐全、合适	1			
	通电前调试（12%）	调试内容正确	2			
		调试项目齐全	2			
		调试方法正确	2			
		仪表使用方法正确	2			
		气路调试方法正确	2			
		各气缸动作速度合适	2			
	通电调试（20%）	会写入程序	1			
		写入程序方法,内容正确	1			
		传感器调试全面	2			
		传感器调试方法正确	2			
		PLC 的 I/O 调试全面	2			
		PLC 的 I/O 调试正确	2			
		功能调试完整	4			
		功能调试方法正确	4			
		调试的操作全面	2			
	记录和总结（9%）	过程的记录清晰、全面	3			
		能及时完成总结的各项内容	2			
		总结的内容正确、丰富	2			
		总结有独到的见解	2			

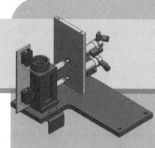

项目四

零件装配装置的安装与调试

实际中常需要将多个零件或多个元件按一定形式装配成一种产品,能按要求装配一个产品或部件的装置,称作装配装置,自动线上的装配装置被称作装配站。自动线上常见的零件装配装置如图4-1所示,装配装置的结构和工作原理,根据需要装配的物料或零件的性质和形状的不同而不同。图4-1a所示为铰链自动装配机;图4-1b所示为汽车气管自动装配设备;图4-1c所示为某非标产品装配机;图4-1d所示为全自动销钉装配机。

a) 铰链自动装配机

b) 汽车气管自动装配设备

c) 某非标产品装配机

d) 全自动销钉装配机

图4-1 自动线常见的零件装配装置

项目四采用YL—335B的装配单元模拟实际工业生产中的某零件装配装置。该零件装配装置是用来完成零件与大工件装配工作的装置,它能精确地完成零件与大工件的装配工作,从而生产出一个新的套件,为以后更加复杂的生产过程提供原料。

零件装配装置的机械部分主要由装配台、零件供给装置部分、零件传送装置部分、零件装配部分和支架五大部分组成。此外,还包括为整个装配过程提供动力的电磁阀组以及显示零件装配装置工作状态的指示灯。

通过完成零件装配装置机械部件的组装、电路气路的安装和零件装配装置的调试三个工作任务，学会如何安装装配台、供给装置部件、零件传送装置部件、零件装配部件、支架部件及相关控制部件和电路气路，并学会自动生产线单站的调试。

任务一　零件装配装置机械部件的安装

【任务描述与要求】

根据图 4-2 所示的机械总装图和图 4-3 所示的机械轴测图完成零件装配装置机械部件的组装，并达到以下要求：

1）各部件安装牢固，无松动现象。

2）支架安装正确、牢固、无松动。

3）装配台能够满足机械手将零件准确放入大工件的要求。

4）零件供给装置部分能够准确无误地完成零件的供给工作，不会发生零件卡死现象；零件有无检测光电传感器能够准确检测零件的有无；零件缺件检测光电传感器能够准确检测零件是否足够，不会受到筒形储料仓外壁的干扰，各个气缸动作顺畅、平稳、速度适中。

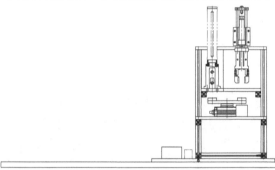

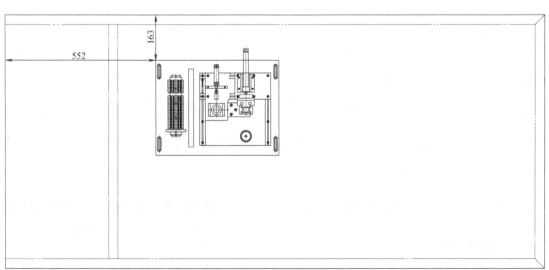

图 4-2　零件装配装置机械总装图

5）零件传送装置部分能够完成零件的 180°的传送工作，左料盘能够满足零件准确落入料盘的要求，右料盘能够满足机械手准确夹取零件的要求。传送过程动作顺畅、速度适中，确保传送过程中零件不会掉落。

6）零件装配部分（即悬吊机械手）伸缩、升降及机械手手爪夹紧/松开时，动作顺畅、平稳，机械手抓取零件的过程稳定，零件不会掉落。

【任务分析与思考】

1. 需要安装的零件装配装置可以分成几个部分？各部分的名称分别是什么？

2. 需要安装的零件装配装置各部分分别由哪些零件组成？这些零件各有什么特点？安装这些零件时应该注意什么问题？

3. 如何安排安装步骤，才能快速地安装好装置？

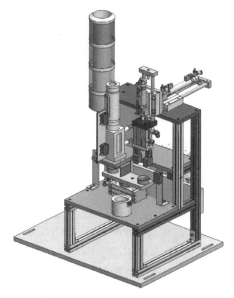

图 4-3　零件装配装置机械轴测图

【相关知识】

一、零件装配装置的机械结构

该零件装配装置的工作过程如下：工作开始前，零件装配装置的左右两边料盘均没有零件，零件供给装置部分将零件供给至零件传送装置部分的左边料盘，零件传送装置部分将左边料盘传送至右边，再由零件装配部分夹取零件并运送，最后将零件装配至装配台上的大工件顶端。

零件装配装置的机械部分主要由装配台、零件供给装置部分、零件传送装置部分、零件装配部分和支架五大部分组成，此外，还包括指示灯。装配台用来放置大工件。零件供给装置部分实现零件的供给，由筒形储料仓、气缸 1、气缸 2 三者配合完成零件供给任务。零件传送装置部分实现对零件的传送，由摆动气缸控制左右两个料盘的旋转来完成。零件装配部分实现零件的装配，主要由悬吊机械手实现，悬吊机械手将零件夹取并运送，最后装配到装配台上的大工件内。支架是整个零件装配装置的基础平台，完成装配的装配台、零件供给装置部分、零件传送装置部分、零件装配部分最后统一安装至支架上，形成统一的整体，相互配合完成零件的装配任务。

1. 装配台

零件装配装置的装配台结构如图 4-4 所示，它由装配平台、装配定位圆台、光电传感器支架 1、2 组成。

2. 零件供给装置部分

零件装配装置的零件供给部分结构如图 4-5 所示，它由零件供给气缸组合体、筒形储料仓与分料座组合体、光电传感器安装支架、挡光板和安装底座五个部分组成。

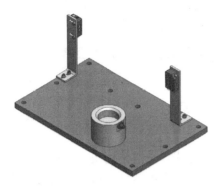

图 4-4　装配台结构图

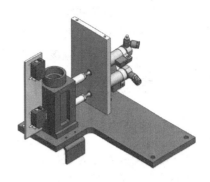

图 4-5　零件供给装置部分结构图

3. 零件传送装置部分

零件装配装置的零件传送部分结构如图 4-6 所示，它由摆动气缸（旋转角度的大小可通过调整气缸上的两个调整螺杆来改变）和左右两个零件放置料盘组成。

4. 零件装配部分

零件装配装置的零件装配部分结构如图 4-7 所示，它由机械手手爪、机械手垂直手臂、机械手水平手臂和机械手支撑平台四个部分组成。

5. 支架

零件装配装置的支架部分结构如图 4-8 所示，它由左支架、右支架、安装底板、电磁阀组和电磁阀组安装板五个部分组成。

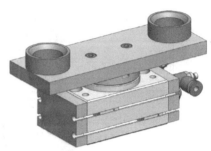

图 4-6　零件传送装置部分结构图

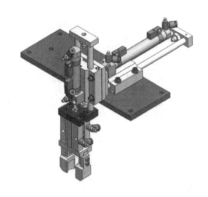

图 4-7　零件装配部分结构图

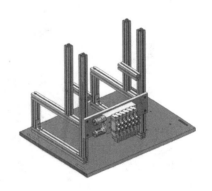

图 4-8　支架部分结构图

二、悬吊机械手的安装要求

悬吊机械手为三自由度机械手，即伸缩、升降及机械手手爪夹紧/松开。

安装时，应该做到垂直双杆气缸绝对垂直，水平双杆气缸绝对水平，以确保气缸动作的顺畅、平稳、顺利地完成零件的夹取及运送工作。此外，垂直双杆气缸与水平双杆气缸的活动范围由调节螺母进行调整，调整垂直双杆气缸活动范围的目的在于使得机械手能够下降至

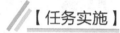

准确的高度，从而顺利完成零件的夹取工作，调整水平双杆气缸活动范围的目的在于使得机械手能够准确的伸出至大工件上方，从而确保装配工作的准确性。

机械手手爪的安装应该牢固可靠，以确保抓取零件的过程稳定，零件不会掉落。

【任务实施】

一、安装方法和步骤

零件装配装置分为五个部分，首先按照组装步骤分别完成各个部分的组装任务，最后将五个部分组合到一起，即可完成整个装置的组装任务。完成整个组装任务后，再进行相关零部件的调整，直到满足整个装置的安装要求。

（1）组装装配台部分

根据表4-1所示的操作步骤、操作图示和操作说明，组装装配台。

表4-1　组装装配台

操作步骤	操作图示	操作说明
1	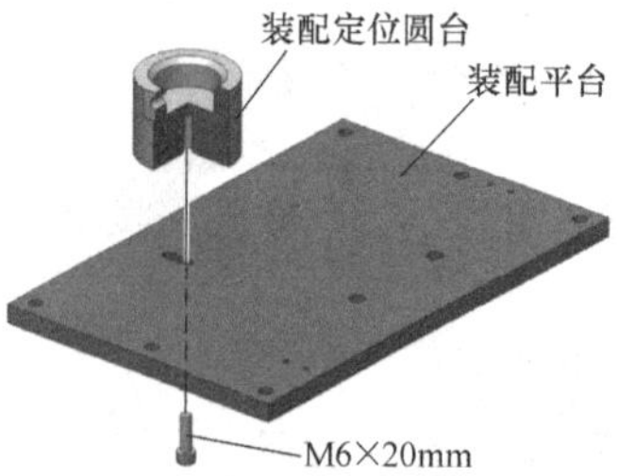 装配定位圆台　装配平台　M6×20mm	将装配定位圆台安装至装配平台
2	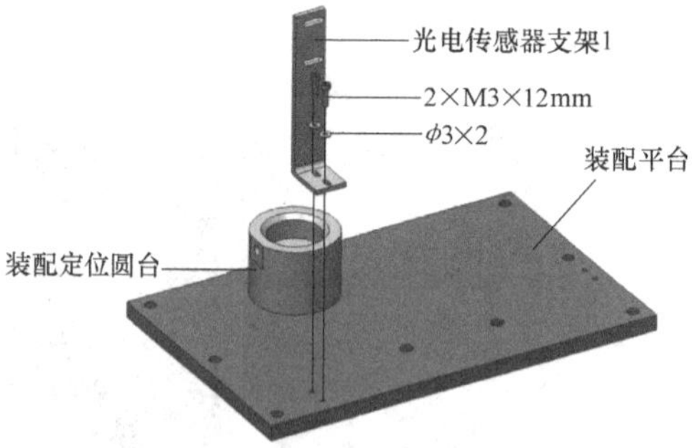 光电传感器支架1　2×M3×12mm　φ3×2　装配平台　装配定位圆台	安装光电传感器支架1
3	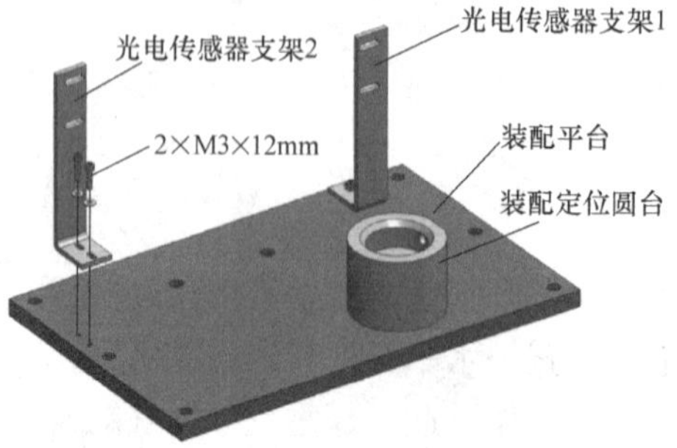 光电传感器支架2　光电传感器支架1　2×M3×12mm　装配平台　装配定位圆台	安装光电传感器支架2

（续）

操作步骤	操作图示	操作说明
4	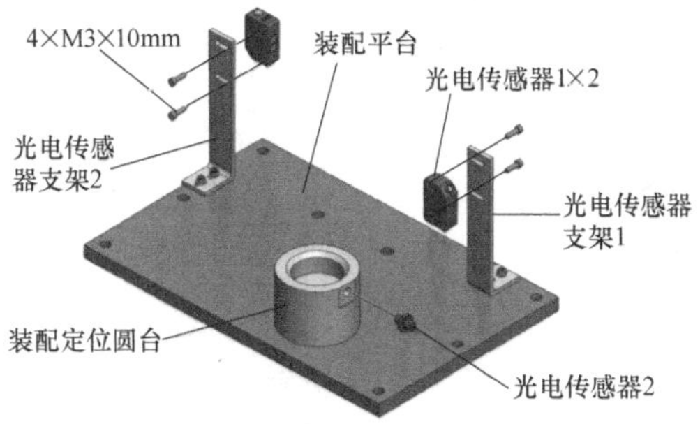	安装大工件检测光纤传感器（光电传感器2）和左右料盘零件检测光电传感器（光电传感器1）
5		安装完成的零件装配台效果图

（2）组装零件供给装置部分

根据表4-2所示的操作步骤、操作图示和操作说明，组装零件供给装置。

表4-2　组装零件供给装置

操作步骤	操作图示	操作说明
1	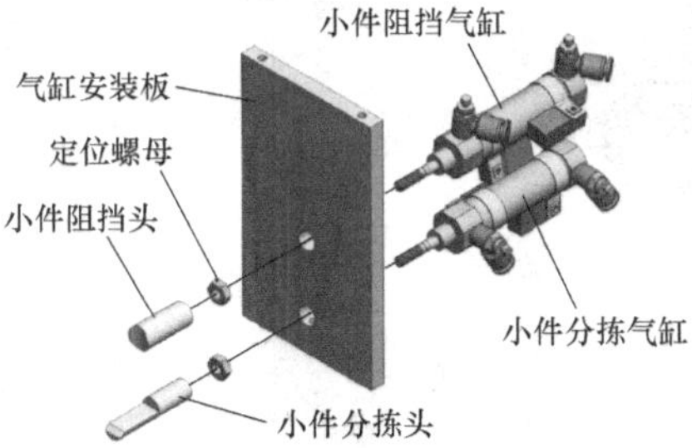	安装零件供给气缸组合体
2	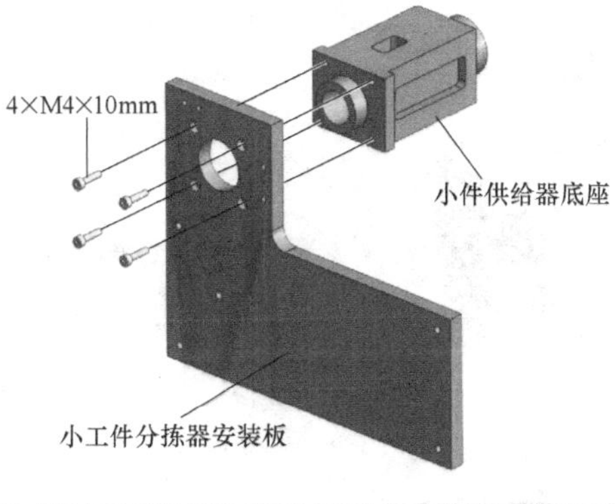	安装筒形储料仓库与分料座组合体

（续）

操作步骤	操作图示	操作说明
3	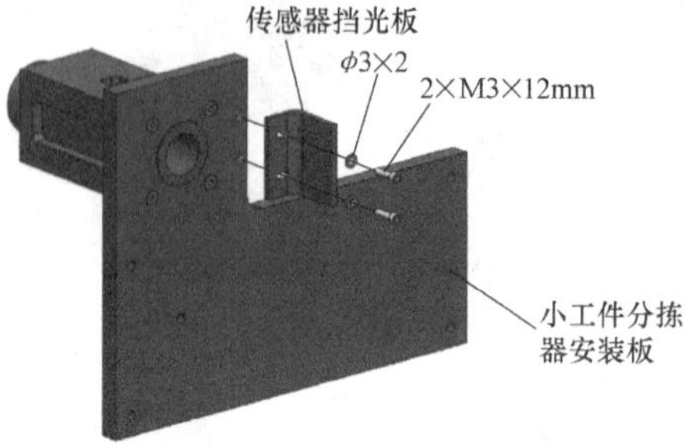 传感器挡光板 φ3×2 2×M3×12mm 小工件分拣器安装板	将传感器挡光板安装至小工件分拣器安装板
4	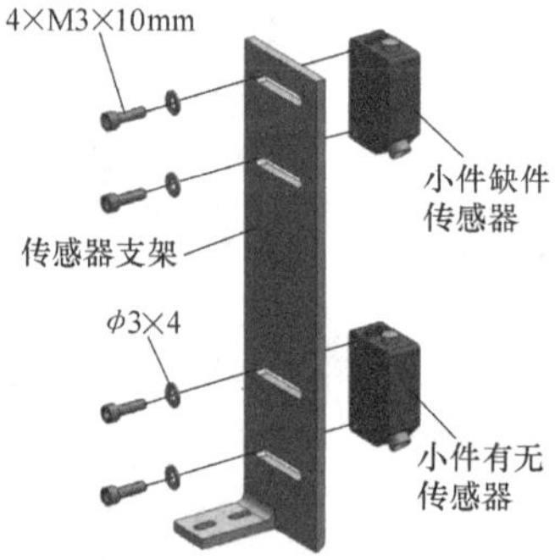 4×M3×10mm 传感器支架 φ3×4 小件缺件传感器 小件有无传感器	安装小件有无传感器、小件缺件传感器
5	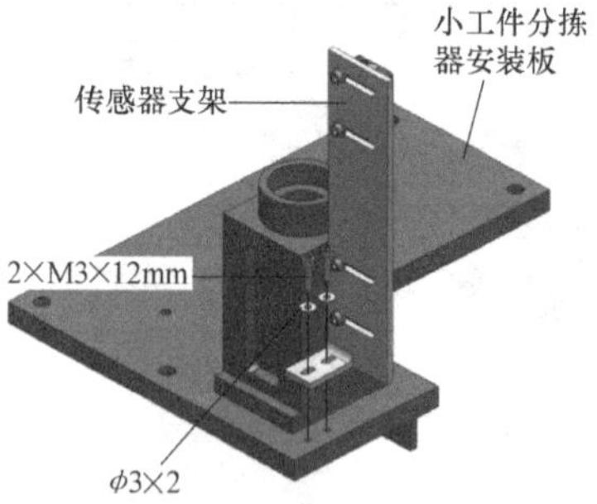 小工件分拣器安装板 传感器支架 2×M3×12mm φ3×2	安装传感器支架
6	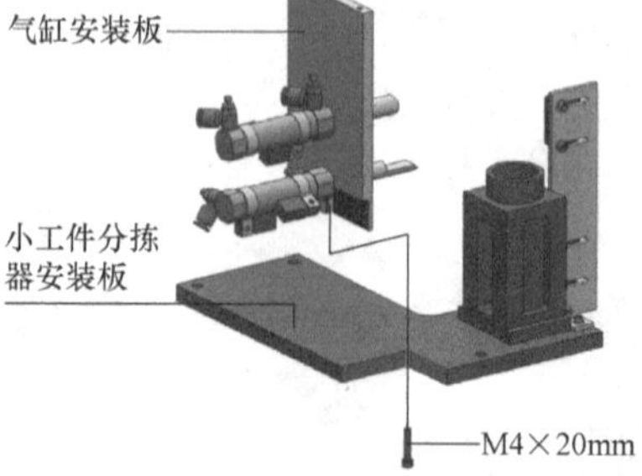 气缸安装板 小工件分拣器安装板 M4×20mm	气缸总成装配

（续）

操作步骤	操作图示	操作说明
7	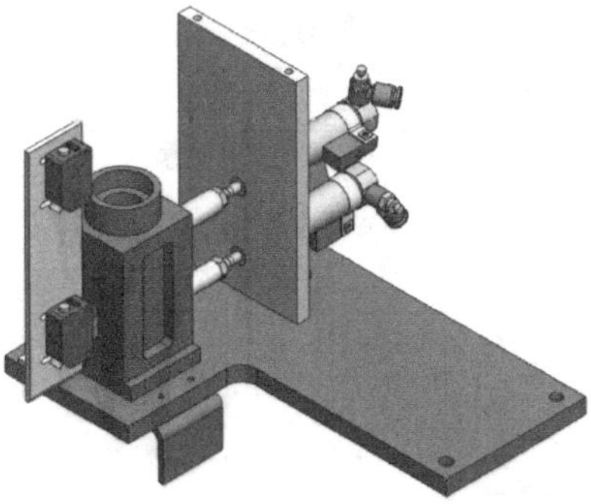	安装完成的零件供给装置效果图

（3）组装零件传送装置部分

根据表4-3所示的操作步骤、操作图示和操作说明，组装零件传送装置。

表4-3 组装零件传送装置

操作步骤	操作图示	操作说明
1		将左右两个料盘安装到小件搬运板上
2	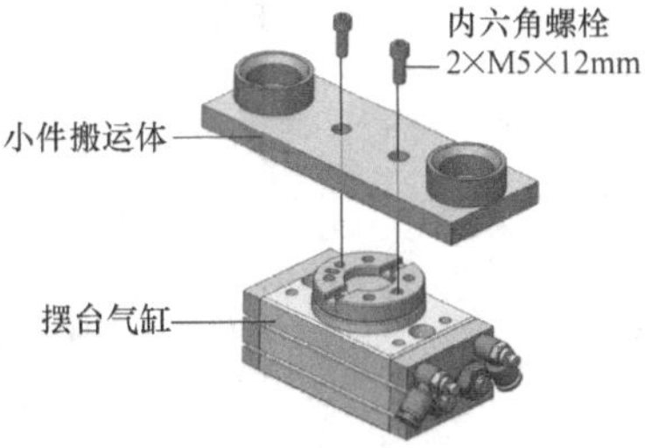	将小件搬运体安装到摆动气缸上
3	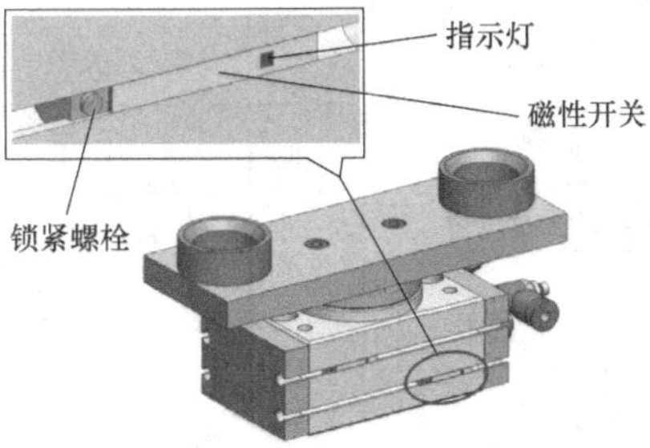	安装旋转气缸位置检测传感器，在最后调整阶段进行此传感器的调整定位。通电时，将摆动气缸旋转至左、右极限位置，左极限位置确定左限位传感器位置，右极限位置确定右限位传感器位置。传感器定位方法如下：将传感器沿安装槽来回移动，当指示灯亮时，为正确位置，用螺钉旋具拧紧锁紧螺栓，将传感器固定在此位置上
4	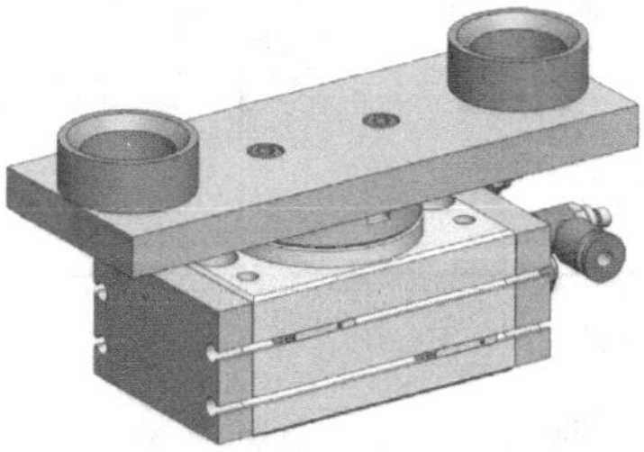	安装完成的零件传送装置效果图

（4）组装零件装配部分

根据表4-4所示的操作步骤、操作图示和操作说明，组装零件装配部分。

表4-4　组装零件装配部分

操作步骤	操作图示	操作说明
1	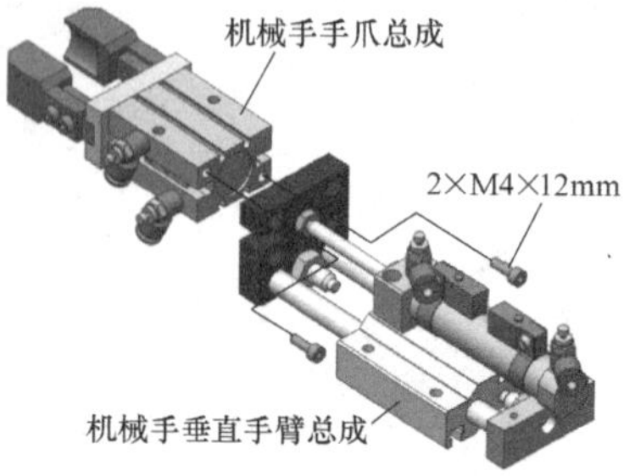 机械手手爪总成　　2×M4×12mm　　机械手垂直手臂总成	将机械手手爪安装至机械手垂直手臂上
2	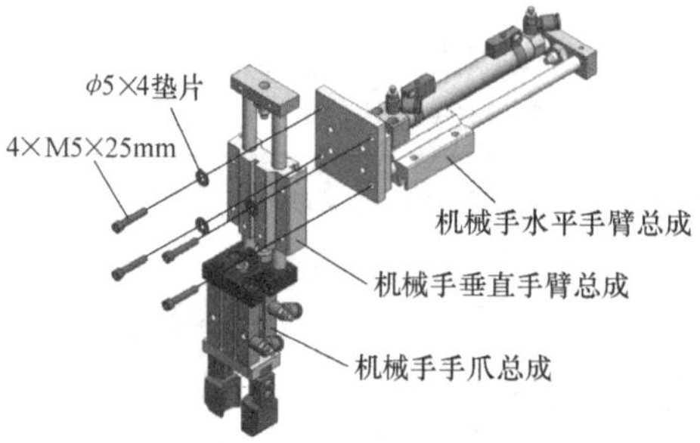 φ5×4垫片　4×M5×25mm　机械手水平手臂总成　机械手垂直手臂总成　机械手手爪总成	将步骤1安装完成的组合体与机械手水平手臂安装在一起（为便于视图，将机械手垂直手臂中的驱动气缸隐藏）
3	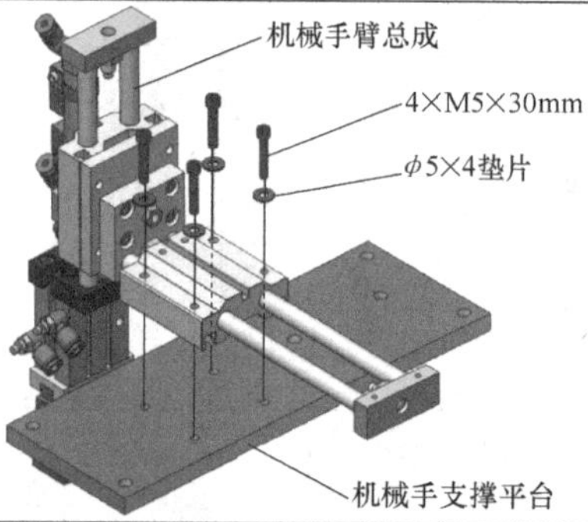 机械手臂总成　4×M5×30mm　φ5×4垫片　机械手支撑平台	将步骤2安装完成的组合体安装至机械手支撑平台
4	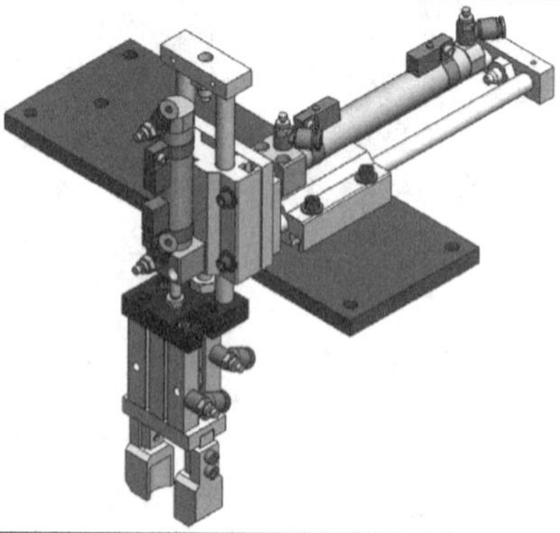	安装各个位置检测传感器,安装完成效果图

（5）组装支架

根据表4-5所示的操作步骤、操作图示和操作说明，组装支架。

表 4-5　组装支架

操作步骤	操作图示	操作说明
1	 铝合金型材 20mm×20mm×370mm　铝合金型材 20mm×20mm×240mm　M4×20mm	组装左支架-1
2	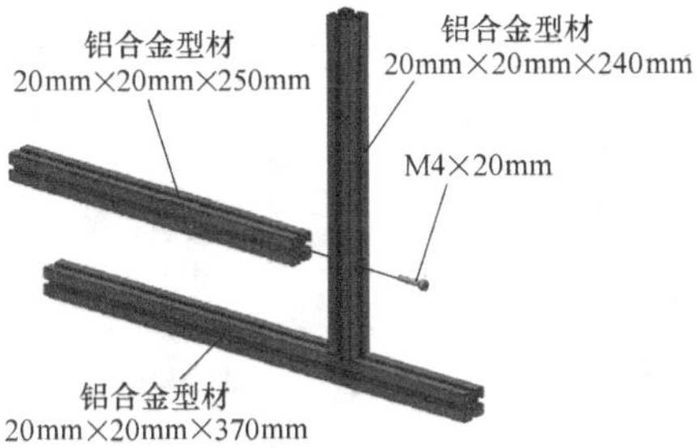 铝合金型材 20mm×20mm×250mm　铝合金型材 20mm×20mm×240mm　M4×20mm　铝合金型材 20mm×20mm×370mm	组装左支架-2
3	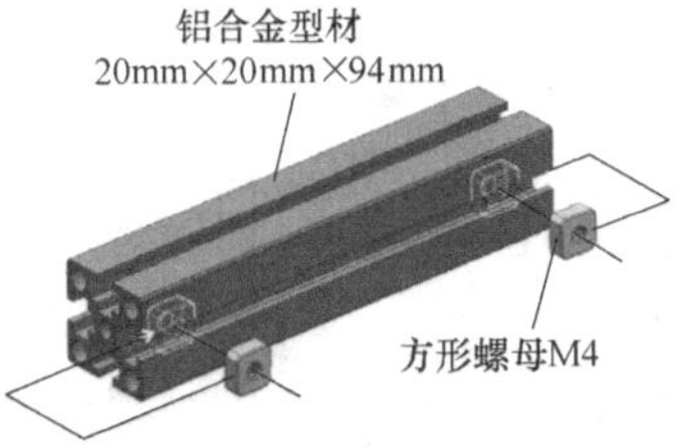 铝合金型材 20mm×20mm×94mm　方形螺母M4	组装左支架-3
4	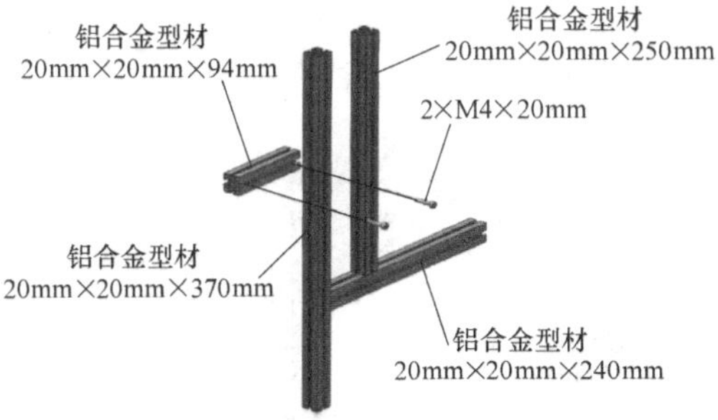 铝合金型材 20mm×20mm×94mm　铝合金型材 20mm×20mm×250mm　2×M4×20mm　铝合金型材 20mm×20mm×370mm　铝合金型材 20mm×20mm×240mm	组装左支架-4
5		左支架安装完成效果图

（续）

操作步骤	操作图示	操作说明
6		按同样方法安装右支架。安装完成效果图
7	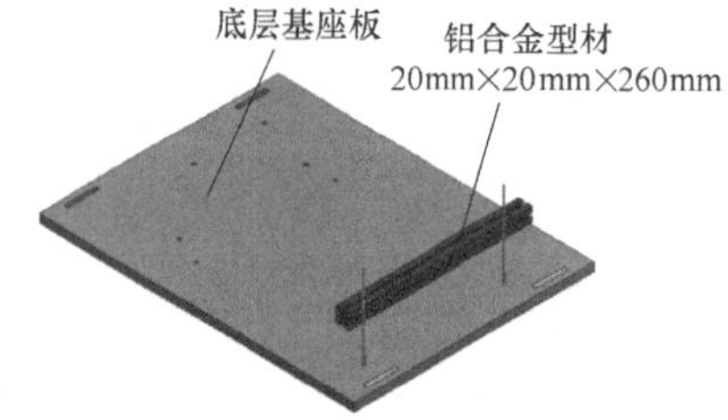 底层基座板　铝合金型材 20mm×20mm×260mm	安装右侧铝合金底层横柱。 按图示要求将铝合金型材安装到相应位置。注意将铝合金型横柱上的孔轴线与底层基座板上的孔轴线重合
8	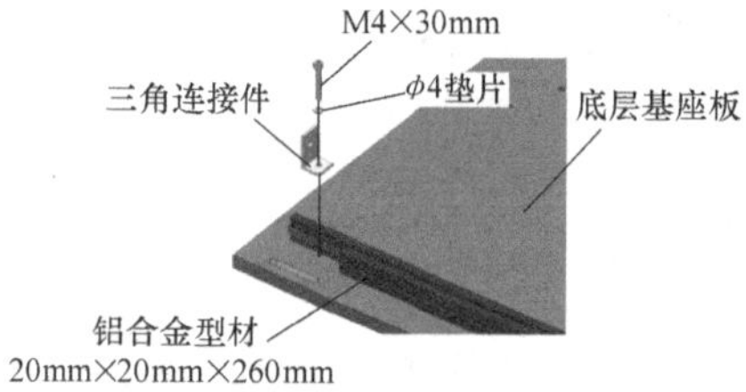 M4×30mm 三角连接件　φ4垫片　底层基座板 铝合金型材 20mm×20mm×260mm	用内六角螺栓将右侧底层横柱连接到底层基座板上
9	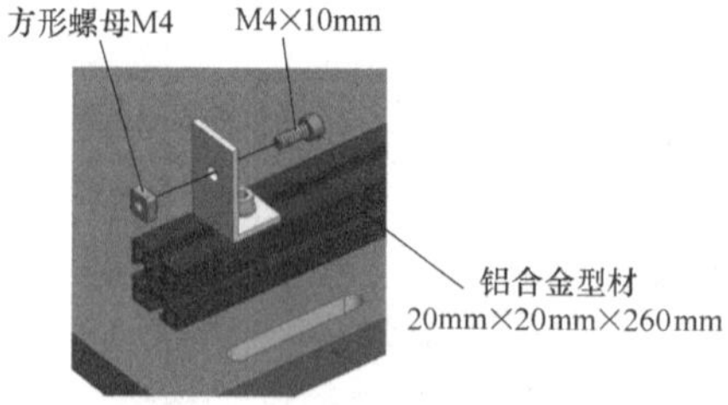 方形螺母M4　M4×10mm 铝合金型材 20mm×20mm×260mm	用内六角螺栓将右侧底层横柱连接到底层基座板上
10		用内六角螺栓将右侧底层横柱连接到底层基座板上,安装完成效果图

（续）

操作步骤	操作图示	操作说明
11	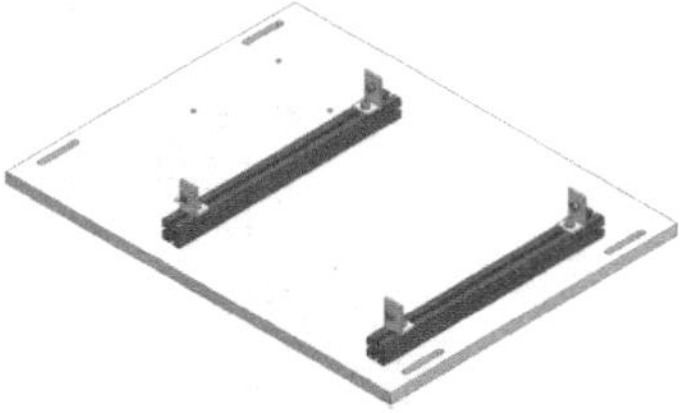	使用同样方法,用内六角螺栓将左侧底层横柱连接到底层基座板上,左图为安装完成的效果图
12	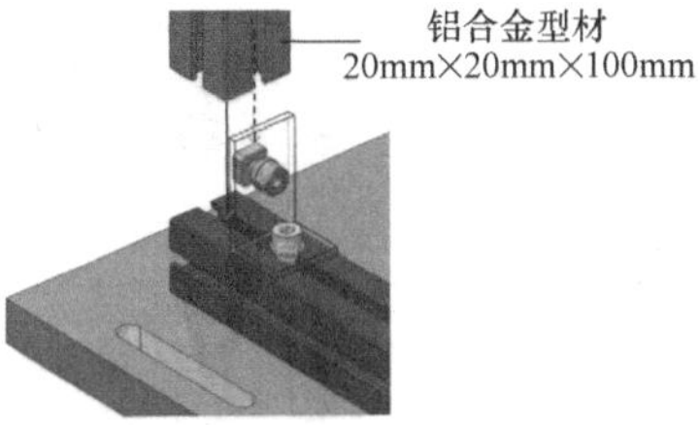 铝合金型材 20mm×20mm×100mm	安装前端立柱
13	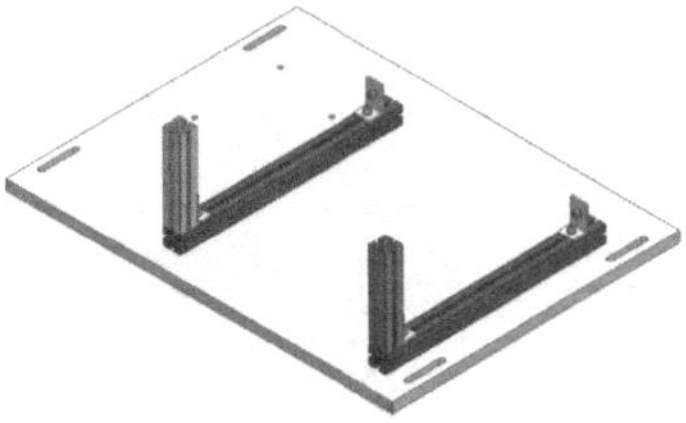	前端立柱安装完成形成安装底座
14	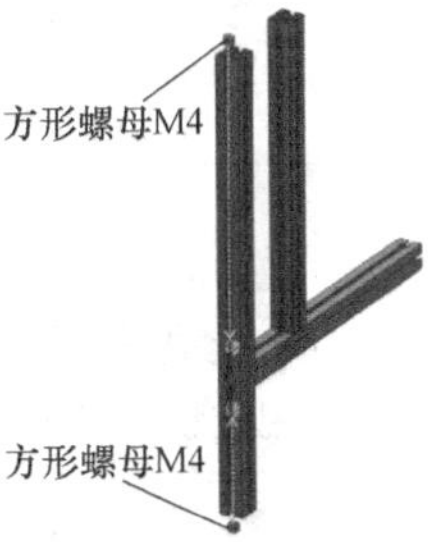 方形螺母M4 方形螺母M4	预埋电磁阀组方形螺母至左右支架
15	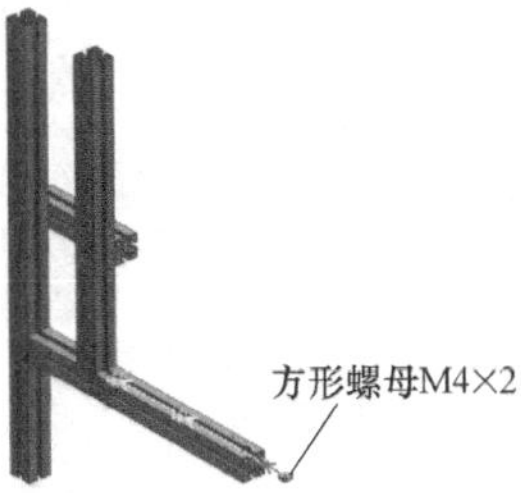 方形螺母M4×2	预埋装配台方形螺母至左右支架

（续）

操作步骤	操作图示	操作说明
16	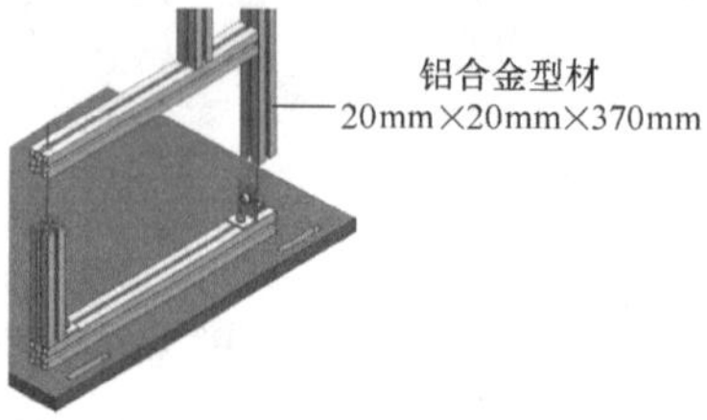 铝合金型材 20mm×20mm×370mm	将预埋好的方形螺母的左右支架安装至安装底座
17	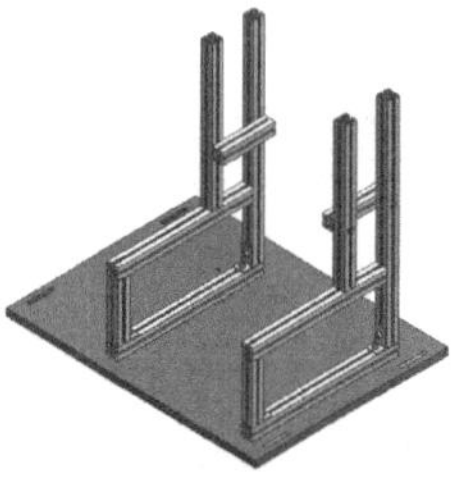	将预埋好的方形螺母的左右支架安装至安装底座
18	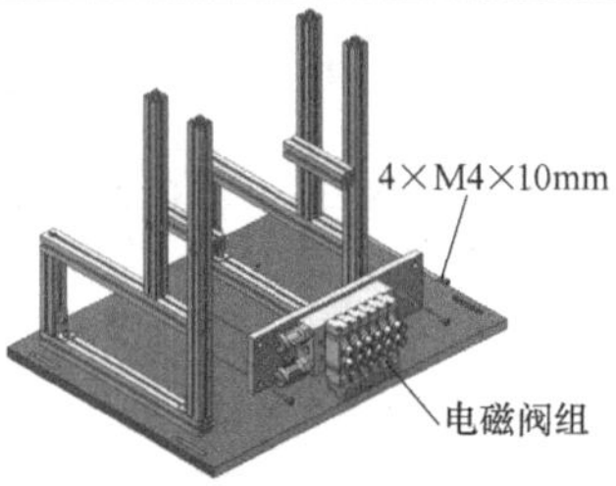 4×M4×10mm 电磁阀组	将电磁阀组安装至支架背面,形成整个支架
19	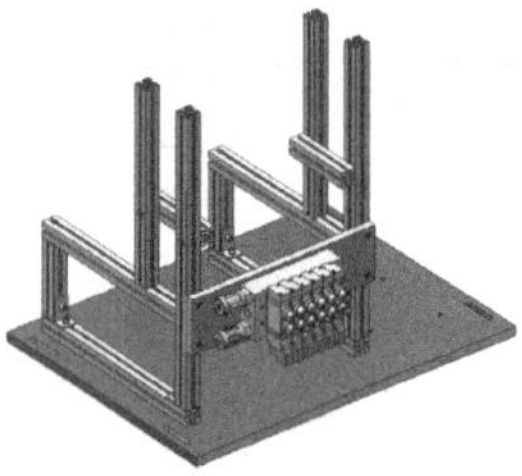	支架安装完成效果图

（6）组装整个零件装配装置

根据表4-6所示的操作步骤、操作图示和操作说明,组装整个零件装配装置。

表4-6　组装整个零件装配装置

操作步骤	操作图示	操作说明
1	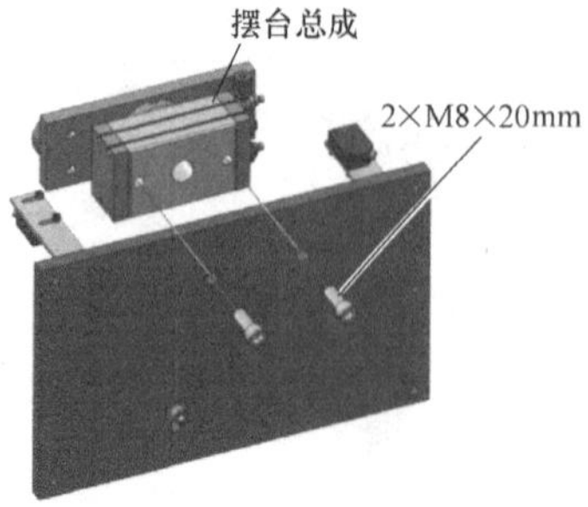 摆台总成 2×M8×20mm	将零件传送装置安装至装配台

（续）

操作步骤	操作图示	操作说明
2	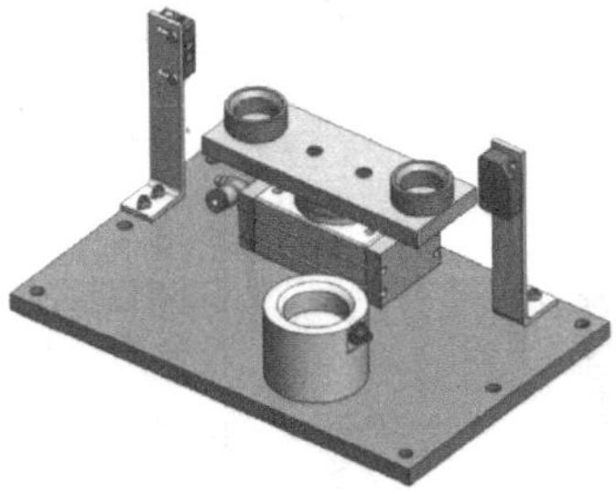	将零件传送装置安装至装配台，安装完成组合体1
3	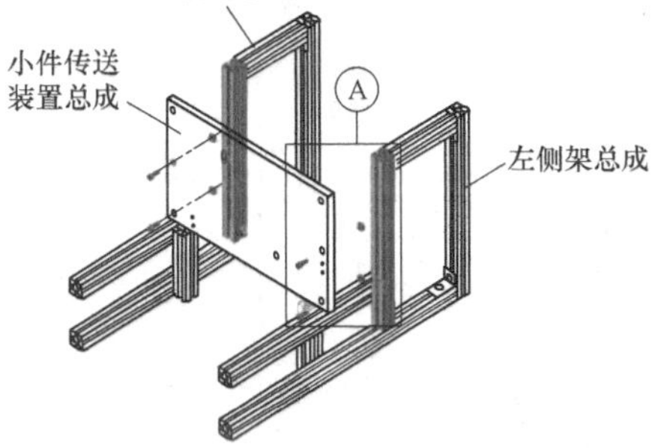 　右侧架总成　小件传送装置总成　左侧架总成　局部视图A 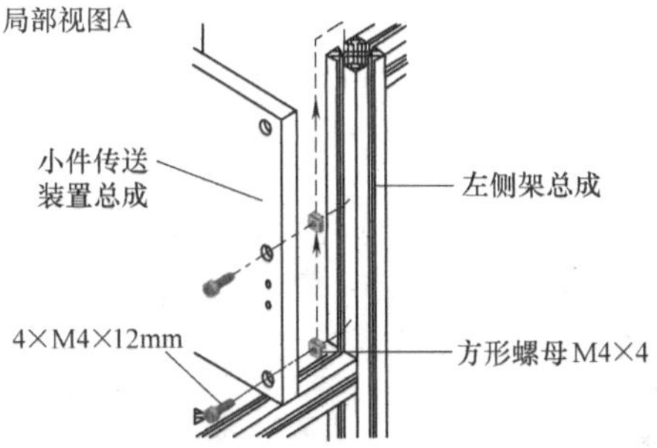　小件传送装置总成　左侧架总成　4×M4×12mm　方形螺母M4×4	将组合体1安装至支架上
4	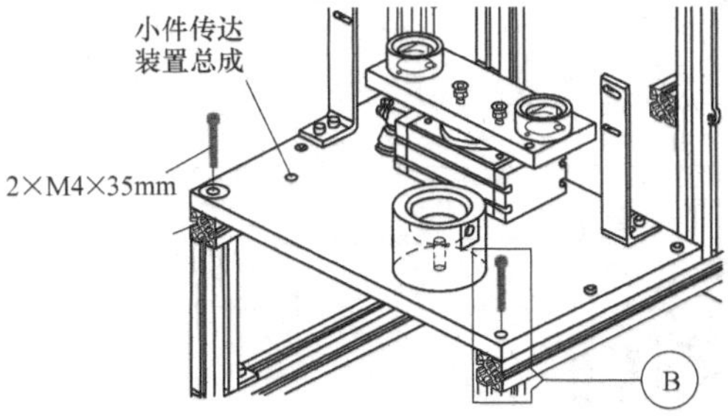 　小件传达装置总成　2×M4×35mm　B　局部视图B 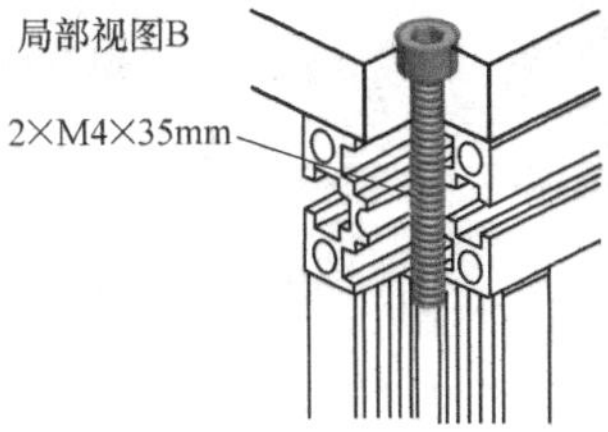　2×M4×35mm	将零件传送装置部分安装至零件装配平台上

（续）

操作步骤	操作图示	操作说明
5	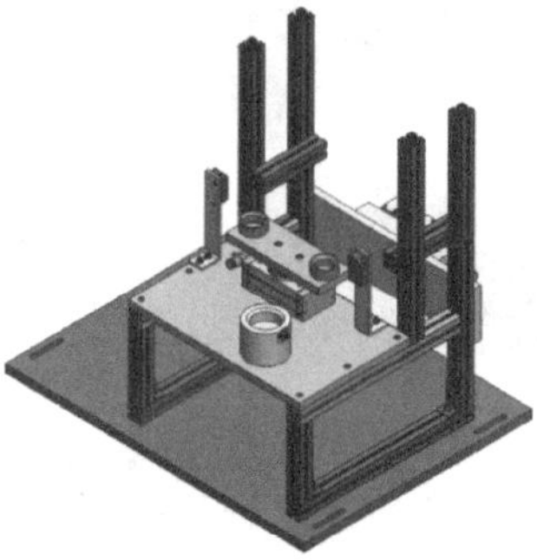	将组合体 1 安装至零件装配台上，安装完成组合体 2
6	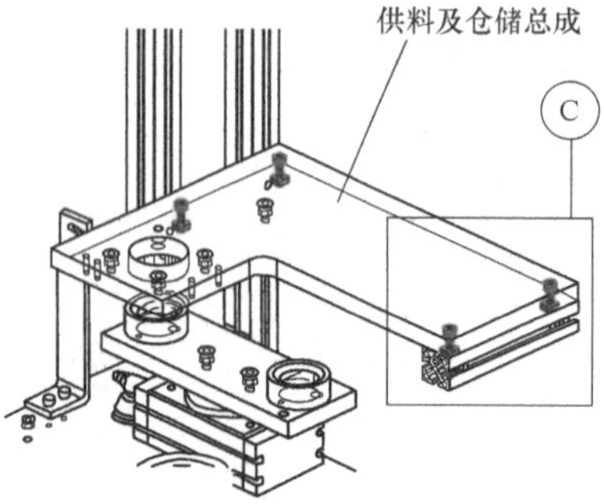 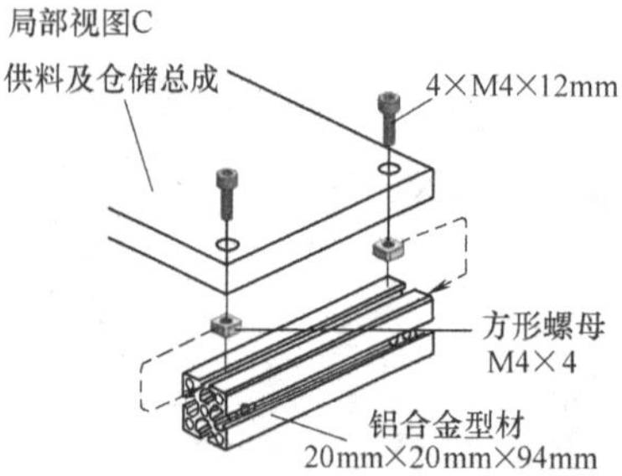 供料及仓储总成　C 局部视图C 供料及仓储总成　4×M4×12mm 方形螺母 M4×4 铝合金型材 20mm×20mm×94mm	将零件供给装置安装至组合体 2
7	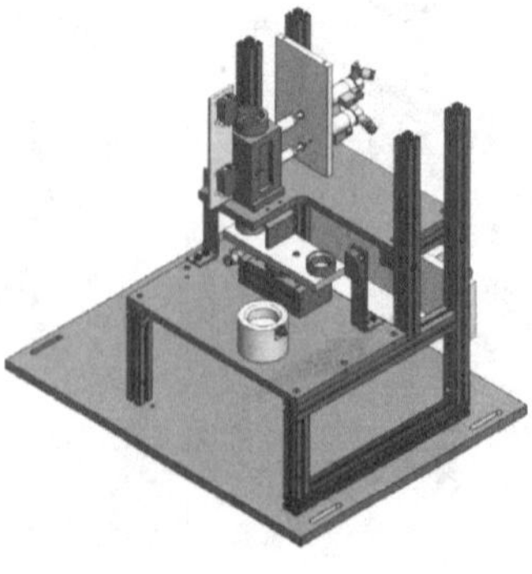	将零件供给装置安装至组合体 2，安装完成形成组合体 3

（续）

操作 步骤	操作图示	操作说明
8	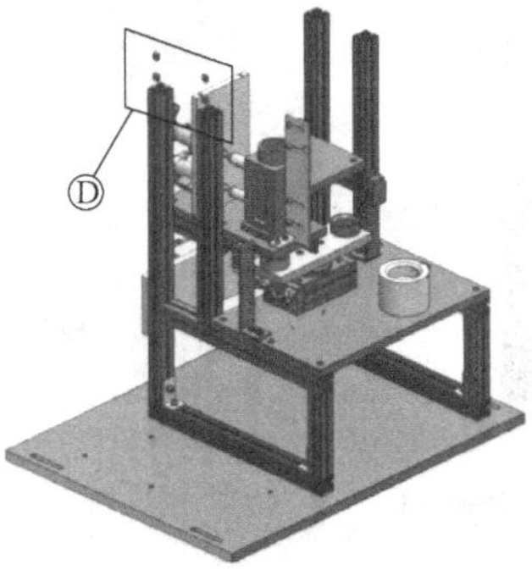 局部视图D 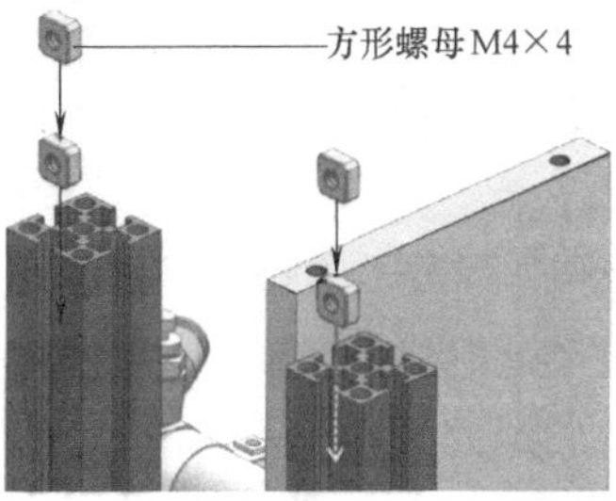 方形螺母M4×4	预埋指示灯安装螺母
9	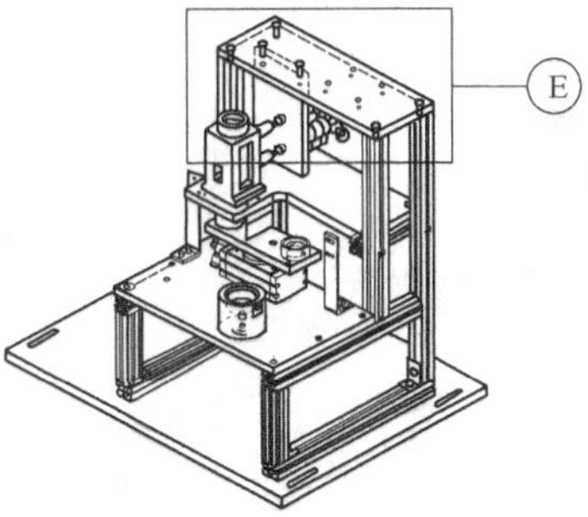 局部视图E 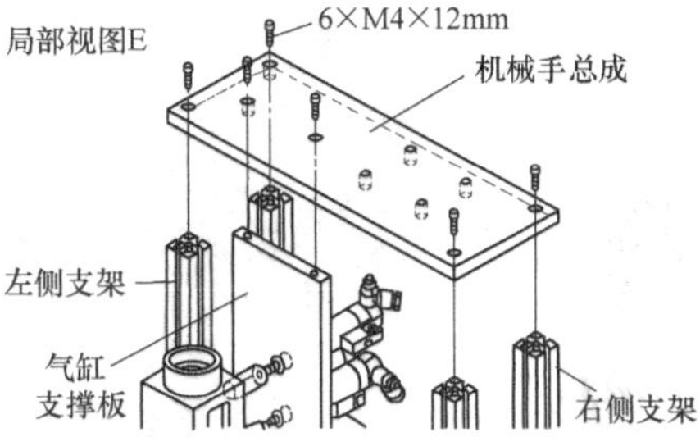 6×M4×12mm 机械手总成 左侧支架 气缸 支撑板 右侧支架	将零件装配装置安装至组合体3

（续）

操作步骤	操作图示	操作说明
10	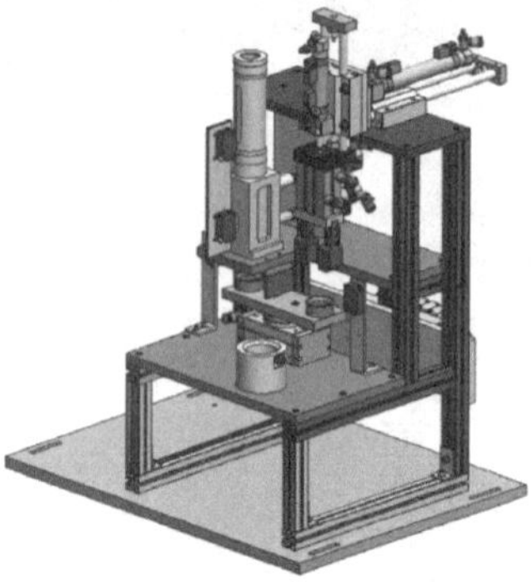	将零件装配装置安装至组合体 3，安装完成组合体 4
11	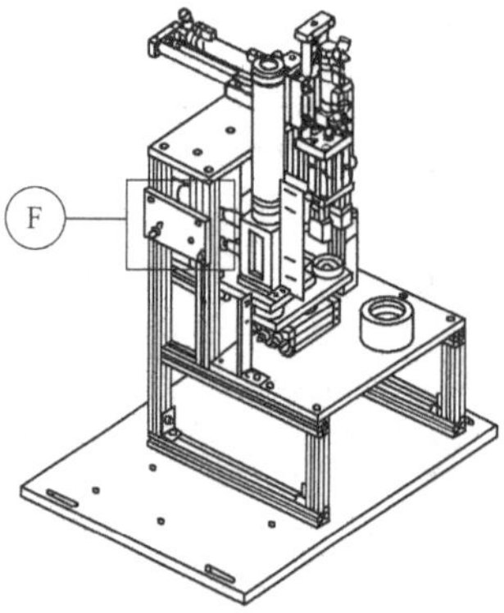 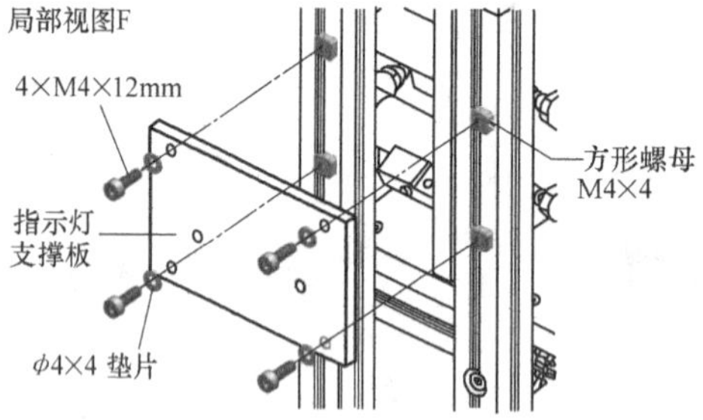	安装指示灯支撑板
12	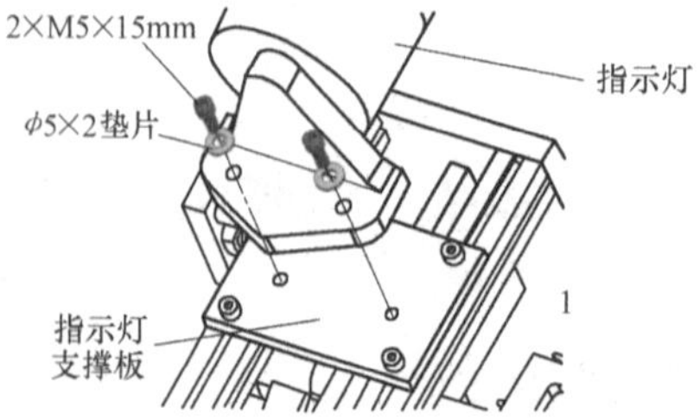	将指示灯安装至指示灯支撑板

局部视图F
4×M4×12mm
指示灯支撑板
φ4×4 垫片
方形螺母 M4×4

2×M5×15mm
φ5×2垫片
指示灯
指示灯支撑板
1

（续）

操作步骤	操作图示	操作说明
13	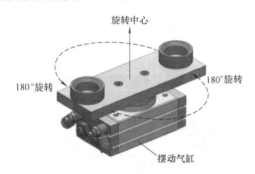	安装完成的零件装配装置效果图

二、安装技巧与注意事项

摆动气缸为装置中比较特殊的零件。按照表 4-3 完成零件传送装置的安装后，注意调整摆动气缸的旋转角度，使其旋转角度为 180°，如图 4-9 所示。调整方法见表 4-7。

图 4-9　摆动气缸旋转角度（180°）

表 4-7　零件传送装置的角度调整

操作步骤	操作图示	操作说明
1	锁紧螺母2　调节螺栓2　摆动气缸　扳手　锁紧螺母1　调节螺栓1	用扳手将锁紧螺母 1 和锁紧螺母 2 逆时针旋转，使其松开，解锁
2	螺钉旋具　调节螺栓1　调节螺栓2　摆动气缸	用螺钉旋具调整调节螺栓 1 和调节螺栓 2，使摆动气缸旋转角度达到 180°。然后再拧紧锁紧螺母 1、2，将调节螺栓 1、2 锁死

三、检查与调整

1. 安装位置的检查与调整

没有尺寸要求的部件安装位置的检查和调整标准为：螺钉螺母拧紧，铝合金型材对齐。

2. 单个部分的检查与调整

单个部分的检查与调整按照工作任务部分的要求进行，各个部件的工作过程稳定，工作速度适中，能够连续进行。

3. 装置整体的检查与调整

各个部分的工作应该协调、统一，能够准确无误的完成整个零件装配工作，工作过程稳定，工作速度适中，能够连续进行。

【交流与探索】

1. 记录完成工作任务的过程和所用的时间，出现的问题和解决的方法。
2. 交换检查另一组的零件装配装置的安装质量，并做好记录。
3. 比较完成工作任务的方案和参考方案有何异同，并说明采用不同方案的优劣。
4. 采用其他方案重装一次零件装配装置，写一份优化的安装过程，并总结注意事项。

【完成任务评价】

任务评价见表4-8。

表4-8　零件装配装置机械安装评价表

项目		评 价 内 容	分值	学生自评	小组互评	教师评分
实践操作过程评价（50%）	安全文明操作（14%）	按要求穿着工作服	2			
		工具摆放整齐	2			
		完成任务后及时清理工位	2			
		不乱丢杂物	2			
		未发生机械部件撞击事故	3			
		未造成设备或元件损坏	3			
	工作程序规范（16%）	安装的先后顺序安排恰当	2			
		安装过程规范、程序合理	2			
		工具使用规范	3			
		操作过程返工次数少	2			
		安装结束后进行检查和调整	2			
		检查和调整的过程合理	2			
		操作技能娴熟	3			
	遇到困难的处理（5%）	能及时发现问题	2			
		有问题能想办法解决	2			
		遇到困难不气馁	1			
	个人职业素养（15%）	操作时不大声喧哗	1			
		不做与工作无关的事	1			
		遵守操作纪律	2			
		仪表仪态端正	1			
		工作态度积极	2			
		注重交流和沟通	2			

（续）

项目		评 价 内 容	分值	学生自评	小组互评	教师评分
实践操作过程评价（50%）	个人职业素养（15%）	能够注重协作互助	2			
		创新意识强	2			
		操作过程有记录	2			
实践操作成果评价（50%）	装配台的安装（8%）	装配定位圆台位置安装正确	2			
		装配定位圆台安装牢固	2			
		光电传感器及支架安装正确	2			
		光纤传感器安装正确	2			
	零件供料装置的安装（14%）	气缸1安装正确	2			
		气缸2安装正确	2			
		筒形储料仓与分料座安装正确	2			
		光电传感器及支架安装正确、牢固	2			
		各个磁性开关安装正确、牢固	2			
		供料装置整体安装正确	2			
		供料装置整体安装牢固	2			
	零件传送装置的安装（8%）	左右小料盘与摆动气缸安装正确	2			
		摆动气缸旋转角度调整正确（180°）	2			
		各个磁性开关安装正确	2			
		装置整体安装正确、牢固	2			
	零件装配部分的安装（12%）	机械手手爪安装正确	2			
		垂直手臂气缸安装正确	2			
		水平手臂气缸安装正确	2			
		各个磁性开关安装正确	2			
		装置整体安装正确	2			
		装置整体安装牢固	2			
	记录和总结（8%）	过程的记录清晰、全面	2			
		能及时完成总结的各项内容	2			
		总结的内容正确、丰富	2			
		总结有独到的见解	2			

任务二　零件装配装置电路和气路的安装

【任务描述与要求】

根据图 4-10 电路原理图和图 4-11 气动系统图完成零件装配装置的电路和气路安装，并达到以下要求：

（1）电路安装要求

1）零件足够检测，光电传感器能够准确的检测零件储料仓中是否储存有足够的零件。

2）零件有无检测，光电传感器能够准确的检测零件储料仓中是否至少贮存有一个零件。

3）左右料盘零件检测，光电传感器能够准确的检测左右料盘中是否放置有零件。

4）零件供给装置部分的磁性开关能够准确检测两个气缸的位置状态信息。

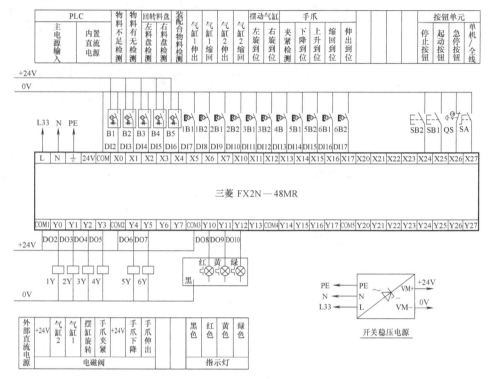

图 4-10 零件装配装置电路原理图

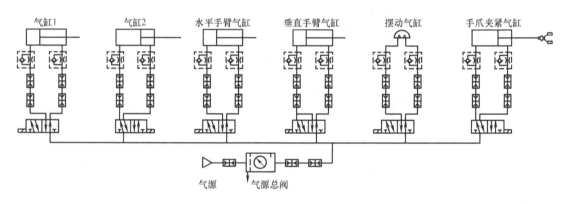

图 4-11 零件装配装置气动原理图

5）悬吊机械手上的各个磁性开关能够准确检测机械手的伸出、缩回、上升、下降、松开、夹紧等位置状态信息。

6）零件传送装置部分的磁性开关能够准确检测旋转气缸的左右极限位置状态信息。

（2）气路安装要求

1）机械手手爪能够稳定的夹取、松开零件，夹取、松开动作顺畅、平稳、速度适宜。

2）零件供给装置部分两个气缸配合工作能够完成零件的供给工作，气缸动作顺畅、平稳、速度适宜。

3）机械手垂直手臂上升下降动作顺畅、平稳、速度适宜，能够准确的抓取零件，能够将零件准确的装配到大工件的顶端。

4）机械手水平手臂伸出缩回动作顺畅、平稳、速度适宜，能够将零件准确的运送至大工件的正上方。

5）零件传送装置部分的旋转气缸动作顺畅、平稳、速度适宜，能够通过180°的传送实现零件的不间断供给工作。

【任务分析与思考】

1. 如何阅读电路原理图？电路原理图包含了哪些元器件？各个元器件如何进行电路连接？

2. 如何测试电路连接的正确性？如何对各个元器件进行调整？

3. 如何阅读气路原理图？气路原理图包含了哪些元器件？各个元器件如何进行气路连接？

4. 如何测试气路连接的正确性？如何对气路进行调整？

【相关知识】

一、零件装配装置电路的结构

零件装配装置的电路原理图反映了零件装配装置的电路结构，从图4-10所示的零件装配装置的电路原理图中，可以读到以下内容：

1）PLC电源和开关电源由外部AC 220V电源提供。

2）光电传感器DC 24V、电磁阀DC 24V、指示灯DC 24V由开关稳压电源提供。

3）各个按钮、光电传感器、磁性开关与PLC输入之间的对应关系。

4）电磁阀、指示灯与PLC输出之间的对应关系。

二、光纤传感器知识

零件装配装置装配台部分的装配定位圆台上安装了一个光纤传感器，用来检测定位圆台上是否已经放置大工件，从而确定是否进行下一步的装配工作。

光纤传感器又称光电传感器，利用光导纤维进行信号传输。

光纤传感器为直流三线制传感器，有棕色、蓝色和黑色三根连接线，其中棕色线为电源正极线，接DC 24V的"＋"极，蓝色线为电源负极线，接DC 24V的"－"极，黑色线为信号线，接PLC输入端。

光纤传感器分为光纤检测头和光纤放大器两大部分，本装置所使用的光纤传感器灵敏度有限，仅能分辨深色物体（黑色）和浅色物体（白色），如图4-12所示。光纤放大器结构如图4-13所示。

光纤传感器上设置有锁定拨杆用来锁定光纤检测头连接光纤；动作指示灯（橙色）点亮时，光纤传感器输出信号；入光量指示灯反映了光信号的强度；8旋转灵敏度高速旋钮用来调整光信号放大的倍数，从而分辨白色和黑色物体；灵敏度旋钮指示器用来指示8旋转灵敏度高速旋钮的调节情况；定时开关，用来设置信号输出是否延时；动作模式切换开关"L/D"，用来切换动作模式为"常开/常闭"。

图 4-12　光纤传感器

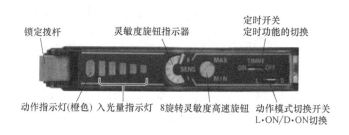

图 4-13　光纤放大器结构

【任务实施】

一、安装方法和步骤

仔细阅读电路原理图和气路原理图，根据原理图完成电路和气路的连接，完成连接后，进行电路和气路的测试、调整、工艺的整理。

1. 电路的连接

1）每个按钮对应一个 PLC 输入点，对按钮进行电路连接时，逐个进行。

2）每个磁性开关、光电传感器、光纤传感器，对应一个 PLC 输入点，对这些器件进行电路连接时，需要逐个进行。注意：磁性开关为直流两线制传感器，有棕色和蓝色两根连接线。其中，棕色线为信号线，接 PLC 输入端；蓝色线为公共端，与 PLC 输入端 "COM" 口相连后接直流电源 " - " 极。光电传感器和光纤传感器为直流三线制传感器，有棕色、蓝色和黑色三根连接线，其中棕色线为电源正极线，接 DC 24V 的 " + " 极，蓝色线为电源负极线，接 DC 24V 的 " - " 极，黑色线为信号线，接 PLC 输入端。

3）每个电磁阀及指示灯对应一个 PLC 输出点，对电磁阀及指示灯进行电路连接时，需要逐个进行。

4）建议使用不同类型、不同颜色的导线完成相应的电路连接，如：使用三芯护套线完成 AC 220V 电源输入部分的接线，使用 0.75mm² 红色和蓝色软线完成 DC 24V 部分的接线，使用 0.75mm² 绿色软线完成 PLC 输入部分的接线，使用 0.75mm² 黄色软线完成 PLC 输出部分的接线，使用 0.75mm² 蓝色软线完成 PLC 输入输出公共端部分的接线。

5）对电路部分进行连接时，应该留有适当的余量，以便进行电路的调整及电路工艺的整理。

6）完成电路连接后，仔细检查整个电路。

2. 气路的连接

1）一个电磁阀控制一个气缸，对气缸进行气路连接时，需要逐个进行。

2）建议采用两种颜色 φ4 气管完成气缸与电磁阀之间的气路连接，便于检查、调试。

3）对气路部分进行连接时，应该留有适当的余量，以便进行气路的调整及气路工艺的整理。

4）气管与快速接头的连接时注意：气管插入快速接头时，直接插入；气管从快速接头拔出时，必须先用手压下快速接头，才能将气管顺利的拔出，否则会损坏快速接头。

5）完成气路连接后，仔细检查整个气路。

二、安装技巧和注意事项

1. 电路工艺要求

1）电路连接线不能从设备的内部穿过。

2）电路的第一根绑扎带与电器元件的连接线引出点距离为 60mm ±5mm。

3）电路上的绑扎带之间的标准距离为 40 ~ 50mm。

4）电路上的绑扎带切割不能留余太长，必须小于 1mm。

5）电路上的绑扎带切口平滑，不扎手。

2. 气路工艺要求

1）气路连接的气管不能从设备的内部穿过。

2）气管从电磁阀快速接头引出后，第一根绑扎带离气管连接处距离为 60mm ±5mm。

3）气管上的绑扎带之间的标准距离为 40 ~ 50mm。

4）气管上的绑扎带切割不能留余太长，必须小于 1mm。

5）气管上的绑扎带切口平滑，不扎手。

三、检查调整

1. 电路的测试和调整

1）断开气源，手动控制机械手伸出缩回，在气缸的伸出缩回极限位置观察相应的磁性开关是否点亮，从而判断机械手伸出缩回检测磁性开关是否正常，接线是否正确。

2）断开气源，手动控制机械手下降上升，在气缸的下降上升极限位置观察相应的磁性开关是否点亮，从而判断机械手下降上升检测磁性开关是否正常，接线是否正确。

3）断开气源，手动控制机械手手爪夹紧松开，在机械手手爪夹取一个零件且夹紧时观察磁性开关是否点亮，手爪松开时观察磁性开关是否熄灭，从而判断机械手夹紧检测磁性开关是否正常，接线是否正确。

4）断开气源，手动控制旋转气缸左右旋转，在左右极限位置时观察相应的磁性开关是否点亮，从而判断旋转气缸左右位置检测磁性开关是否正常，接线是否正确。

5）将 1 个零件放入筒形储料仓，观察光电传感器是否能够正常检测零件，从而判断筒形储料仓零件有无检测光电传感器是否正常，接线是否正确。

6）将至少 4 个零件放入筒形储料仓，观察光电传感器是否能够正常检测零件，从而判断筒形储料仓零件足够检测光电传感器是否正常，接线是否正确。

7）将零件放入左右料盘，观察光电传感器是否能够正常检测零件，从而判断左右料盘检测光电传感器是否正常，接线是否正确。

8）将大工件放入装配台，观察光纤传感器是否能够正常检测大工件，从而判断装配台检测光纤传感器是否正常，接线是否正确。

9）完成电路测试和调整后，进行电路工艺的整理。

2. 气路的测试和调整

1）完成整个气路连接后，进行气路的测试和调整。

2）气路测试前打开气源电源开关，首先工作一段时间，使气源贮存一定的压缩空气。

3）将电磁阀组与气动三联件连接，打开气动三联件出口快速开关，进行气路的测试和调整。

4）逐个进行气缸气路的测试，分别按下每个电磁阀的手动测试按钮，观察对应气缸的动作，按下手动测试按钮时注意不要将按钮锁死，如果误动作锁死，请务必还原为初始状态。

5）气缸的动作应该顺畅，速度适宜，如果速度太慢或者太快，请通过旋转节流阀调整气流大小，从而使气缸动作速度适宜、运行平稳。

6）完成气路测试和调整后，进行气路工艺的整理。

【交流与探索】

1. 记录完成工作任务的过程和所用的时间，出现的问题和解决的方法。

2. 交换检查另一组的零件装配装置的电路和气路连接质量，并做好记录。

3. 比较完成工作任务的方案和参考方案有何异同，并说明采用不同方案的优劣。

4. 重新进行零件装配装置的电路和气路连接，写一份优化的安装过程，并总结注意事项。

【完成任务评价】

任务评价见表4-9。

表4-9 零件装配装置气路和电路连接评价表

项目		评价内容	分值	学生自评	小组互评	教师评分
实践操作过程评价（50%）	安全文明操作（14%）	按要求穿着工作服	2			
		工具摆放整齐	2			
		完成任务后及时清理工位	2			
		不乱丢杂物	2			
		未发生机械部件撞击事故	3			
		未造成设备或元件损坏	3			
	工作程序规范（16%）	安装的先后顺序安排恰当	2			
		安装过程规范、程序合理	2			
		工具使用规范	3			
		操作过程返工次数少	2			
		安装结束后进行检查和调整	2			
		检查和调整的过程合理	2			
		操作技能娴熟	3			
	遇到困难的处理（5%）	能及时发现问题	2			
		有问题能想办法解决	2			
		遇到困难不气馁	1			
	个人职业素养（15%）	操作时不大声喧哗	1			
		不做与工作无关的事	1			
		遵守操作纪律	2			
		仪表仪态端正	1			

(续)

项目		评 价 内 容	分值	学生自评	小组互评	教师评分
实践操作过程评价(50%)	个人职业素养(15%)	工作态度积极	2			
		注重交流和沟通	2			
		能够注重协作互助	2			
		创新意识强	2			
		操作过程有记录	2			
实践操作成果评价(50%)	气路连接(15%)	气路整体正确,符合气路原理图要求	5			
		气路没有发生漏气现象	2			
		气路气压调节合适,在气缸承受气压范围内	2			
		各个气缸节流阀调节合理,气缸动作顺畅,速度适宜	2			
		气路走向合理,没有穿过设备内部现象	2			
		气路绑扎美观,绑扎带间距合适(小于50cm)	1			
		绑扎带剪切合适、平滑不扎手(剪切余量小于1mm)	1			
	电路连接(26%)	PLC主电源连接正确,开关电源主电源连接正确	2			
		所有按钮连接正确,能够正常工作	2			
		所有磁性开关连接正确,能够正常工作	3			
		所有光电传感器连接正确,能够正常工作	4			
		所有指示灯连接正确,能够正常工作	2			
		所有电磁阀连接正确,能够正常工作	4			
		所有连线与电路原理图中的I/O对应	4			
		电路走向合理,没有穿过设备内部现象	2			
		电路入槽,盖好槽盖	1			
		气路绑扎美观,绑扎带间距合适(小于50cm)	1			
		绑扎带剪切合适、平滑不扎手(剪切余量小于1mm)	1			
	记录和总结(9%)	过程的记录清晰、全面	3			
		能及时完成总结的各项内容	2			
		总结的内容正确、丰富	2			
		总结有独到的见解	2			

任务三 零件装配装置的调试

【任务描述与要求】

将零件装配装置的PLC控制程序写入PLC,试运行设备,达到以下控制要求:

1)在本项目任务二已经完成,且电路和气路测试无误的情况下,完成零件装配装置的调试工作。

2)PLC上电第一个扫描周期进行初始复位,同时,PLC运行过程中调用指示灯子程序。

3)零件装配装置初始状态检查。

①装配台初始状态:装配定位圆台上没有大工件。

②零件供料装置部分初始状态:筒形储料仓中贮存有足够的零件,零件供给气缸组合体气缸1(以下简称"气缸1")处于缩回位置,零件供给气缸组合体气缸2(以下简称"气缸2")处于伸出位置。

③零件传送装置部分初始状态:旋转气缸处于左旋到位位置或者右旋到位位置。

④零件装配部分初始状态:装配机械手手爪处于松开状态、装配机械手垂直手臂处于

上升到位位置、装配机械手水平手臂处于缩回到位位置。

4）零件装配装置的起动。零件装配装置所有初始状态正常的情况下，按下起动按钮，可以起动装置。装置起动后，各个部分分别完成相应的工作任务。具体的工作过程如下：

第一步：如果左边零件放置平台（以下简称"左料盘"）无零件，而且右边零件放置平台（以下简称"右料盘"）无零件，则直接进行第二步的工作；如果左料盘无零件，右料盘有零件，则进行第四步的工作；如果左料盘有零件，右料盘无零件，则直接进行第三步的工作；如果左料盘有零件，右料盘有零件，则直接进行第五步的工作。

第二步：第一个零件供给。气缸1伸出，顶住第二层零件→气缸2缩回→第一层零件自然下落至左料盘→气缸2伸出→气缸1缩回→二层及以上零件自然下落。

第三步：零件传送。旋转气缸动作→将左右料盘位置互换→右料盘有零件，左料盘无零件。

第四步：第二个零件供给。气缸1伸出，顶住第二层零件→气缸2缩回→第一层零件自然下落至左料盘→左右料盘均有零件。

第五步：装配台准备情况检查。手动在装配定位圆台上放置一个大工件。

第六步：零件装配。机械手垂直手臂下降→机械手手爪夹紧，夹取零件→机械手垂直手臂上升（与此同时，重复进行第三步的工作，第三步的工作完成后，进行第四步的工作）→机械手水平手臂伸出→机械手垂直手臂下降→机械手手爪松开→机械手垂直手臂提升→机械手水平手臂缩回。

第七步：返回第一步，按照步骤顺序继续工作，并以此循环工作。如果在工作的过程中按下了停止按钮，则零件装配装置在完成第六步的工作后不再循环工作，停止运行。

5）零件装配装置的停止。零件装配装置运行过程中，按下停止按钮，装置完成当前工作周期的工作任务并使各个部件回归初始状态后，装置停止运行。再次按下起动按钮，装置才能继续运行。

6）零件装配装置工作状态指示（指示灯子程序）。装置初始状态正常（准备就绪）时，初始状态黄色指示灯HL1（正常指示灯）常亮，否则，HL1以点亮0.5s熄灭0.5s的方式闪烁；按下起动按钮，正常运行的过程中，绿色指示灯HL2（运行指示灯）常亮。

筒形储料仓中零件不足的情况下，红色指示灯HL3（报警指示灯）以点亮0.5s熄灭0.5s的方式闪烁；筒形储料仓中零件没有的情况下，红色指示灯HL3（报警指示灯）以点亮1s熄灭0.5s的方式闪烁。

【任务分析与思考】

1. 零件装配装置有哪些执行机构？
2. 各个执行机构有哪些动作？执行机构的动作顺序是怎么样的？
3. 调试时应该进行哪些操作？各个操作应该按照什么顺序进行？各种操作后设备应该产生哪些动作？如果调试时不能完成相应的动作该怎样调整？

【任务实施】

一、调试的方法和步骤

1）调试的前提，本项目任务二"零件装配装置的电路和气路安装"完全正确。

2）下载程序。

3）试运行。

第一步：将 PLC 调至 RUN 状态。

第二步：核对零件装配装置的 I/O。

第三步：核对零件装配装置的初始状态是否正常。

检查方法：按下起动按钮，观察装置按钮指示灯模块的黄色指示灯 HL1 是否常亮，HL1 常亮则表示装置处于规定的初始状态；HL1 闪烁（以 1s 的周期闪烁，由特殊辅助继电器 M8013 控制），则表示装置不在规定的初始状态。

第四步：如果初始状态正常，则可进行下一步骤；如果初始状态非正常，则进行适当的调整，直到装置的初始状态正常为止，具体的调整方法参考"调试技巧和注意事项"部分。

第五步：初始状态正常，装置进行零件供给工作，零件供给工作流程如图 4-15 所示。

第六步：装置完成零件供给工作，直到符合零件装配工作条件时，进行零件装配工作，零件装配工作流程如图 4-14 所示。

第七步：如果装置运行过程中没有按下停止按钮，装置循环运行；如果装置运行过程中有按下停止按钮，装置在完成一个周期的工作后停止运行。

以上所有步骤完成且装置运行情况符合要求，则说明装置安装到位，功能完善。

二、调试技巧和注意事项

1. 核对零件装配装置 I/O

在对零件装配装置进行调试之前，必须对设备的输入输出（I/O）信号进行核对，零件装配装置的 I/O 定义如表 4-10 所示，核对无误才能进行后续的调试工作。

表 4-10 设备 I/O 定义表

序号	输入信号点	输入功能说明	序号	输出信号点	输出功能说明
1	X0	物料不足检测	1	Y0	气缸 2
2	X1	物料有无检测	2	Y1	气缸 1
3	X2	左料盘检测	3	Y2	摆动气缸
4	X3	右料盘检测	4	Y3	手爪夹紧气缸
5	X4	大工件检测	5	Y4	垂直手臂气缸
6	X5	气缸 1 伸出	6	Y5	水平手臂气缸
7	X6	气缸 1 缩回	7		
8	X7	气缸 2 伸出	8		
9	X10	气缸 2 缩回	9		
10	X11	左旋到位	10		
11	X12	右旋到位	11		
12	X13	夹紧检测	12		
13	X14	下降到位	13		
14	X15	上升到位	14	Y10	HL1（黄灯）
15	X16	缩回到位	15	Y11	HL2（绿灯）
16	X17	伸出到位	16	Y12	HL3（红灯）
17	X24	停止按钮	17		
18	X25	起动按钮	18		

2. 核对零件装配装置初始状态

根据工作任务"零件装配装置初始状态检查"的描述可以得出零件装配装置的初始状态如下：

X0 = 1、X4 = 0、X6 = 1、X7 = 1、X13 = 0、X15 = 1、X16 = 1。

3. 读工作流程图

开始零件装配装置调试之前，应仔细阅读程序流程图，按照程序流程图进行调试操作。零件装配装置总体工作流程图如图 4-14 所示，零件装配装置供料工作程序流程图如图 4-15 所示，零件装配工作流程图如图 4-16 所示。

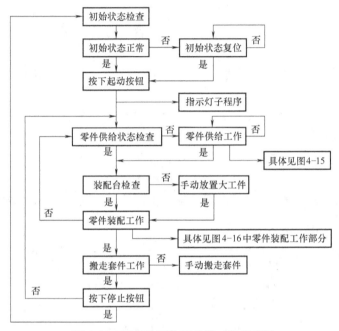

图 4-14　零件装配装置总体工作流程图

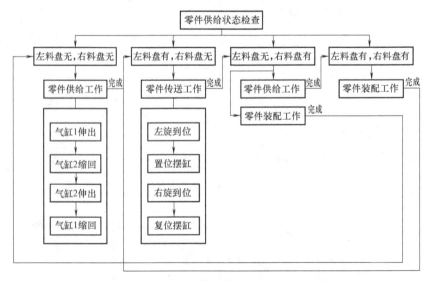

图 4-15　零件装配装置供料工作程序流程图

三、调试过程中出现问题的解决方法

如果调试过程中，出现初始状态非正常的情况，则进行适当的调整，直到装置的初始状态正常为止。

解决方法：对于不满足初始状态定义的信号进行分析，找出原因并进行相应的调整。以下以单个信号不满足初始状态定义为例进行分析，见表 4-11，多个信号不满足时请自行组合分析。

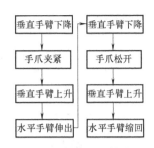

图 4-16　零件装配工作流程图

表 4-11　设备初始状态检查及分析

序号	非正常信号	分析可能导致这种情况出现的原因	判断方法	得出结论	解决方法
1	X0 = 0	筒形储料仓中零件不足	观察筒形储料仓中零件是否足够	零件足够	分析别的原因
				零件不足	放入足够的零件
		零件不足检测光电传感器灵敏度不足	调整传感器灵敏度	灵敏度足够	分析别的原因
				灵敏度不足	调整合适灵敏度
		零件不足检测光电传感器损坏	用物体放置于传感器检测区域	未损坏	分析别的原因
				已损坏	更换传感器
2	X4 = 1	装配定位圆台上有大工件	观察装配定位圆台上是否有大工件	无大工件	分析别的原因
				有大工件	取走大工件
		大工件检测光纤传感器灵敏度不足	调整传感器灵敏度	灵敏度足够	分析别的原因
				灵敏度不足	调整合适灵敏度
		大工件检测光纤传感器损坏	用物体放置于传感器检测区域	未损坏	分析别的原因
				已损坏	更换传感器
3	X6 = 0	气缸 1 节流阀调节不当	调节节流阀，并观察气缸 1 是否动作	非调节不当	分析别的原因
				调节不当	调节节流阀
		气缸 1 损坏	将 PLC 拨至 STOP 并按下气缸 1 电磁阀手动按钮	未损坏	分析别的原因
				已损坏	更换新的气缸
4	X7 = 0	气缸 2 节流阀调节不当	调节节流阀，并观察气缸 2 是否动作	非调节不当	分析别的原因
				调节不当	调节节流阀
		气缸 2 损坏	将 PLC 拨至 STOP 并按下气缸 2 电磁阀手动按钮	未损坏	分析别的原因
				已损坏	更换新的气缸
5	X13 = 1	手爪夹紧气缸节流阀调节不当	调节节流阀，并观察气缸是否动作	未损坏	分析别的原因
				调节不当	调节节流阀
		手爪夹紧气缸损坏	将 PLC 拨至 STOP 并按下夹紧气缸电磁阀手动按钮	未损坏	分析别的原因
				已损坏	更换新的气缸
6	X15 = 0	垂直手臂气缸节流阀调节不当	调节节流阀，并观察垂直手臂气缸是否动作	未损坏	分析别的原因
				调节不当	调节节流阀
		垂直手臂气缸损坏	将 PLC 拨至 STOP 并按下垂直手臂气缸电磁阀手动按钮	未损坏	分析别的原因
				已损坏	更换新的气缸

（续）

序号	非正常信号	分析可能导致这种情况出现的原因	判断方法	得出结论	解决方法
7	X16 = 0	水平手臂气缸节流阀调节不当	调节节流阀,并观察水平手臂气缸是否动作	未损坏	分析别的原因
				调节不当	调节节流阀
		水平手臂气缸损坏	将 PLC 拨至 STOP 并按下水平手臂气缸电磁阀手动按钮	未损坏	分析别的原因
				已损坏	更换新的气缸

【交流与探索】

1. 记录完成工作任务的过程和所用的时间，调试中出现的问题和解决的方法。

2. 交换检查另一组的零件装配装置的控制程序、调试设备，并做好记录，对调试结果进行分析评价。

3. 比较完成工作任务使用不同的编程方法有何异同，并说明各自编程方法的优劣。

4. 重新编写零件装配装置的控制程序，写出优化程序流程图，并总结注意事项。

5. 采用单个按钮实现起动停止控制的方法有哪些？

【完成任务评价】

任务评价见 4-12。

表 4-12　零件装配装置功能调试评价表

项目		评价内容	分值	学生自评	小组互评	教师评分
实践操作过程评价（50%）	工作程序规范（16%）	能够正确的使用 PLC 编程软件	2			
		能够正确的进行 PLC 与计算机通信设置	2			
		程序编写过程规范、合理	3			
		程序调试过程规范、合理	2			
		检查和调整的过程规范、合理	2			
		程序的修改规范、合理	2			
		PLC 指令应用娴熟	3			
	遇到困难的处理（5%）	能及时发现问题	2			
		有问题能想办法解决	2			
		遇到困难不气馁	1			
	个人职业素养（15%）	操作时不大声喧哗	1			
		不做与工作无关的事	1			
		遵守操作纪律	2			
		仪表仪态端正	1			
		工作态度积极	2			
		注重交流和沟通	2			
		能够注重协作互助	2			
		创新意识强	2			
		操作过程有记录	2			
实践操作成果评价（50%）	零件供给程序（15%）	初始状态的检查	3			
		顶料气缸动作满足要求	2			
		落料气缸动作满足要求	2			
		能够准确判断装置零件不足和零件没有的状态,并能够进行正确的指示	2			
		供给过程中不会发生零件卡死现象	2			
		能够连续的完成零件供给工作	4			

（续）

项目		评 价 内 容	分值	学生 自评	小组 互评	教师 评分
实践操 作成果 评价 （50%）	零件传送程序（9%）	初始状态的检查	3			
		旋转气缸动作满足要求	2			
		能够连续的完成零件传送工作	4			
	零件装配程序（17%）	初始状态的检查	3			
		机械手手爪动作满足要求	2			
		机械手上升下降动作满足要求	2			
		机械手伸出缩回动作满足要求	2			
		机械手整体动作顺序满足要求，零件的装配过程不会发生零件掉落现象	2			
		装配台上大工件的检测正常	2			
		能够连续的完成零件装配工作	4			
	记录和总结（9%）	过程的记录清晰、全面	3			
		能及时完成总结的各项内容	2			
		总结的内容正确、丰富	2			
		总结有独到的见解	2			

项目五

自动分拣装置的安装与调试

在自动化生产线上，由传送机构将物料或工件按照功能设计的要求传送到相应位置，经过识别、判断和信号处理，根据分拣的设计要求对物料或工件自动分拣的装置称为自动分拣装置。自动分拣是自动化生产中不可缺少的工艺过程，自动化生产线上常见的自动分拣装置如图 5-1 所示，自动分拣装置的结构外形和工作原理，根据分拣物料或工件的性质和形状各有不同。但基本的逻辑控制关系是相似的。

YL—335B 自动生产线实训设备中自动分拣装置是将上一装置送来的已加工、装配的工件进行传送分拣，使不同颜色组合的工件从不同的料槽分流，实现工件传送和分拣的过程，它能根据工件的分拣设计要求准确的进行分拣。

本项目通过进行自动分拣装置的机械安装、电路和气路的安装以及调试三个工作任务，学会如何安装、调试传送带传送和分拣机构，相关连接部件装配工艺，学习旋转编

a) 汽车生产线中玻璃自动分拣装置

b) 图书自动分拣系统

c) 物流分拣系统自动分拣分配装置

d) 物流配送自动分拣系统

图 5-1　自动线常用的自动分拣装置

e) 手机生产线中自动分拣包装装置　　　　f) 快递物件分拣中心全自动分拣系统

图 5-1　自动线常用的自动分拣装置（续）

码器、变频器、特殊功能模拟量模块 FX0N-3A 的使用、PLC 程序的写入和自动分拣装置的调试。

任务一　自动分拣装置机械部件的安装

【任务描述与要求】

根据图 5-2 所示自动分拣装置的机械总装图，在安装平台上安装图 5-3 所示的自动分拣

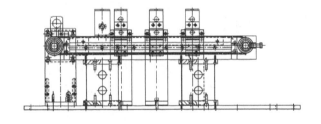
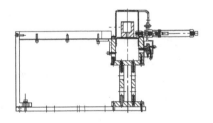

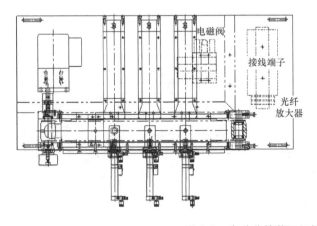

电磁阀

接线端子

光纤
放大器

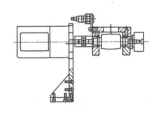

图 5-2　自动分拣装置机械总装图

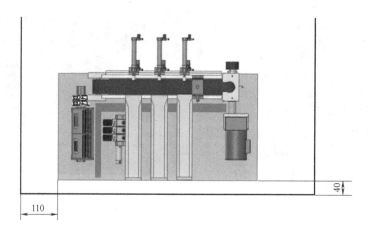

图 5-3　自动分拣装置安装效果图

装置的机械部件，组成自动分拣装置并满足：

1）按照部件组装顺序安装传送带传送机构和分拣机构，各部件安装牢固，无松动现象。螺栓选用符合要求。

2）联轴器两轴套外圆边在同一直线上，传送带主动辊轴与从动辊轴满足平行度要求，张紧度适中，传送带运行平稳，无跑偏、打滑与跳动现象。

3）传送带托板与传送带两侧板的固定位置调整适当，防止传送带安装后凹入侧板表面，造成推料被卡住的现象。

4）组装推料气缸时必须保证工件从料槽中间被推入，且不能推翻工件。

5）固定在底板上的自动分拣装置应根据尺寸要求安装在安装平台上。

【任务分析与思考】

1. 需要安装的自动分拣装置可以分成几种机构？各机构的名称分别是什么？

2. 需要安装的自动分拣装置各机构分别由哪些零部件组成？这些零部件是什么材质？

3. 总装图 5-2 所示的自动分拣装置需要哪些零部件和工具？

4. 按什么样的工艺步骤操作，才能快速、准确地安装好图 5-3 所示的自动分拣装置？

5. 在安装操作前，主要困难是什么？

【相关知识】

一、自动分拣装置的机械结构

工件在自动分拣的过程中要经历标识、传送、分拣到相应位置的过程。自动分拣装置的机械部分主要由传送带传送机构和分拣机构两部分组成，其中传送带传送机构是将已加工、装配的工件传送到应分拣的位置，分拣机构再将工件按分拣设计的要求进行标识，分拣到相应料槽（位置）。

二、传送带传送机构的安装要求

自动分拣装置的传送带传送机构结构示意图如图 5-4 所示，它由从动辊轴装配体、传送

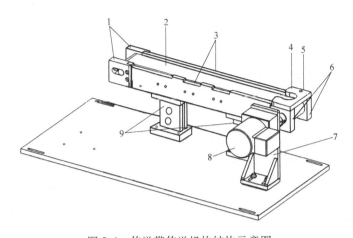

图 5-4　传送带传送机构结构示意图

1—从动辊轴左、右安装板　2—传送带　3—左、右侧铝板　4—导向块　5—旋转编码器
6—主动辊轴左、右安装板　7—减速电动机支架　8—减速电动机　9—传送机构支座

带、左、右侧铝板、导向块、旋转编码器、主动辊轴装配体、减速电动机支架、减速电动机、传送机构支座等组成。在安装时要按照一定的顺序组装，同时还应注意以下几点：

1）要仔细了解各部件的外形结构，在传送带传送机构中所处的位置和作用。

2）各部件的安装按顺序进行，安装位置一次到位，不返工。

3）在组装传送机构支座时，要注意右侧铝板的安装方向，调整好相互之间的位置，不能使传送带衬板受较大的外力作用而变形；传送带衬板的安装位置应尽量靠向左、右侧铝板的上方，使传送带的位置不低于料槽的底板，防止在工件分拣时顶到料槽的底板口，造成分拣不流畅。

4）为了使传动部分平稳可靠，噪声减小，使用了滚动轴承为动力回转件，但滚动轴承及其安装配合的零件均为精密结构件，对其拆装需一定的技能和专用的工具，建议不要拆卸。

5）进行传送带松紧调节，应使传送带松紧适度，转动主动辊轴时，传送带应能运动，无卡阻、打滑和跑偏现象。

6）安装操作时必须严格遵守安全操作规程，加强操作安全保障措施，确保人身和设备安全。

【任务实施】

一、自动分拣装置机械部件安装方法和步骤

由于大部分分拣机构的部件是安装固定在传送带传送机构上，所以应先安装传送带传送机构，待传送带传送机构安装完毕，再将分拣机构相关部件安装在传送带传送机构的左、右侧铝板上，然后将料槽安装立板固定在底板上，最后根据图 5-3 自动分拣装置机械部件安装效果图的安装尺寸，把底板固定在安装平台上。

安装前先在安装平台上画出底板的安装尺寸，确定底板在安装平台上的安装位置，然后再开始进行具体的安装。

1. 安装尺寸的确定

根据自动分拣装置在安装平台安装效果图要求，如图 5-3 所示，安装尺寸都在安装平台上，可选用一把 600mm 的钢直尺、300mm 直角三角板在安装平台上测量出相应的尺寸，并用 2B 铅笔做好记号。具体的操作过程如下：

（1）确定安装底板水平方向安装尺寸

将钢直尺靠安装平台的左侧边沿放置，并使钢直尺的长边和安装平台的长边对齐，钢直尺的刻度始端和安装平台的左端面（尺寸起始端）对齐后，用一只手固定直尺，另一只手将直角三角板的直角对准钢直尺 40mm 刻度位置，并让三角板的短直角边与钢直尺紧靠，然后按住三角板，用 2B 铅笔沿长直角边画一条直线，该直线就是安装底板的水平方向的定位线。

（2）确定安装底板垂直方向安装尺寸

将钢直尺靠安装平台的左侧边沿放置，并使钢直尺的长边和安装平台的左短边对齐，钢直尺的刻度始端和安装平台的左上端面（尺寸起始端）对齐后，用一只手固定直尺，另一只手将直角三角板的直角对准钢直尺 110mm 刻度位置，并让三角板的短直角边与钢直尺紧靠，然后按住三角板，用 2B 铅笔沿长直角边画一条直线，该直线就是安装底板的垂直方向的定位线。

2. 传送带传送机构

首先对传送带传送机构各个部件进行组装，然后再进行传送带传送机构的整体安装。根据表 5-1 所示的操作步骤、操作图示和操作说明，完成传送带传送机构的安装。

表 5-1　传送带传送机构各个部件的组装

操作步骤	部件名称	操作图示	操作说明
1	传送机构支座	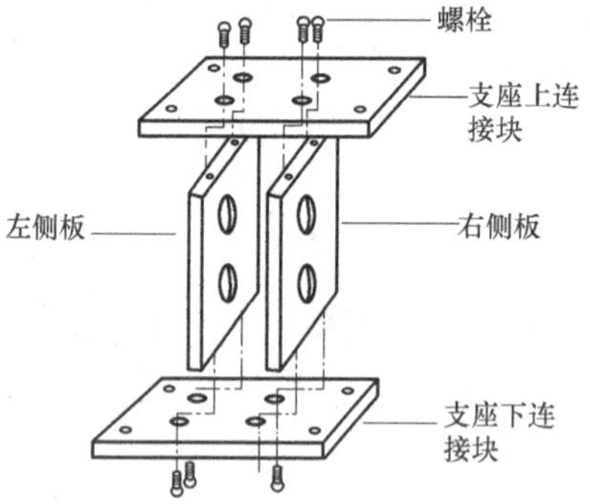 螺栓　支座上连接块　左侧板　右侧板　支座下连接块	1. 按顺序排列出上连接块、左侧板、右侧板、下连接块、16 颗 M4×12mm 内六角螺栓 2. 先将上连接块按图与左侧板、右侧板用 4 颗 M4×12mm 内六角螺栓进行固定连接 3. 再将下连接块按图与左侧板、右侧板用 4 颗 M4×12mm 内六角螺栓进行固定连接 4. 用相同的方法进行另一个支座的组装固定
2	传送机构主动辊轴轴承端板组件	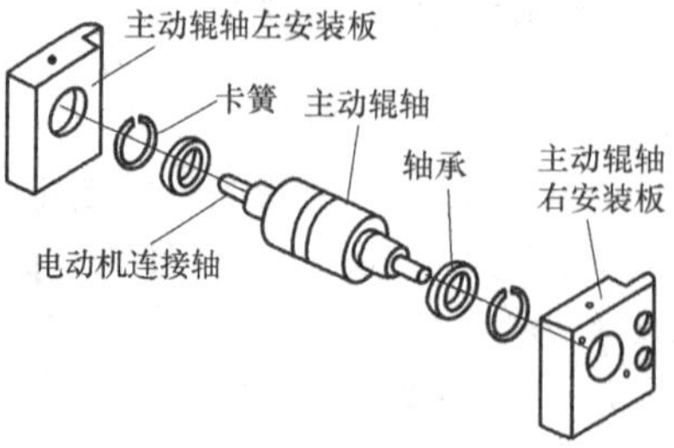 主动辊轴左安装板　卡簧　主动辊轴　轴承　主动辊轴右安装板　电动机连接轴	1. 将主动辊轴左、右侧安装板、两个轴承、两个卡簧、主动辊轴按顺序分拣摆好 2. 先将卡簧装到主动辊轴左、右侧安装板中 3. 再将轴承分别装配到主动辊轴左、右侧安装板中 4. 将主动辊轴左、右侧安装板套入主动辊轴进行转动看是否灵活，然后再将主动辊轴与主动辊轴左、右侧安装板分开按一定位置和顺序摆放

（续）

操作步骤	部件名称	操作图示	操作说明
2	传送机构组装	传送带支架	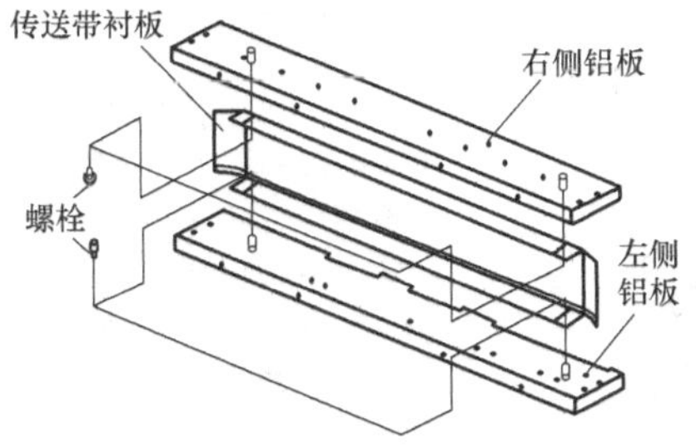 1. 将左、右侧铝板、传送带衬板、4 颗 M4×8mm 内六角螺栓、4 片 φ4mm 垫圈按顺序分拣摆放好 2. 将左侧铝板与传送带衬板用 2 颗 M4×8mm 内六角螺栓和 2 片 φ4mm 垫圈连接固定 3. 将右侧铝板与传送带衬板用 2 颗 M4×8mm 内六角螺栓和 2 片 φ4mm 垫圈连接固定,完成传送带支架的组装
		传送带支架与传送带和主动轮装配体组装	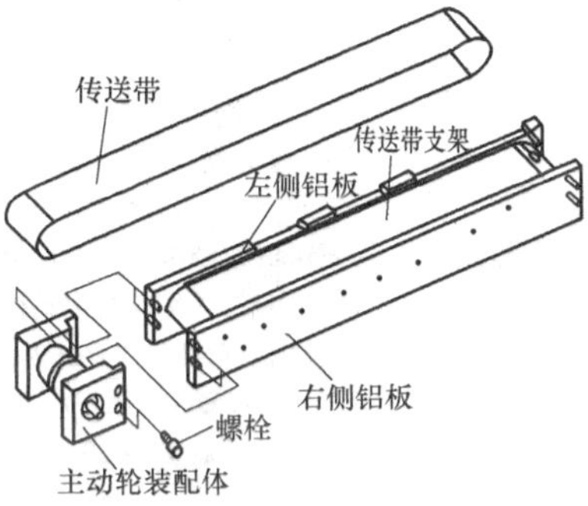 1. 将传送带支架、传送带、主动辊轴、主动轮左、右侧安装板、4 颗 M5×12mm 内六角螺栓按顺序分拣摆放好 2. 把传送带套在传送带衬板上 3. 将主动轮装配体的左侧安装板用 2 颗 M5×12mm 内六角螺栓齐边固定在左侧铝板上,主动辊轴电机连接轴按从右向左穿过传送带穿入左安装板的轴承中,再将右侧安装板的轴承套入主动辊轴另一边,用 2 颗 M5×12mm 内六角螺栓把右侧安装板齐边固定在右侧铝板上
		传送带支架与从动轮装配体的组装	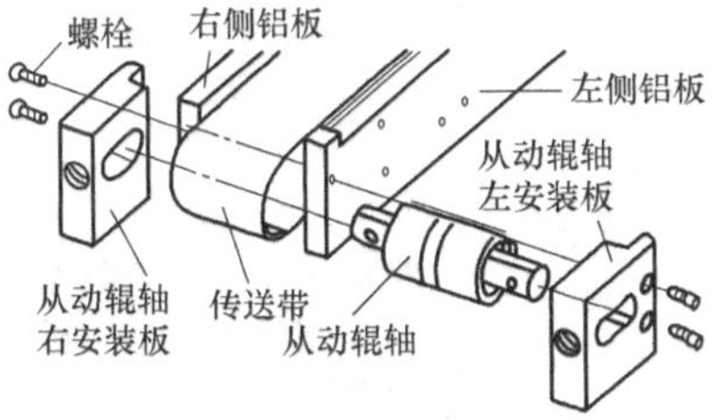 1. 将从动辊轴、从动辊轴左、右安装板、4 颗 M5×12mm 内六角螺栓按顺序分拣摆放好 2. 将从动辊轴从安装位置处穿入传送带,穿入从动辊轴右安装板轴孔内,用 2 颗 M5×12mm 内六角螺栓将从动辊轴右安装板固定在右侧铝板上,再将从动辊轴左安装板轴孔套入从动辊轴,用 2 颗 M5×12mm 内六角螺栓将从动辊轴左安装板固定在左侧铝板上
		从动辊轴调节螺栓与弹簧的安装	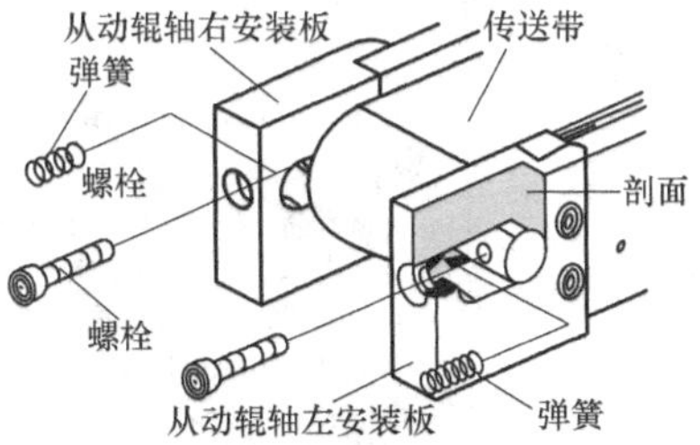 1. 将 2 颗 M6×34mm 从动辊轴调节螺栓和 2 盘 TR10×20 弹簧分拣出 2. 用尖嘴钳和一字螺钉旋具将弹簧放入轴孔内对正螺孔,2 颗 M5×12mm 调节螺栓穿入螺孔旋入从动辊轴螺孔
		传送带松紧的调节	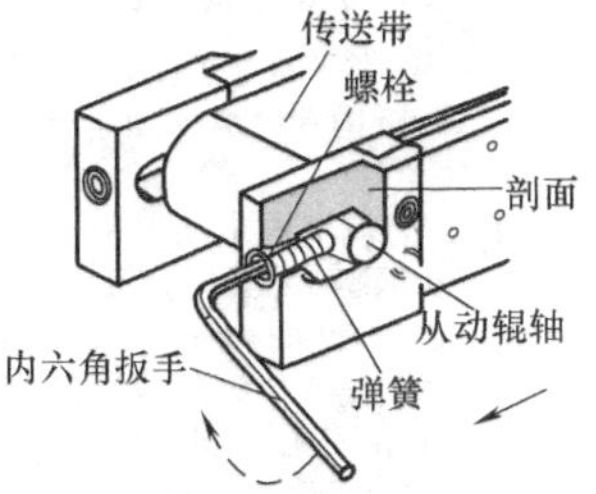 1. 用 M5mm 内六角扳手调节螺栓带动从动辊轴按箭头方向移动,从而逐步将传送带调节到张紧适度的状态 2. 调节传送带时还应转动传送带观察有无跑偏现象,传送带应保持在传送带衬板中间位置

（续）

操作步骤	部件名称	操作图示	操作说明
3	传送机构与支座、导向块的组装	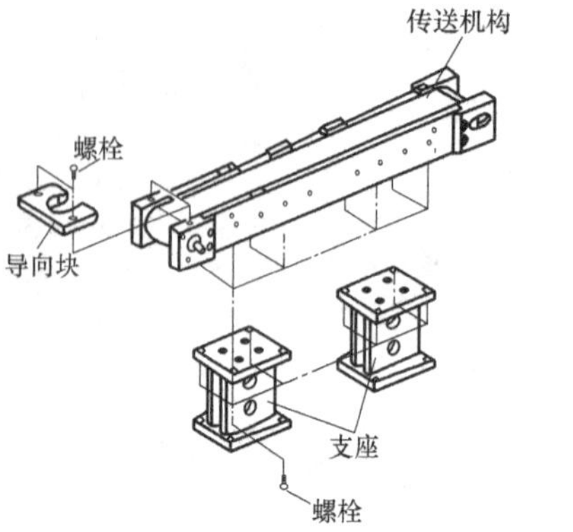	1. 将组装好的传送机构、导向块、两个支座、2颗 M4×10mm 内六角螺栓、8 颗 M4×14mm 内六角螺栓按顺序准备好 2. 把导向块与主动轮左、右安装板上侧端用 2 颗 M4×10mm 内六角螺栓固定 3. 再将两个支座与传送机构的左、右侧铝板用 8 颗 M4×14mm 内六角螺栓按图对角安装固定
4	驱动装配体的组装	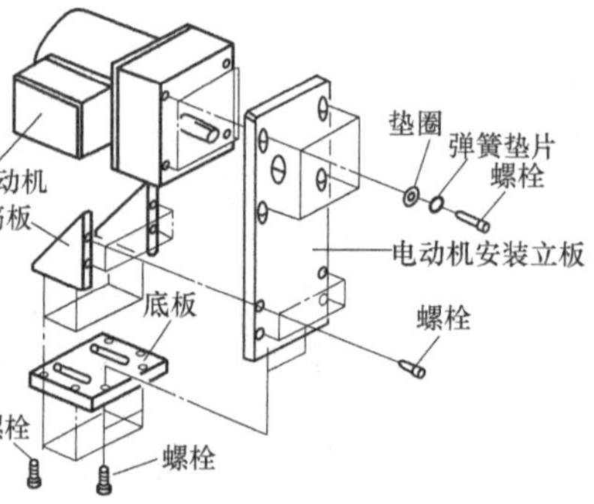 电动机支架与电动机的安装	1. 将电动机支架底板、2 块筋板、电动机安装立板、减速电动机、10 颗 M4×12mm 内六角螺栓、4 颗 M5×20mm 内六角螺栓、4 片 φ5mm 弹簧垫片、4 片 φ5mm 垫圈按安装顺序分拣摆放 2. 先把 2 块筋板与电动机安装立板用 4 颗 M4×12mm 内六角螺栓按图示固定，再将电动机支架底板与之用 6 颗 M4×12mm 内六角螺栓固定 3. 把 4 颗 M5×20mm 内六角螺栓分别配上 φ5mm 弹簧垫片和 φ5mm 垫圈，将减速电动机与安装立板按图示位置对应，配上弹簧垫片、垫圈的 4 颗螺栓分别穿过安装槽孔旋入螺孔，对角临时固定
		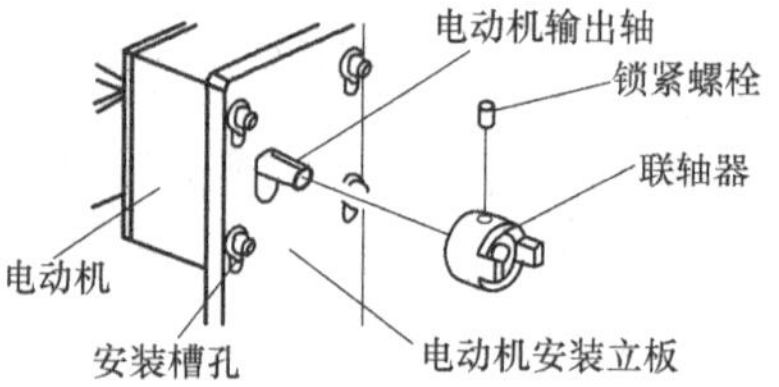 联轴器的安装	将联轴器的套筒按图套入电动机输出轴，使其到位，将联轴器套筒上的锁紧螺栓对应电动机输出轴上的键槽，旋紧锁紧螺栓
5	传送机构及支座与驱动装配体、底座的组装	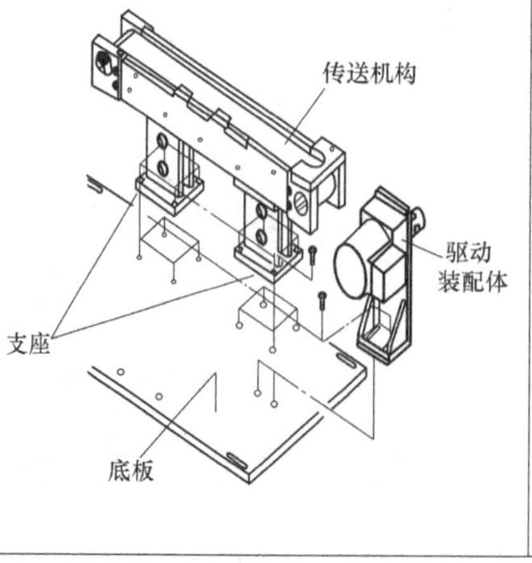 传送机构 驱动装配体 支座 底板	1. 将组装好的传送机构、驱动装配体、底板、联轴器另一半套筒、十字弹性滑块、橡胶垫片、2 片 φ6mm 垫圈、2 颗 M6×18mm 内六角螺栓、8 颗 M4×12mm 内六角螺栓按安装顺序分拣摆放 2. 把支座安装孔与底板的螺孔对应，用 8 颗 M4×12mm 内六角螺栓固定 3. 将联轴器套筒套入传送机构的主动辊轴上，套筒与主动辊轴左安装板距离 0.5mm，旋紧锁紧螺栓，将十字弹性滑块套入套筒 4. 将驱动装配体底部垫入减振胶垫，用 2 颗 M6×18mm 内六角螺栓固定到底板的安装孔（螺栓不要旋紧） 5. 调节固定在电动机轴上的套筒位置，使之与主动辊轴上套筒同轴后，下压安装立板，紧固电动机立板间的 4 颗螺栓 6. 将电动机向前推进，使两套筒与十字弹性滑块配合连接，此时旋紧套筒上垫片固定电动机支架与底板的 2 颗 M6×18mm 内六角螺栓

（续）

操作步骤	部件名称	操作图示	操作说明
6	旋转编码器的安装	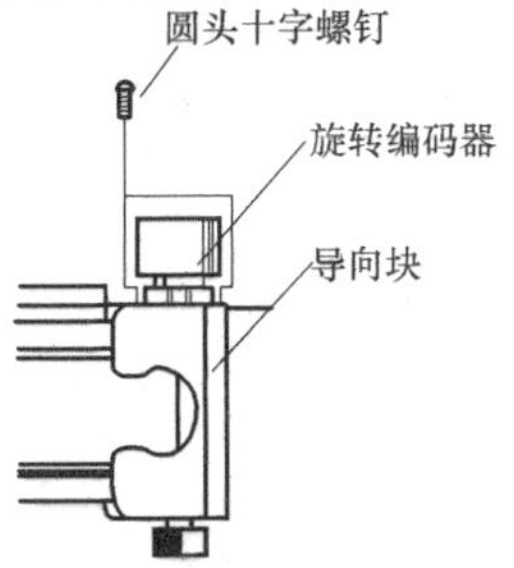	1. 将旋转编码器、2 颗 M3×6mm 圆头十字螺钉准备好 2. 将旋转编码器的内孔套入主动辊轴的一端，用 1.5mm 的内六角扳手旋紧两颗锁紧螺栓，把旋转编码器支架上的安装孔与主动轮装配体的右安装板固定孔对准，用 2 颗 M3×6mm 圆头十字螺钉固定
7	传送机构	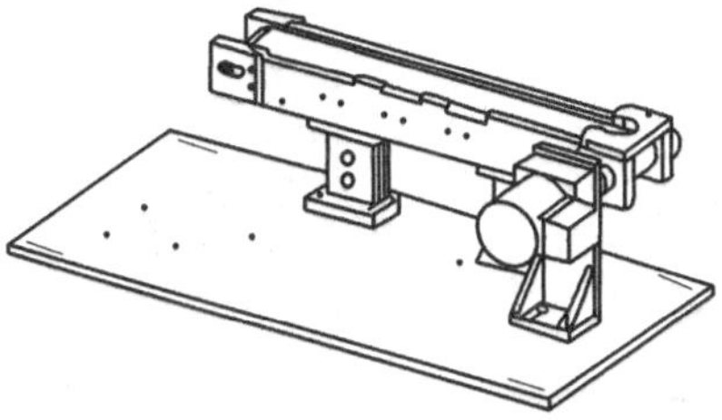	将组装好的传送机构及底板放到实训台上相应的位置

3. 分拣机构

以传送带传送机构为基础支架进行分拣机构各个部件的组装。根据表 5-2 所示的操作步骤、操作图示和操作说明，将分拣机构各部件安装在传送带传送机构上。

表 5-2　分拣机构各个部件的组装

操作步骤	部件名称	操作图示	操作说明
1	分拣机构支架、导轨的安装	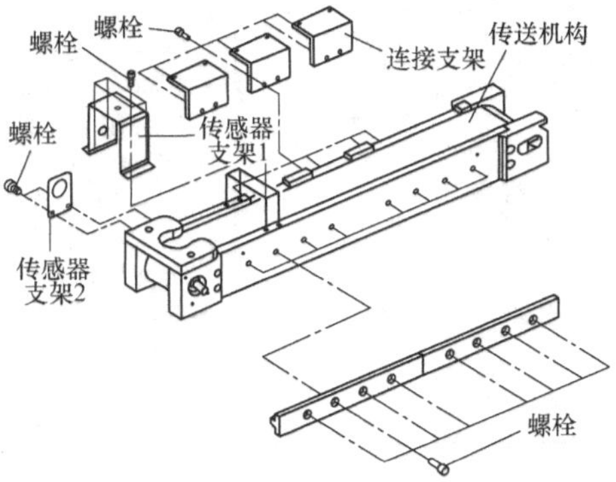	1. 将组装好的传送机构、3 块连接支架、传感器支架 1、传感器支架 2、2 条导轨、8 颗 M4×8mm、4 颗 M3×8mm、8 颗 M4×16mm 内六角螺栓、4 片 φ3mm 垫圈按安装顺序摆放 2. 先将 3 块连接支架用 6 颗 M4×8mm 内六角螺栓固定在左侧铝板上。 3. 将传感器支架 1 用 4 片 φ3mm 垫圈、4 颗 M3×8mm 内六角螺栓固定在左、右侧铝板上方 4. 将传感器支架 2 用 2 颗 M4×8mm 内六角螺栓固定在导向块上 5. 把 2 条导轨用 8 颗 M4×16mm 内六角螺栓固定在右侧铝板侧面，2 条导轨应安装为一条直线
2	分拣装配体的组装	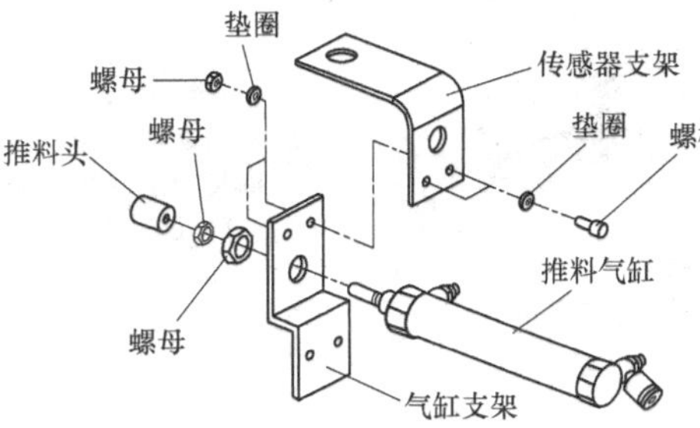	1. 将 3 块气缸支架、3 支推料气缸、3 块传感器支架、3 颗 M10 螺母、3 颗 M5 螺母、3 个推料头、12 片 φ4mm 垫圈、4 颗 M4 螺母、6 颗 M4×8mm 内六角螺栓按安装顺序摆放 2. 按图先将推料气缸与气缸支架用 M10 螺母固定，把 M5 螺母旋入活塞杆螺纹端，再将推料头适当旋入活塞杆螺纹处，并锁紧 M5 螺母 3. 将传感器支架与气缸支架用 φ4mm 垫圈、6 颗 M4×8mm 内六角螺栓按图组合固定 4. 按照上述方法完成 3 套组件的安装

（续）

操作步骤	部件名称	操作图示	操作说明
3	把分拣装配体安装到导轨	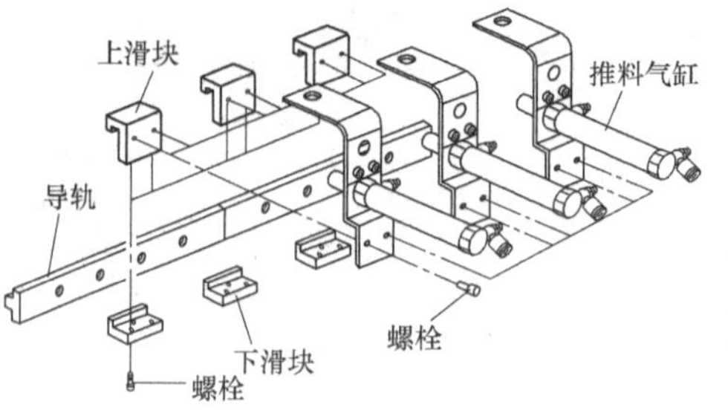	1. 将3块上滑块、3块下滑块、3套分拣装配体、6颗M3×10mm、3颗M4×12mm、6片φ4mm垫圈、6颗M4×8mm内六角螺栓按安装顺序摆放 2. 分别将上滑块与下滑块组合套在导轨上，用6颗M3×10mm内六角螺栓固定完成3套滑块的组合 3. 再分别将3套分拣装配体与滑块配合用6片φ4mm垫圈、6颗M4×8mm内六角螺栓固定
4	存储装配体的组装	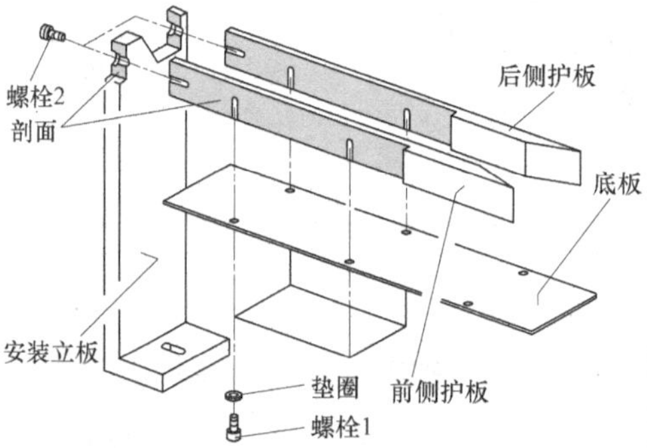	1. 将3块前侧护板、3块后侧护板、3块底板、3块安装立板、12片φ4mm垫圈、12颗M4×10mm、6颗M4×14mm内六角螺栓按安装顺序摆放 2. 先将1块前侧护板、1块后侧护板、1块底板按图用4片φ4mm垫圈、4颗M4×10mm内六角螺栓固定 3. 再将1块安装立板照图用2颗M4×14mm内六角螺栓与前、后侧护板固定 4. 按照步骤2、3进行另外两套存储装配体的组装
5	存储装配体的固定	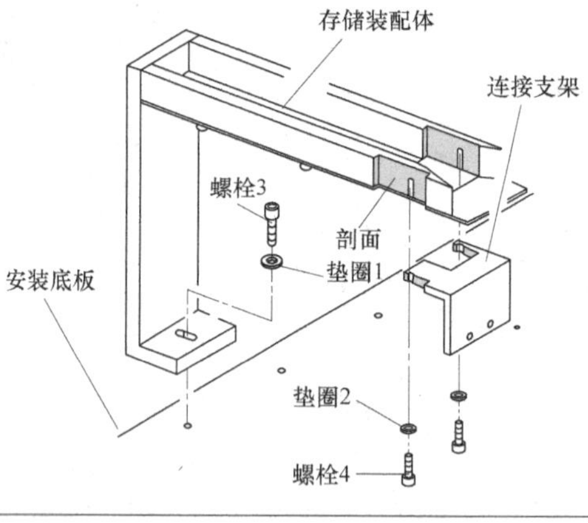	1. 将组装好的3套存储装配体、6颗M4×8mm内六角螺栓、3片φ6mm垫圈、3颗M6×20mm内六角螺栓准备好 2. 将组装好的存储装配体分别用2颗M4×8mm内六角螺栓与连接支架固定，用1片φ6mm垫圈、1颗M6×20mm内六角螺栓与底板固定 3. 用同样方法进行另外两套存储装配体的固定
6	存储与分拣装配体的位置调整	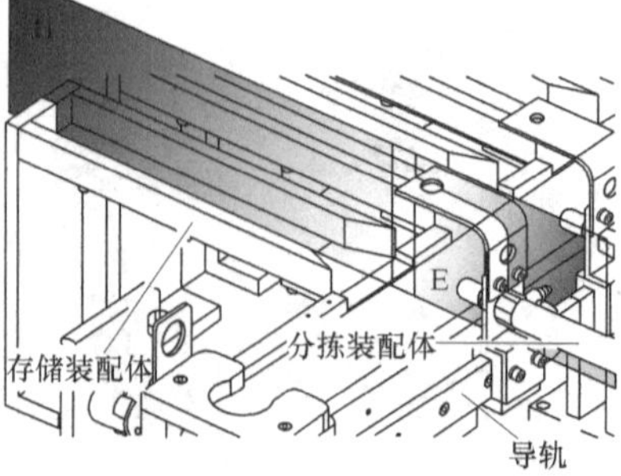	固定好存储装配体后，应适当调整分拣装配体滑块的位置，使存储装配体与推料气缸在同一条中心线上

（续）

操作步骤	部件名称	操作图示	操作说明
7	工件入槽的调试	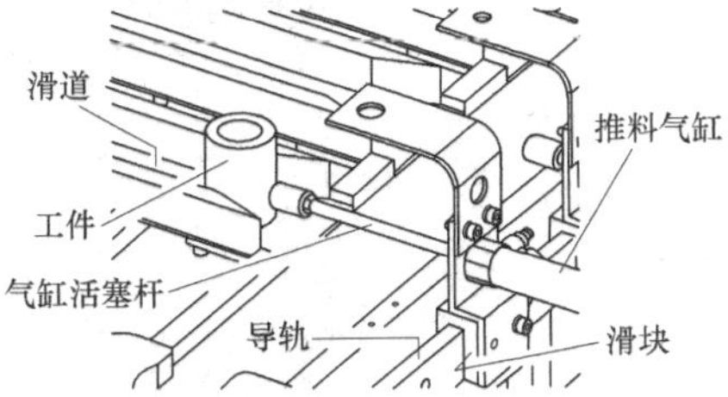	然后把工件放上传送带摆在推料头前,手动拉出气缸活塞杆,检查工件能否准确推入滑道
8	分拣装配体的固定	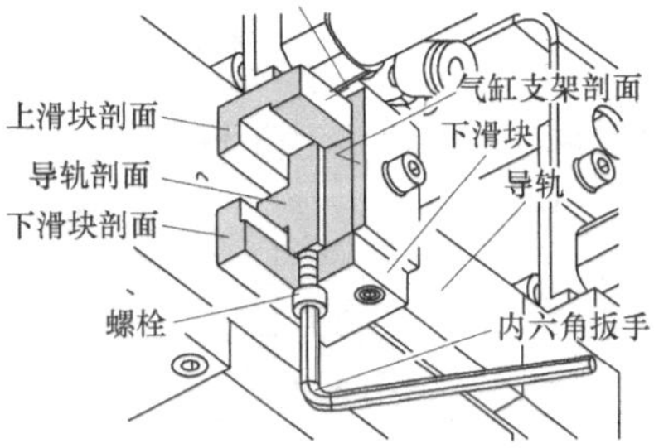	分拣装配体位置确定后,用 3 颗 M4 × 12mm 内六角螺栓分别从 3 块下滑块的螺孔旋入,用 M3 的内六角扳手将螺栓旋紧,固定滑块的移动
9	组装完成	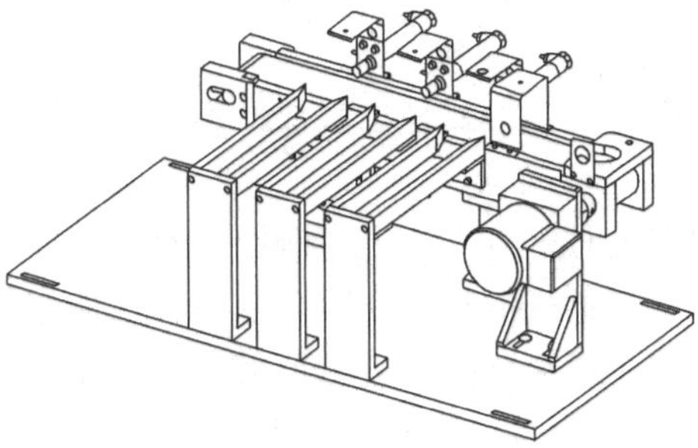	这样就完成了分拣机构在传送机构上的组装
10	安装在安装平台上	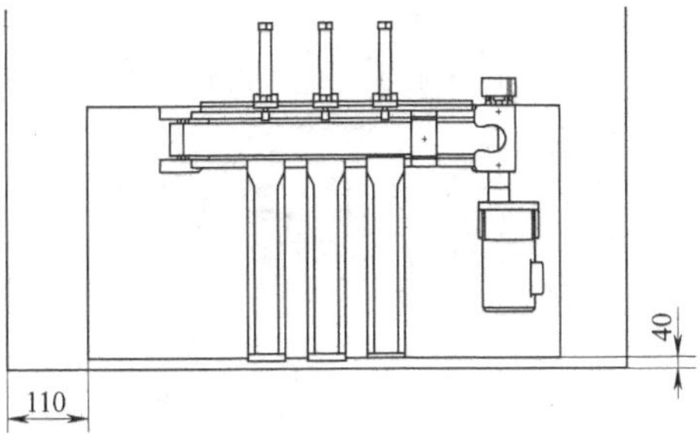	先把 4 颗 M6 的椭圆形螺母从上往下适当旋入底板的 4 颗 M6 × 24mm 内六角螺栓中,再将螺母从安装平台侧面嵌入相应的安装槽内,并滑动螺母使底板移到尺寸定位线的位置

4. 其他组件

根据图 5-5 所示自动分拣装置安装示意图的要求，按以下步骤完成其他部件的安装。

1）用 4 颗 M4×30mm 圆头十字螺钉带 φ4mm 垫片将电磁阀组固定到相应的安装孔。

2）用 2 颗 M4×10mm 内六角螺栓带 φ4mm 垫片将接线端口安装导轨安装到底板相应的位置。

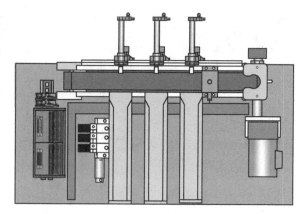

图 5-5　自动分拣装置安装示意图

3）最后将接线端子和光纤传感器的放大器组装到安装导轨上。

4）将线槽固定在底板上。

二、自动分拣装置机械部件安装技巧和注意事项

1. 传送带传送机构

1）在进行安装的过程中，应注意工具的正确使用方法，特别是内六角扳手在旋紧螺栓的过程中不要出现违反安全的操作，发生造成人身伤害的情况。

2）将电动机安装在电动机支架上时，注意电动机接线盒的方向在电动机支架的左侧，电动机只能预固定在电动机支架上，改变电动机的位置来调整联轴器两套筒的配合时，应尽量在一条轴线上，联轴器套筒与主动轮轴左安装板距离 0.5mm；固定电动机支架时不要忘了垫入减振垫片。

3）安装旋转编码器时，应注意安装位置，要轻拿轻放，不要产生振动。

2. 分拣机构

1）进行料槽连接支架与导轨的安装时，应先确定左侧铝板和右侧铝板的位置再安装。

2）安装弓形传感器支架时应注意电感式传感器安装孔在左侧铝板方向。

3）气缸支架与分拣气缸组装时，注意气缸支架的形状和位置，节流阀应安装在分拣气缸右侧水平位置，不能让气缸上的节流阀受力，以避免折断节流阀，影响节流阀的调整。

4）滑块安装时，注意上滑块与下滑块的位置，不能互换颠倒。

5）调整分拣装配体与存储装配体的位置时，使存储装配体与分拣气缸在同一条中心线上。

6）3 只分拣气缸的推料头应尽量调整在一条直线上，节流阀应在同一方向和水平位置。

7）固定存储装配体时，先将安装立板固定在底板上，底板上的螺栓和前后侧板与连接支架的螺栓分别旋入螺孔，然后再交替旋紧。

8）组装好的分拣装置由于底板较重，在实训台上搬动调整的过程中，应两人配合操作，注意安全。

三、检查调整

1. 安装位置的检查调整

（1）安装尺寸的检测与调整

用钢直尺测量安装底板在实训台上的安装尺寸，保证安装尺寸与图纸要求的尺寸误差小于±1mm。若不符合要求，则可松开相应的固定螺栓进行调整。

（2）没有尺寸要求的部件安装位置检查和调整

电磁阀组和接线端口、安装导轨都没有安装尺寸的要求，但是电气线路布线工艺要求导线入线槽布线，所以周边应留有安装线槽的位置，尽量让这些没有尺寸的部件安装位置和图5-3的要求完全一致。若不一致则可松开相应的固定螺栓进行调整。

2. 传送带传送机构的检查调整

1）用手拉动传送带，观察其转动是否顺畅，松紧是否适中，若不顺畅或过松过紧，则通过调节螺栓进行调整。

2）用手转动联轴器，观察其动作是否顺畅，联轴器两套筒是否同轴，若不顺畅或不同轴，则需要检查调整电动机安装支架、电动机固定的位置。

3）由于传送带传送机构的安装没有尺寸要求，应根据图5-4所示传送带传送机构结构示意图对照检查有无安装位置错误和遗漏的情况，用直角尺测量电动机安装支架是否垂直，若不垂直，则进行缓冲胶垫的调整。

4）用水平仪测量传送带是否水平，若不水平，则进行支座的调整。

5）转动传送带，检查传送带是否平稳运行，有无打滑、跑偏与跳动现象，如果有，调节从动辊轴调节螺栓，使之满足平行度要求；张紧度应适中，使传送带平稳运行，传送带应保持在传送带衬板中间位置。

6）检查各安装固定位置的垫圈、弹簧垫片、螺栓是否按要求装配和固定。

3. 分拣机构的检查调整

1）应根据图5-3所示自动分拣装置安装效果图对照检查各部件有无安装位置错误和安装遗漏的情况。

2）检查传感器支架安装位置和方向有无错误。

3）检查三个分拣气缸的节流阀是否在同一方向，如果不在同一方向，应进行调整。

4）检查存储装配体与分拣气缸是否在同一条中心线上，工件能否准确推入滑道，如果不在同一条中心线上，进行滑块位置调整。

5）检查各安装固定位置的垫圈、弹簧垫片、螺栓是否按要求装配和固定。

【交流与探索】

1. 本任务介绍了自动分拣装置传送带传送机构各部件的名称、形状以及各部件的作用。

2. 详细描述了传送带传送机构的安装顺序、工具的选用和规范操作的方法。

3. 详细描述了分拣机构的组装顺序、工具的选用和规范操作的方法。

4. 介绍了机械部件在组装中的相关技巧和调试方法。

5. 该自动分拣装置如果用于饮料瓶分类入库的分拣，应如何进行装置改造？传感器应如何选用？

6. 如果将该自动分拣装置改造为物流中心的商品分拣投送装置，采用什么方法能准确进行货物投送区域的识别？

【完成任务评价】

任务评价见表5-3。

表5-3　自动分拣装置机械安装评价表

项目		评价内容	分值	学生自评	小组互评	教师评分
实践操作过程评价（50%）	安全文明操作（14%）	按要求穿着工作服	2			
		工具摆放整齐	2			
		完成任务后及时清理工位	2			
		不乱丢杂物	2			
		未发生机械部件撞击事故	3			
		未造成设备或元件损坏	3			
	工作程序规范（16%）	安装的先后顺序安排恰当	2			
		安装过程规范、程序合理	2			
		工具使用规范	3			
		安装操作过程返工次数少	2			
		安装结束后进行检查和调整	2			
		检查和调整的过程合理	2			
		操作技能娴熟	3			
	遇到困难的处理（5%）	能及时发现问题	2			
		有问题能想办法解决	2			
		遇到困难不气馁	1			
	个人职业素养（15%）	操作时不大声喧哗	1			
		不做与工作无关的事	1			
		遵守操作纪律	2			
		仪表仪态端正	1			
		工作态度积极	2			
		注重交流和沟通	2			
		能够注重协作互助	2			
		创新意识强	2			
		操作过程有记录	2			
实践操作成果评价（50%）	安装尺寸和位置（12%）	能正确确定安装尺寸、准确安装部件	4			
		实训台上各部件的相对位置正确	2			
		输送机构安装方向准确	2			
		联轴器套筒安装同轴、电机转动无异常	2			
		分拣气缸能准确将工件推入料槽	2			
	各机械部件的固定（13%）	机械部件安装所选用的紧固件正确	5			
		安装固定的牢固度合适	3			
		从动辊轴调节螺栓的安装位置正确	2			
		旋转编码器转子与主动辊轴固定准确	1			
		电磁阀组、接线端口的安装符合要求	2			
	分拣装置各部件的运动（16%）	传送带运转顺畅	4			
		联轴器转动平稳套筒无甩动	2			
		工件在传送中无机械部件阻挡	2			
		分拣气缸推料顺畅、到位	2			
		主、从动辊轴转动时，无明显噪音	4			
		传送皮带在运转中无颤动	2			
	记录和总结（9%）	过程的记录清晰、全面	3			
		能及时完成总结的各项内容	2			
		总结的内容正确、丰富	2			
		总结有独到的见解	2			

【任务描述与要求】

根据图 5-6 所示自动分拣装置电气原理图和图 5-7 所示气路系统图完成自动分拣装置的电路和气路安装，并达到以下要求：

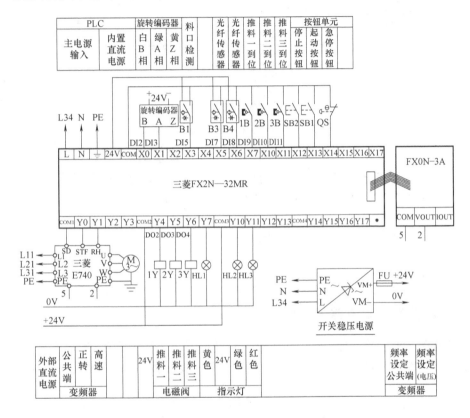

图 5-6　自动分拣装置电气原理图

1. 按工艺与技术要求进行电气部件与电气线路安装连接。具体要求如下：

1）各电气部件安装位置、方向正确牢固，无松动现象。

2）连接导线规格、颜色选择正确。

3）所有连接导线线头两端都有线号，线号方向统一。

4）连接导线按照板前线槽布线的工艺要求进行布线。

5）进行传感器、磁性开关等引线在"连接信号源侧接线端子"上的连接时，按位置要求进行连接。

2. 按工艺与技术要求进行气路连接。

【任务分析与思考】

1. 如何进行各电气部件的安装，它们的名称分别是什么？安装顺序又如何？

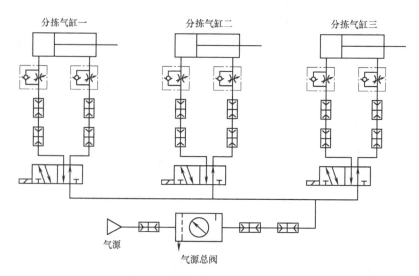

图 5-7　自动分拣装置气路系统图

2. 在进行气路连接时，所涉及的各个部件的名称分别是什么？

3. 图 5-6 所示电气原理图中的电气部件和电气线路安装需要哪些紧固件和工具？

4. 按什么样的工艺步骤，能快速地安装好图 5-6 所示的电气部件？

5. 电气线路、气路的连接顺序是什么？有什么工艺要求？

6. 在电路、气路的连接操作前，可能存在的问题是哪些？

【相关知识】

一、自动分拣装置电路的结构

自动分拣装置的电路部分由光电传感器、光纤传感器、磁性开关、旋转编码器、接线端子、可编程序控制器（PLC）、开关电源、控制单元、变频器、单相熔断器、PLC 模拟量扩展模块等组成。

二、编码器

1. 编码器概述

在工业领域中，编码器是指将位移转换成数字信号的传感器设备。编码器用于检测机械运动的速度、位置、角度、距离或计数，可以把角位移或直线位置转换成电信号。编码器特别是旋转编码器被广泛应用于机床、材料加工、电动机反馈系统以及测量和控制设备等。

2. 编码器分类

编码器有很多种类，根据其刻度方法及信号输出原理，可分为增量编码器、绝对值编码器以及混合式三种；根据检测原理，编码器可分为光电编码器、磁性编码器、磁感应式编码器和电容式编码器。自动分拣装置一般使用增量式旋转编码器，该编码器的结构如图 5-8 所示。

3. 增量式旋转编码器

1）结构和原理。旋转码盘上刻有节距相等的辐射光透光缝隙，检测光栅上刻有 A、B

两组与码盘相对应的透光缝隙，用以通过或阻挡光源和光电检测器件之间的光线，并且节距和码盘节距相等，而两组透光缝隙错开 1/4 节距，使得光电检测器件输出的 A、B 相信号在相位上相差 90°。

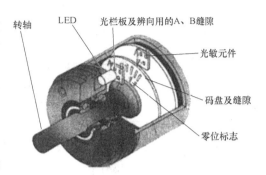

图 5-8　增量式旋转编码器结构示意图

该编码器的工作原理是当编码器旋转时，光电检测器件检测到 A、B 两相缝隙的光信号，发出脉冲电信号，通过计数脉冲数量检测出旋转的角位移，从而检测出运动部件的位移。

编码器旋转一圈发出的脉冲数称为编码器的分辨率，我们所使用的编码器的分辨率为 500；编码器发出相邻两个脉冲之间对应的被检测部件发生的位移称为脉冲当量。

2）电路连接方法。本分拣装置应用的是省线式增量旋转编码器，该编码器一般有黄、白、绿、黑、棕 5 种颜色的连接线各 1 根，黄色为 Z 相，白色为 A 相，绿色为 B 相，棕色和黑色分别为电源的正和负极连接线。当编码器和 PLC 结合使用时，根据控制需要，将黄、白、绿连接 PLC 输入端，棕色线与直流电源"+24V"端连接，黑色线与直流电源的"0V"端连接。

【任务实施】

自动分拣装置电路和气路的安装是在安装机械部件及其相关附件的基础上进行的，可以先安装好电路，再安装气路，具体可参考以下方案来完成。

一、安装 YL—335B 分拣装置电路

安装分拣装置电路时，首先要断开电源开关，将电路中的各个元器件安装到位，然后再连接电路，最后进行检测，具体方法和步骤如下：

1. 安装自动分拣装置电气部件

在进行电路连接之前，首先应对电气部件及其配件进行安装。

1）将 1 根 25mm×50mm×38mm 线槽、2 根 25mm×50mm×33mm 线槽、2 根 25mm×50mm×59mm 线槽、12 颗 M4×8mm 圆头十字螺钉、12 颗 M4 螺母、1 把 MWS-24-1 活动扳手、1 把 5×75mm 十字螺钉旋具准备好。按照图 5-9 所示在工作台正面左侧抽屉板的网孔板上将 5 条线槽底板用圆头十字螺钉从上到下穿入线槽底板和网孔板，分别用螺母进行固定。

2）将变频器用 4 颗 M4×18mm 圆头十字螺钉、4 颗 M4 螺母在网孔板的左上角进行固定。

3）在变频器右侧把 160mm×35mm×8mm 安装导轨（铝合金）用 2 颗 M4×8mm 圆头十字螺钉、2 颗 M4 螺母、2 片 φ4mm 垫圈进行固定。再将 PLC 输入、输出接线端子（PLC 侧二层）安装固定在导轨（铝合金）上。

4）在 PLC 输入、输出接线端子右侧把 YL—003 开关电源用 2 颗 M4×8mm 圆头十字螺钉、2 颗 M4 螺母、2 片 φ4mm 垫圈进行固定。

5）在变频器的下方将可调电位器与接线端子组件用 4 颗 M4×8mm 圆头十字螺钉、4 颗

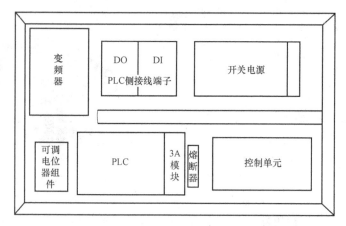

图5-9　自动分拣装置电气部件及电路安装示意图

M4 螺母固定在网孔板上。

6）在可调电位器与接线端子组件的右侧把 210mm×35mm×8mm 安装导轨（铝合金）用 2 颗 M4×8mm 圆头十字螺钉、2 片 ϕ4mm 垫圈、2 颗 M4 螺母进行固定。再将 PLC 的基本单元、FX0N-3A 模块、单相熔断器安装在导轨上。

7）在单相熔断器的右侧将 YL-Z-17 控制单元用 4 颗 M4×8mm 圆头十字螺钉、4 片 ϕ4mm 垫圈、4 颗 M4 螺母进行固定。

8）把 3 只 D—C73L 磁性开关，3 个 ϕ17mm 轴用卡环带螺钉，1 只 MHT15—N2317 光电传感器，2 只 E32—DC200RV 光纤传感器（光纤头）以及相关工具按顺序进行准备；将 3 只 D—C73L 磁性开关用 3 个 ϕ17mm 轴用卡环带螺钉在推料气缸外筒上方距进气封口端约 0.7mm 处分别进行安装固定，安装位置和方向一致。

9）按图 5-10 所示把光电传感器、光纤传感器（光纤头）安装到相应位置；弓形支架上安装的光纤传感器（光纤头）伸出安装孔 10mm 左右，另一光纤传感器（光纤头）旋入导向块侧边螺纹孔 10mm 左右。

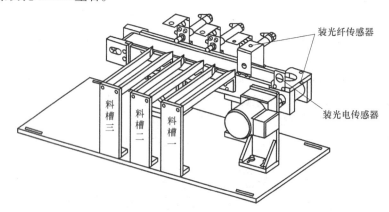

图5-10　自动分拣装置机械部件示意图

2. 连接编码器线路

将编码器白、绿、黑、棕 4 种颜色的 4 根连接导线按照工艺要求分别连接到装置侧输入接线端口的 X0、X1 端和输出接线端口的 0V、24V 端。

3. 连接传感器线路

1）将两个光纤传感糕的光纤线分别连接到相应的放大器光纤压接口。

2）分别将料口检测传感器、2 个光纤传感器、3 个推杆前限的磁性传感器连接导线做好接线端子。

3）将料口检测传感器、光纤传感器 1、光纤传感器 2 的黑色线分别连接到输入接线端口 X3、X5、X6 端，其棕色线和蓝色线分别连接到输入接线端口 "+24V" 和 "0V" 端。

4）将推杆一到位传感器、推杆二到位传感器、推杆三到位传感器棕色线分别连接到输入接线端口 X7、X10、X11 端，将其蓝色线连接到输入接线端口 "0V" 端。

4. 连接电磁阀线路

1）将电磁阀组连接线做好接线端子。

2）将推料一、推料二、推料三电磁阀的红色线分别连接到输出接线端口 Y4、Y5、Y6 端，将其绿色线连接到输出接线端口 "0V" 端。

5. 连接交流电动机线路

将交流电动机连接电缆中的 4 根导线做好接线端子，然后将双色线连接到接线端子排接地端，另外 3 根线按照红绿黄的顺序连接到接线端子排。

6. 连接 PLC 线路

（1）连接 PLC 电源线路

将 RVV3×0.5mm² 电源线用 SV1.25—4 叉型冷压绝缘接线端子按颜色对应分别进行线头压接，一端按棕、篮、白色的顺序与 PLC 输入端的 "L、N、接地" 分别连接，另一端按棕、蓝、白色的顺序与开关电源的 "L、N、接地" 分别连接，在编码套管上写上对应的编号。

（2）连接 PLC 输入线路

1）PLC 输入端子的接线用 1 根 RV0.5mm² 蓝色线经 1.0mm² 冷压绝缘接线端子压接后，一端与 PLC 的 "COM" 端连接，另一端与图 5-23 中连接 PLC 输入端子的 "0V" 连接，在编码套管上写上 "COM" 的编号。

2）PLC 输入端子的接线用 RV0.5mm² 绿色线经 1.0mm² 冷压绝缘接线端子压接后，线头两端分别套上编码套管，将 PLC 的输入端 "X0～X11" 分别与 "连接 PLC 输入端子" 的 "DI2～DI11" 对应连接，在编码套管上写上对应 PLC 输入端的编号。

3）将 PLC 的输入端 "X12" 用绿色线与控制单元的 "SB2" 一接线端连接，"X13" 与 "SB1" 一接线端连接，"X14" 与 QS 的一接线端连接，"X15" 与 "SA" 的一接线端连接，在编码套管上写上对应 PLC 输入端的编号。各开关按钮的另一接线端用蓝色线相互连接后接入 "连接 PLC 输入端子" 的 "0V" 端，在编码套管上写上 "0V" 的编号。

4）分别用红色、蓝色线压接冷压绝缘接线端子后，将 "连接 PLC 输入端子" 与 "连接 PLC 输出端子" 的 "+24V" 和 "0V" 连接，在编码套管上写上 "+24V" 和 "0V" 的编号。

（3）连接 PLC 输出线路

1）PLC 输出端子的接线用 RV0.5mm² 红色线经 1.0mm² 冷压绝缘接线端子压接后，将 PLC 输出的 "COM2" 端与 "COM3" 端连接，然后再引到 "连接 PLC 输出端子" 的 "+24V" 连接，在编码套管上写上 "+24V" 的编号。

2）PLC 输出端子的接线用 RV0.5mm² 黄色线经 1.0mm² 冷压绝缘接线端子压接后，将

PLC 输出的 "Y4" 端与 "连接 PLC 输出端子" 的 "DO2" 连接，在编码套管上写上 "Y004" 的编号；将 PLC 输出的 "Y5" 端与 "连接 PLC 输出端子" 的 "DO3" 连接，在编码套管上写上 "Y005" 的编号；将 PLC 输出的 "Y6" 端与 "连接 PLC 输出端子" 的 "DO4" 连接，在编码套管上写上 "Y006" 的编号。

3）PLC 输出端子的接线用 RV0.5mm² 黄色线经 1.0mm² 冷压绝缘接线端子压接后，将 PLC 输出的 "Y7" 端与控制单元的 "HL1" 端连接，在编码套管上写上 "Y007" 的编号；将 PLC 输出的 "Y10" 端与控制单元的 "HL2" 端连接，在编码套管上写上 "Y010" 的编号；将 PLC 输出的 "Y11" 端与控制单元的 "HL3" 端连接，在编码套管上写上 "Y011" 的编号；再把 "HL1、HL2、HL3" 的另一接线端用 RV0.5mm² 蓝色线经 1.0mm² 冷压绝缘接线端子压接后连接，接到连接 PLC 输出端子的 "0V" 端子上，在编码套管上写上 "0V" 的编号。

7. 控制箱与装置接线端口的连接

1）用 25 针公对公串口线将 "连接 PLC 输入端子" 与 "连接信号源端子" 进行插接，拧紧固定螺钉。

2）用 15 针公对公串口线将 "连接 PLC 输出端子" 与 "连接执行元件端子" 进行插接，拧紧固定螺钉。

最后将连接的导线整理放入线槽内，盖上线槽盖板；把开关电源接线端子盖板安装上。通过以上的操作，就完成了自动分拣装置电气线路的连接。

二、连接分拣装置气路

由于气路连接中相关的部件在自动分拣装置机械部件组装时已经安装，这里只需根据图 5-7 的气路系统图用气管进行气路连接。

1）将 6×4mm PU 气管（约 0.5m）、4×2.5mm PU 气管（橙、蓝色各约 3.6m）、3×100mm 尼龙扎带按顺序排列摆放。

2）将 6×4mm PU 气管（约 0.5m）一端插入气动二联件接气口，另一端插入电磁阀组件的汇流板接气口上。

3）根据从汇流板接气口开始的顺序，电磁阀组中第一个单电控电磁阀控制第一个分拣气缸，以此类推。将 4×2.5mm 橙色的 PU 气管一端插入单电控电磁阀回气口、另一端插入分拣气缸缩回节流阀接气口（从推料气缸下方）；将 4×2.5mm 蓝色的 PU 气管一端分别插入单电控电磁阀的出气口、另一端插入分拣气缸伸出节流阀接气口（从推料气缸下方）。

4）把气管整理好顺序后从分拣气缸一端按照间隔距离 50~80mm 进行绑扎，尼龙扎带头的方向要一致，绑扎紧固。

5）绑扎到电磁阀组件一端时，将较长的气管进行调整剪切，使之整齐排列，无交叉，长短适当。

6）用斜口钳剪去尼龙扎带多余部分，适当进行气路的整理，使之不影响机械部件的正常工作。

三、检查与调整

1. 电路的检查与调整

1）应根据图 5-9 和图 5-10 对照检查各部件有无安装位置错误和安装松动的情况。

2）根据图 5-6 自动分拣装置电气原理图按顺序分模块对照接线台面进行检查，确认所有接线有无错误。

3）注意检查各磁性开关、传感器接线的极性不能接反。

4）导线线头应处理干净，所有线头做冷压绝缘接线端子处理，无线芯外露，线端应套规定的编号。

5）导线在接线端子上的压接程度，以用手稍用力外拉不动为宜。

6）导线走向应该平顺有序，不得重叠挤压折曲。用扎带绑扎的导线力求整齐美观，无交叉。

7）变频器的接地端一定要接有可靠的保护地线。

8）用数字万用表的电阻档对电气线路进行检查分析，有无阻值为异常的情况，如果有应认真分析查找出问题所在。

9）闭合总电源开关 QF1 和电源开关 QF9，观察各电气部件有无异常反应，是否处于正常状态。

10）分拣气缸在伸出位置时观察 3 个磁性开关的指示灯是否发光，如果没有发光，应进行测量检查和位置调整使之正常发光；推料杆缩回时灯应熄灭。

11）用白色和黑色两种不同颜色的工件分别放在光电、光纤传感器前面，调整位置来观察指示灯判断检测是否正常，并调整灵敏度达到需要的效果。

2. 气路的检查与调整

1）查看气路各部件的安装位置是否正确，有无松动。

2）对照图 5-7 自动分拣装置气路系统图仔细检查气管颜色使用有无错误，气路连接是否正确。

3）检查各气管的插接是否到位。

4）检查气路的绑扎尺寸是否符合技术要求。

5）打开气源总阀观察气路有无漏气，推料气缸有无动作。

6）用小型一字螺钉旋具分别按动电磁阀的手控开关，检查三个分拣气缸的推料杆动作速度，通过分别调节分拣气缸上的两个节流阀来调节气流大小，使推料杆动作速度适中，并紧固螺母。

【交流与探索】

1. 本任务中介绍了自动分拣装置电路、气路中各部件的名称和结构形状以及各自的作用。

2. 介绍了电路原理图、气路系统图的读图方法。

3. 讲述了电气部件的安装顺序、安装技巧和接线方法。

4. 讲述了气路的连接工艺要求和操作顺序。

5. 详细描述了在电路连接中各电气部件的导线颜色及所代表的含义，连接工艺要求和操作方法。

6. 描述了电路和气路连接后的检查调试方法。

7. 对三菱 FR—E740 变频器的基本知识进行了学习，了解了变频器的参数设置方法。

8. 对旋转编码器的基本知识进行了学习，掌握了旋转编码器的定位控制方法。

【完成任务评价】

任务评价见表5-4。

表5-4　自动分拣装置电路和气路安装评价表

项目		评价内容	分值	学生自评	小组互评	教师评分
实践操作过程评价（50%）	安全文明操作（14%）	按要求穿着工作服	2			
		工具摆放整齐	2			
		完成任务后及时清理工位	2			
		不乱丢杂物	2			
		未发生机械部件撞击事故	3			
		未造成电气部件损坏、上气上电前报告	3			
	工作程序规范（16%）	安装的先后顺序安排恰当	2			
		安装过程规范、程序合理	2			
		工具使用规范	3			
		操作过程返工次数少	2			
		安装结束后进行检查和调整	2			
		检查和调整的过程合理	2			
		操作技能娴熟	3			
	遇到困难的处理（5%）	能及时发现问题	2			
		有问题能想办法解决	2			
		遇到困难不气馁	1			
	个人职业素养（15%）	操作时不大声喧哗	1			
		不做与工作无关的事	1			
		遵守操作纪律	2			
		仪表仪态端正	1			
		工作态度积极	2			
		注重交流和沟通	2			
		能够注重协作互助	2			
		创新意识强	2			
		操作过程有记录	2			
实践操作成果评价（50%）	气路连接（10%）	能按照气路系统图进行气路连接	2			
		气管的颜色选用正确	2			
		上气后气路无漏气现象	2			
		气路绑扎符合工艺要求,电磁阀接气口气管长短处理合理	2			
		推料杆动作速度调节合理	2			
	电气部件安装、电路连接（13%）	电气部件安装位置方向正确	5			
		导线颜色的选用与线头冷压绝缘端子处理、编号符合要求	3			
		线头在端子上的压接无露铜压接稳固	2			
		使用万用表进行线路测量检查	1			
		行线槽布线满足工艺要求	2			
		上电前对照原理图仔细检查接线	4			
	检查调整（18%）	各电气部件安装紧固	2			
		各磁性开关、传感器安装位置合理	2			
		上电后电气部件能正常显示工作	4			
		根据要求对传感器的灵敏度进行调整	4			
		电磁阀对气路的控制正常	2			

（续）

项目	评 价 内 容		分值	学生 自评	小组 互评	教师 评分
实践操作 成果评价 （50%）	记录和总结 （9%）	过程的记录清晰、全面	3			
		能及时完成总结的各项内容	2			
		总结的内容正确、丰富	2			
		总结有独到的见解	2			

 任务三　自动分拣装置的调试

【任务描述与要求】

把自动分拣装置的PLC控制程序写入PLC，试运行调试设备，达到以下控制要求：

手动将装配组合的工件放入自动分拣装置进行分拣，使不同颜色组合的工件按要求从不同的料槽分流。当手动将工件从导向块中心放到传送带上时，电动机驱动传送带运转，如果进入分拣区的工件为白色（外体和芯子），则将白色工件推到料槽一里；如果进入分拣区工件为黑色（外体和芯子），将黑色工件推到料槽二里；如果工件（外体和芯子）不是相同的颜色，将工件推到料槽三里。

工件的组合方式如图5-11所示。

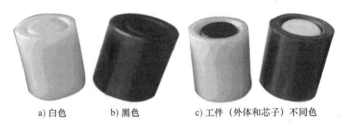

a) 白色　　　b) 黑色　　　c) 工件（外体和芯子）不同色

图5-11　工件组合方式示意图

变频器相关参数的设置，见表5-5。

表5-5　三菱变频器参数设置

序号	参数	设置值	功能和含义	说明
1	P0	6%	转矩提升	
2	P1	120	上限频率	
3	P2	0	下限频率	
4	P3	50	基准频率	
5	P7	1s	加速时间	
6	P8	0.1s	减速时间	
7	P61	0.18A	基准电流	
8	P73	0	模拟量输入选择	
9	P83	380V	电动机额定电压	
10	P79	2	运行模式选择	

将计算机中的文件名为"项目五自动分拣装置"的程序写入PLC中后，调试设备达到控制要求。

【任务分析与思考】

自动分拣装置的传送带传送与分拣流程图如图 5-12 所示，通过入料口光电传感器检测到有工件，两个光纤传感器对工件的外体和芯子进行标识，然后传送信号到 PLC，PLC 经输入采样，程序执行、输出刷新后传送给变频器和 FX0N-3A 特殊功能模块，变频器控制电动机的正转起动，特殊功能模块将 PLC 控制转速的数字量转化为电压模拟量输出到变频器模拟量输入端控制电动机转速，安装在主辊筒轴上的旋转编码器所产生的脉冲信号再传到 PLC，经高速计数器计数后使程序的控制发生变化，电动机在相应的分拣位置停止运转，分拣气缸完成推料分拣。

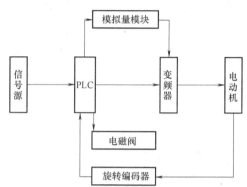

图 5-12　自动分拣装置控制流程图

1. 在阅读工作任务时，你是如何理解工件的结构与分拣的要求？

2. 根据计算机中的文件名为"项目五自动分拣装置"的梯形图参考程序，如何打开程序并写入 PLC？电脑与 PLC 的通信如何设置？

3. 变频器的相关参数如何设定？

4. 程序调试时，应遵循怎样的步骤和技巧？

5. 工件进行分拣时如果位置不正应当如何调整？

6. 如何调整分拣气缸的进出气量，使工件在推入存储装配体的滑道时速度适中？

【任务实施】

一、自动分拣装置调试的方法和步骤

1）在计算机中找到并打开文件名为"项目五自动分拣装置"的梯形图程序。

2）进行通信传输设置，建立电脑与 PLC 的正常通信。

3）程序写入 PLC 后，远程操作设置为"RUN"。

4）观察并记录：自动分拣装置的各部件是否在初始位置，PLC 的输入、输出是否正常？黄色指示灯 HL1 是否常亮？

5）按下起动按钮 SB1，"设备运行"绿色指示灯 HL2 常亮。

6）观察并记录：将组合好的工件从导向块中心放入到传送带上，0.5s 后减速电动机是否起动运转？转向是否正确？

7）工件传送到相应位置时定位如果不准确，设置调整高速计算器相应的脉冲值。

8）各传感器能否正常检测到工件，分拣气缸在推料时升缩速度要适中。

9）设备在运行中按下停止按钮 SB2，当工件分拣后 HL2 指示灯是否熄灭；在导向块中心重新放入工件电动机应不会起动。

10）设备在运行中按下急停按钮 QS，设备能否停止、HL2 指示灯是否熄灭、红色指示灯 HL3 以 1Hz 频率闪亮，松开急停按钮，设备恢复继续运行状态。HL2 常亮、HL3 熄灭。

二、调试技巧和注意事项

自动分拣装置在调试中，除了按照步骤操作外，还注意以下几点：

1）电动机运行频率的设定可通过修改寄存器 D101 的值实现。

2）工件在分拣气缸前停止的位置要准确，不准确要根据距离重新设置 D4、D8、D12 相应的值。反复修改 K600、K960、K1315 相应的脉冲数使之准确。

3）调试中应注意调整传感器的灵敏度、磁性开关的安装位置。

4）把工件放到传送带上时，要放在导向块的中心位置；只有在当前工件分拣完成后，才能放入下一个工件。

5）程序调试时先调试工件分拣的功能，然后处理指示灯部分，观察三个指示灯的闪烁是否满足任务的要求。

6）上电后的整个调试操作过程应遵守安全操作规程的要求。

三、调试过程出现问题的解决方法

1）分拣气缸不在初始位置时，可手动复位。

2）PLC 的输入、输出不正常：首先检查输入部分的接线是否存在接错、接触不良的情况；然后再检查按钮是否复位。

3）程序运行，指示灯 HL1 不发光：检查 PLC 输出点 Y7 的指示灯，指示灯亮检查接线和 24V 电源。

4）按下 SB1，指示灯 HL2 不亮：检查 PLC 输入点 X13、输出点 Y10 的指示灯，指示灯亮检查输出接线和 24V 电源；指示灯不亮检查输入的接线和按钮。

5）工件放到传送带上 0.5s 后电动机不转：检查 PLC 输入点 X3、输出点 Y0 的指示灯，指示灯亮检查输出点到变频器的接线；指示灯不亮检查输入的接线和入料检测光电传感器是否正常。

6）电动机反转：检查 Y0 到变频器 STF 端的接线是否正确，进行电动机换相。

7）分拣气缸升缩速度过快过慢：适当调整两节流阀的进出气量，并注意气动二联件气压的调整。

8）按下停止按钮 SB2，工件放入电动机还会起动：检查 PLC 的输入接线和按钮。

以上几点是调试中常见的、共性的问题，由于调试过程中出现的问题不是千篇一律的，因此，采用以上方法时，不要生搬硬套，而应按不同的现象采用逻辑分析的方法，灵活分析，力求迅速、准确地找出问题，查明原因，使设备的调试做到规范、准确、快速。

【交流与探索】

通过对本任务的学习与训练，理解和掌握梯形图程序打开的方法、程序调试的技巧。

1. 学习了解自动分拣装置的自动控制过程。

2. 经过对自动分拣装置梯形图程序的打开、写入操作，对编程软件的使用有了进一步的了解。

3. 学习掌握了特殊功能模块 FX0N-3A 中数字量与电压模拟量和变频器输出频率的关系，变频器对电动机转速控制的方法和技巧。

4. 学习了旋转编码器的脉冲信号与传送带运行距离的关系和在程序中进行脉冲值修改调试的方法。

5. 经过训练对自动分拣装置的整体功能调试能力得到了进一步的锻炼。

6. 通过对编程软件的使用,学习了解梯形图程序的编写方法,以及读懂程序控制中相关的逻辑关系。

7. 只有经过反复的训练才能提升专业操作能力。

【完成任务评价】

任务评价见表5-6。

表5-6 自动分拣装置功能调试评价表

项目		评 价 内 容	分值	学生自评	小组互评	教师评分
实践操作过程评价（50%）	安全文明操作（14%）	按要求穿着工作服	2			
		工具摆放整齐	2			
		完成任务后及时清理工位	2			
		不乱丢杂物	2			
		未发生机械部件撞击事故	3			
		未造成设备或元件损坏	3			
	工作程序规范（16%）	安装的先后顺序安排恰当	2			
		安装过程规范、程序合理	2			
		工具使用规范	3			
		操作过程返工次数少	2			
		安装结束后进行检查和调整	2			
		检查和调整的过程合理	2			
		操作技能娴熟	3			
	遇到困难的处理（5%）	能及时发现问题	2			
		有问题能想办法解决	2			
		遇到困难不气馁	1			
	个人职业素养（15%）	操作时不大声喧哗	1			
		不做与工作无关的事	1			
		遵守操作纪律	2			
		仪表仪态端正	1			
		工作态度积极	2			
		注重交流和沟通	2			
		能够注重协作互助	2			
		创新意识强	2			
		操作过程有记录	2			
实践操作成果评价（50%）	调试准备（13%）	变频器参数设置准确无误	3			
		找到并打开梯形图程序,操作准确无误	5			
		梯形图程序写入PLC操作熟练	5			
	设备调试（20%）	基本功能的演示操作顺序正确	8			
		高速计数器脉冲值设置方法正确	4			
		磁性开关位置调试准确	2			
		传感器灵敏度调整准确	2			
		分拣气缸上节流阀气流调整适中	4			
	运行结果及口试答辩（8%）	程序运行要求表达准确	2			
		程序运行问题解决方案表达准确	2			

（续）

项目		评　价　内　容	分值	学生自评	小组互评	教师评分
实践操作成果评价（50%）	运行结果及口试答辩（8%）	程序运行结果技术交流表达准确	2			
		口试答辩表达清楚、专业规范	2			
	记录和总结（9%）	过程的记录清晰、全面	3			
		能及时完成总结的各项内容	2			
		总结的内容正确、丰富	2			
		总结有独到的见解	2			

项目六

饮料瓶分类入库装置的安装与调试

自动分类入库装置是将一批具有不同信息物品按要求连续、自动的分送到指定位置的装置。本项目介绍的饮料瓶分类入库装置是基于 PLC 为控制核心，将不同材质的两种饮料瓶分类后放入两个不同的仓库贮存的装置。饮料瓶分类入库装置是集自动控制技术、通信技术、机电技术于一体的高效率分类入库机构。基于目前饮料灌装的大众化，使得饮料瓶的使用量大大增加。而具备较高灵活性和稳定性的饮料瓶分类入库装置的应用可以减轻劳动强度、提高物流效率、降低储运损耗等。

本项目利用 YL—335B 提供搬运输送装置和供料装置模拟饮料瓶分类入库装置，完成饮料瓶分类入库装置的机械安装、电路和气路的安装以及功能调试三个工作任务，了解自动分类入库装置的组成，学会自动分类入库装置的安装与调试。

【任务描述与要求】

任务一　饮料瓶分类入库装置机械部件的安装

饮料瓶分类入库装置是由供料装置和搬运输送装置构成，安装在同一工作台上。各装置位置如图 6-1 所示，A、B 处为饮料瓶贮存仓库（仓库部分的安装在此任务中不作考虑）。

用安装好的供料装置和搬运输送装置及配件，根据图 6-1 机械安装效果图完成饮料瓶分类入库装置的机械安装，并达到以下要求：

1）各部件安装牢固，无松动现象。

2）用手操作供料装置气缸伸缩，动作顺畅，能顺利供应饮料瓶。

3）用手操作机械手伸缩、升降及机械手手爪夹紧、松开时，动作顺畅，机械手能正反向 90°灵活旋转；机械手能准确抓取供料装置取料平台上的饮料瓶。

4）当挡铁到达行程开关上端时，能让行程开关动作，又不会使行程开关上的弹簧片过度变形。

5）用手左右方向推动整个机械手装置运动时，无明显噪声、振动或停滞现象，并且拖链能跟随装置一起运动。

组装完成的饮料瓶分类入库装置如图 6-2 所示。

【任务分析与思考】

1. 安装任务中由几个装配体构成的？分别叫什么？

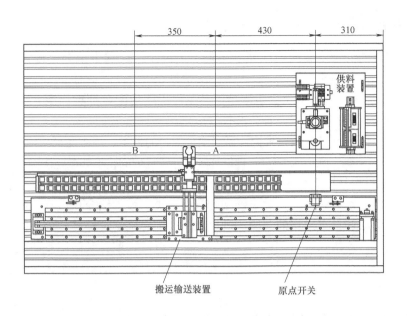

图 6-1　机械安装效果图

2. 安装过程中需要注意哪些事项？

3. 安装过程中如何调整两个装配体的位置？

4. 生产线上常用的供料装置和搬运输送装置有哪些？

5. 按什么样的步骤来安装，能快速地安装好图 6-1 所示的设备？

【相关知识】

一、饮料瓶分类入库装置的机械结构

　　饮料瓶分类入库装置作用是将不同属性的饮料瓶，通过属性检测后自动分拣到不同仓库贮存。其组成包括两部分：供料装置和搬运输送装置。其结构图见项目一和项目二的机械总装图。供料装置的作用是鉴别饮料瓶的属性并将其供应到取料平台，等待搬运输送装置取走。搬运输送装置的作用是将供料装置供应的饮料瓶搬运到相应的仓库，实现不同属性饮料瓶的分类入库。现利用 YL—335B 设备上的供料站和

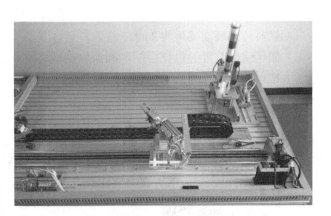

图 6-2　组装完成的饮料瓶分类入库装置图

输送站来分别模拟饮料瓶分类入库装置的供料装置和搬运输送装置，完成饮料瓶分类入库装置机械部件的组装。

二、设备各机械组件的配合安装常识

进行机械组件的配合安装时会涉及基本偏差的确定，而基本偏差的确定有以下三种方法：试验法、计算法和类比法。

1）试验法是应用试验的方法确定满足产品工作性能的配合种类。该方法比较可靠，但需要进行多次试验且成本高、周期长，故较少应用。

2）计算法是根据使用要求通过理论计算来确定配合的种类。该方法理论依据充分，成本较试验法低，但基于工作环境的实际因素，理论计算只能是近似的，不如试验法确定的准确。

3）类比法是以设计同类型设备中经过生产实践论证的配合作为参考，并结合所设计产品的使用要求和应用条件的实际情况来确定配合的种类。该方法应用广泛，但要求设计人员掌握成分的参考资料并具有相当的经验。类比法进行配合确定还受其他因素的影响：受力大小、材料、温度、拆装情况等。例如，经常拆装的配合应松些，装配困难的配合也应松些。

作为实训使用的设备，在使用过程中会经常拆装、调试，故使用类比法来确定配合的基本偏差是比较合理的。

三、饮料瓶分类入库装置机械部件的配合要求

要实现饮料瓶的分类入库需要两个装置的紧密配合：供料装置中饮料瓶的供应时机及位置要与搬运输送装置对饮料瓶的抓取一致。故在进行饮料瓶分类入库装置机械部件的组装时，只有认真阅读安装图、了解两个装置的动作过程才能顺利完成组装。其配合应满足以下要求：

（1）对于机械部件安装的配合要符合以下要求

1）部件底座与安装台面要紧密接触，防止部件在工作时发生抖动。

2）固定底座的螺栓尺寸要选对，安装时要加上垫片，旋紧螺栓的力度要适中。

3）进行部件位置调整时，要注意对部件和人身的安全保护。

（2）对于机械部件工作情况的配合要符合以下要求

1）供料装置要准确地将工件送往取料平台。

2）搬运输送装置的机械手能顺利抓取供料装置取料平台上的工件。

3）搬运输送装置的机械手在运动过程中手爪中的工件不能脱落。

【任务实施】

工作任务要求按一定的尺寸来完成供料装置与搬运输送装置的安装，因此首先可以在实训台上画出安装尺寸，然后再开始进行具体的安装。YL—335B 供料装置与搬运输送装置机械部件的安装可以参考以下方案来完成。

一、安装方法和步骤

1. 读图

认真阅读图 6-1 的机械安装效果图，可知该分类入库装置由两个装配体构成，且供料装置装配体的水平方向尺寸已给定，故首先应定好供料装置的水平尺寸，然后在该尺寸的基础上确定其他尺寸的安装。

2. 准备

将已经装好的两个装配体及工具准备好，摆放在指定位置。

3. 方法和步骤

根据工作任务图纸要求，所有安装尺寸都在安装平台平面上，可选用一把 1000mm 的钢直尺和一把 300mm 直角三角板在安装平台上测量出相应的尺寸，并用 2B 铅笔做好记号。具体的过程如下：

（1）确定水平安装尺寸

将钢直尺靠实训台的边沿放置，并使钢直尺的长边和实训台的长边对齐，钢直尺的刻度始端和实训台的左端面（尺寸起始端）对齐后，用一只手固定直尺，另一只手将直角三角板的直角对准钢直尺 310mm 刻度位置，并让直角三角板的短直角边与钢直尺紧靠，然后按住直角三角板，用 2B 铅笔沿长直角边画一条直线，该直线就是供料装置取料平台中心线在安装平台上水平方向的定位线。在底板上画出取料平台的中心线并将其与安装平台上的定位线重合，确定供料装置的水平位置。

（2）确定垂直方向安装尺寸

由于搬运输送装置在图上没有尺寸，故需要与供料装置进行配合组装，首先是将搬运输送装置的位置确定，确定搬运输送装置位置的原则是使得机械手手臂伸出后能够准确地抓取供料装置取料平台上的工件。

（3）确定原点开关的安装

原点开关安装在水平方向的定位线上，确定机械手原点位置，使机械手处于右限位开关的左边。

二、安装技巧和注意事项

根据图纸的尺寸要求，将已安装好的供料装置和搬运输送装置摆放到对应的位置，并用对应的内六角螺钉将其固定在安装平台上。在整机工作时机械位置可能会出现误差，故在安装机械部件时固定螺栓只需作初步固定，待整机调试后再加紧固定。

由于搬运输送装置调整难度比较大，为了使得机械手能准确抓取工件，可以先将搬运输送装置按照尺寸安装并固定好螺栓，再安装供料装置并调整其尺寸，使得两者能顺利配合。在调试过程中可以手动使搬运输送装置的手爪动作，使其与供料装置的取料平台进行配合。

三、检查调整

1. 安装尺寸的检测与调整

用钢直尺测量供料装置和搬运输送装置在安装平台上的安装尺寸，保证安装尺寸与图纸要求的尺寸误差小于 1mm。若不符合要求，则可松开相应的固定螺栓进行调整。

2. 没有尺寸要求的部件的安装位置检查和调整

没有安装尺寸要求的部件，应适当调整位置，使其安装位置和图 6-1 的位置要求一致，使得系统部件能顺利工作。

【交流与探索】

1. 进行两个装置的配合组装时，如何确定装置的垂直尺寸？

2. 机械手、原点开关和左右行程开关的安装原则是什么？

3. 若贮存饮料瓶的仓库分别位于输送带的两侧时应怎样调整机械部分的安装？

4. 若搬运的物料需要进行形式的调整时，机械手部分需要怎样改进？

5. 实际生产中，为了提高效率，饮料瓶的搬运很多是采用传送带的流水线搬运方式的，在该设备上，应做哪些方面的改进，可以更真实的模拟饮料瓶的生产？

【完成任务评价】

任务评价见表 6-1。

表 6-1　饮料瓶分类入库装置机械安装评价表

项目	评价内容		分值	学生自评	小组互评	教师评分
实践操作过程评价（50%）	安全文明操作（14%）					
	工作程序规范（16%）					
	遇到困难的处理（5%）					
	个人职业素养（15%）					
实践操作成果评价（50%）	供料装置的安装（15%）	端子模块安装正确	3			
		电磁阀组安装正确	3			
		气缸安装正确	3			
		传感器、磁性开关安装正确、牢固	3			
		整体支架安装正确	3			
	搬运输送装置的安装（18%）	端子模块安装正确	2			
		电磁阀组安装正确	2			
		传感器、磁性开关安装正确、牢固	3			
		机械手安装正确	3			
		伺服电机及驱动器安装正确	3			
		导轨和拖链安装正确	3			
		左、右行程开关安装正确	2			
	整体的安装（17%）	供料装置位置尺寸正确、固定牢固	5			
		搬运输送装置位置尺寸正确、固定牢固	5			
		两个装置配合正常，能顺利工作	7			
	记录和总结（9%）					

任务二　饮料瓶分类入库装置电路和气路的安装

【任务描述与要求】

根据图 6-3 电气控制框图和图 6-4 气动控制框图完成饮料瓶分类入库装置的电路和气路安装，并达到以下要求：

1）安装完成后的电路工艺满足符合技术规范的要求。

2）安装完成后的电路功能满足设备的生产要求。

3）安装完成后的气路工艺满足符合技术规范的要求。

4）安装完成后的气路功能满足设备的生产要求。

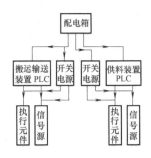

图 6-3　电气控制框图

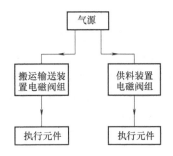

图 6-4　气动控制框图

【任务分析与思考】

1. 如何阅读气路原理图？气路原理图包含了哪些元器件？各个元器件是如何连接的？

2. 如何测试气路连接的正确性？如何对气路进行调整？

3. 如何阅读电路原理图？电路原理图包含了哪些元器件？各个元器件如何进行电气线路连接？

4. 如何测试电路连接的正确性？如何对元器件进行调整？

【相关知识】

一、饮料瓶分类入库装置电路的结构

饮料瓶分类入库装置电路的结构如图 6-3 所示的电气控制框图，其电路由五部分组成：配电箱、开关电源、PLC 主机、执行元件和信号源。

配电箱为设备提供 380V 的三相交流电和 220V 的单相交流电；开关电源为设备提供 24V 直流电；PLC 主机接线端子与相应的执行元件和信号源连接，实现 PLC 主机对信号采集和对元件的控制。

二、联网控制知识

由于装置使用的是三菱 FX 系列的 PLC，故该装置进行组网时使用 N：N 网络来实现联机通信。

1. 三菱 FX 系列 PLC N:N 网络的特性

FX 系列 PLC 支持以下 5 种类型的通信：

1）N:N 网络：用 FX2N、FX2NC、FX1N、FX0N 等 PLC 进行的数据传输可建立在 N:N 网络的基础上。使用这种网络，能链接小规模系统中的数据。它适合于数量不超过 8 个的 PLC（FX2N、FX2NC、FX1N、FX0N）之间的互连。

2）并行链接：这种网络采用100个辅助继电器和10个数据寄存器在1：1的基础上来完成数据传输。

3）计算机链接（用专用协议进行数据传输）：用RS-485（422）单元进行数据传输，并在1：n（16）的基础上完成。

4）无协议通信（用RS指令进行数据传输）：用各种RS-232单元，包括个人计算机、条形码阅读器和打印机，来进行数据通信，可通过无协议通信完成，这种通信使用RS指令或者一个FX2N-232IF特殊功能模块。

5）可选编程端口：对于FX2N、FX2NC、FX1N、FX1S系列的PLC，当该端口连接在FX1N-232-BD、FX0N-232-ADP、FX1N-232-BD、FX2N-422-BD上时，可以和外围设备（编程工具、数据访问单元、电气操作终端等）互连。

本系统选用N：N网络实现各工作站的数据通信，以下为N：N网络的基本特性和组网方法。

N：N网络建立在RS-485传输标准上，网络中必须有一台PLC为主站，其他PLC为从站，网络中站点的总数不超过8个。图6-5所示是五个站点之间的N：N网络配置。

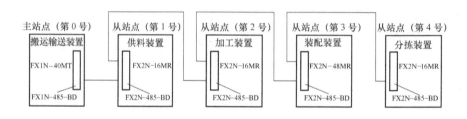

图6-5 五个站点之间N：N通信网络的配置

系统中使用的RS-485通信接口板为FX2N-485-BD和FX1N-485-BD，最大延伸距离50m。

N：N网络的通信协议是固定的：通信方式采用半双工通信，波特率固定为38400bit/s；数据长度、奇偶校验、停止位、标题字符、终结字符以及和校验等也均是固定的。

N：N网络是采用广播方式进行通信的：网络中每一站点都指定一个用特殊辅助继电器和特殊数据寄存器组成的链接存储区，各个站点链接存储区地址编号都是相同的。各个站点向自身站点链接存储区中规定的数据发送区写入数据。网络上任何1台PLC中发送区的状态都会反映到网络中其他PLC，因此，数据可供通过PLC链接，供所有PLC共享，且所有单元的数据都能同时完成更新。

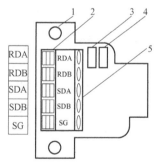

图6-6 485-BD通信板显示/端子排列
1—安装孔；2—可编程控制器连接器；
3—SD LED：发送时高速闪烁；
4—RD LED：接收时高速闪烁；
5—连接RS-485单元的端子
端子模块上表面高于可编程控制
器面板盖子的上表面，高出大约7mm

2. 安装和连接N：N网络

网络安装前，应断开电源。各站PLC应插上485-BD通信板。它的LED显示/端子排列如图 6-6 所示。

系统的 N∶N 网络，各站点间用屏蔽双绞线相连。PLC 链接网络连接如图 6-7 所示，接线时须注意终端站要接上 110Ω 的终端电阻（485-BD 板的附件）。

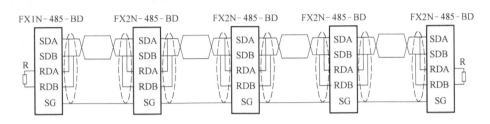

图 6-7　PLC 链接网络连接

网络连接注意事项：

1）图 6-7 中，R 为终端电阻。在端子 RDA 和 RDB 之间连接终端电阻（110Ω）。

2）将端子 SG 连接到可编程序控制器主体的每个端子，主体用 100Ω 或更小的电阻接地。

3）屏蔽双绞线的线径应在英制 AWG16～26 范围内，否则端子可能会接触不良，不能确保正常的通信。连线时宜用压接工具把电缆插入端子，如果连接不稳定，通信会出现错误。

如果网络上各站点 PLC 已完成网络参数的设置，则在完成网络连接后，再接通各 PLC 工作电源，可以看到，各站通信板上的 SD LED 和 RD LED 指示灯都分别出现点亮/熄灭交替的闪烁状态，说明 N∶N 网络已经组建成功。

如果 RD LED 指示灯处于点亮/熄灭的闪烁状态，而 SD LED 没有（根本不亮），这时须检查站点编号的设置、传输速率（波特率）和从站的总数目。

3. N∶N 网络参数设置

（1）网络组建

FX 系列 PLC N∶N 网络的组建是对各站点 PLC 用编程方式设置网络参数实现的。

FX 系列 PLC 规定了与 N∶N 网络相关的标志位（特殊辅助继电器）以及存储网络参数、网络状态的特殊数据寄存器。当 PLC 为 FX1N 或 FX2N（C）时，N∶N 网络的相关标志（特殊辅助继电器）见表 6-2，相关特殊数据寄存器见表 6-3。

表 6-2　特殊辅助继电器

特性	辅助继电器	名　称	描　述	响应类型
R	M8038	N∶N 网络参数设置	用来设置 N∶N 网络参数	M,L
R	M8183	主站点的通信错误	当主站点产生通信错误时 ON	L
R	M818～M8190	从站点的通信错误	当从站点产生通信错误时 ON	M,L
R	M8191	数据通信	当与其他站点通信时 ON	M,L

注：R——只读；W——只写；M——主站点；L——从站点

在 CPU 错误，程序错误或停止状态下，对每一站点处产生的通信错误数目不能计数。
M8184～M8190 是从站点的通信错误标志，第 1 从站用 M8184，……第 7 从站用 M8190。

表 6-3 特殊数据寄存器

特性	数据寄存器	名 称	描 述	响应类型
R	D8173	站点号	存储自身的站点号	M,L
R	D8174	从站点总数	存储从站点的总数	M,L
R	D8175	刷新范围	存储刷新范围	M,L
W	D8176	站点号设置	设置自身的站点号	M,L
W	D8177	从站点总数设置	设置从站点总数	M
W	D8178	刷新范围设置	设置刷新范围模式号	M
W/R	D8179	重试次数设置	设置重试次数	M
W/R	D8180	通信超时设置	设置通信超时	M
R	D8201	当前网络扫描时间	存储当前网络扫描时间	M,L
R	D8202	最大网络扫描时间	存储最大网络扫描时间	M,L
R	D8203	主站点通信错误数目	存储主站点通信错误数目	L
R	D8204 ~ D8210	从站点通信错误数目	存储从站点通信错误数目	M,L
R	D8211	主站点通信错误代码	存储主站点通信错误代码	L
R	D8201 ~ D8218	从站点通信错误代码	存储从站点通信错误代码	M,L

注：R——只读；W——只写；M——主站点；L——从站点

在 CPU 错误，程序错误或停止状态下，对其自身站点处产生的通信错误数目不能计数。D8204 ~ D8210 是从站点的通信错误数目，第 1 从站用 D8204，……第 7 从站用 D8210。

（2）主站与从站参数设置

在表 6-2 中，特殊辅助继电器 M8038（N：N 网络参数设置继电器，只读）用来设置 N：N 网络参数。

网络参数可通过编程方法设置。对于主站点，通过特殊辅助继电器 M8038，向特殊数据寄存器 D8176 ~ D8180 写入相应的参数，如图 6-8 所示。对于从站点，通过特殊辅助继电器 M8038，向各站点对应的特殊数据寄存器写入站点号即可，如图 6-9 所示。

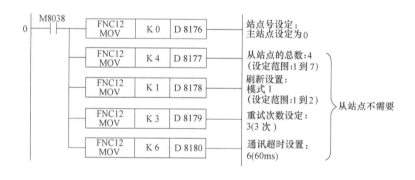

图 6-8 主站点网络参数设置程序

上述程序分析：

1）编程时注意，必须确保 N：N 网络参数设置程序从第 0 步开始写入，在不属于上述程序的任何指令或设备执行时结束。如程序段不需要执行，只须把其编入此位置，它将自动变为有效。

2）特殊数据寄存器 D8178 用作设置刷新范围，刷新范围指的是各站点的链接存储区。从站点不需要此设定。根据网络中信息交换的数据量不同，刷新设置有 3 种模式，见表 6-4（模式 0），表 6-5（模式 1）和表 6-6（模式 2）。

图 6-9 从站点网络参数设置程序例

表 6-4 模式 0 站号与字元件对应表		
	元 件	
站点号	位软元件(M)	字软元件(D)
	0 点	4 点
第 0 号	—	D0 ~ D3
第 1 号	—	D10 ~ D13
第 2 号	—	D20 ~ D23
第 3 号	—	D30 ~ D33
第 4 号	—	D40 ~ D43
第 5 号	—	D50 ~ D53
第 6 号	—	D60 ~ D63
第 7 号	—	D70 ~ D73

表 6-5 模式 1 站号与位、字元件对应表		
	元 件	
站点号	位软元件(M)	字软元件(D)
	32 点	4 点
第 0 号	M100 ~ M1031	D0 ~ D3
第 1 号	M106 ~ M1095	D10 ~ D13
第 2 号	M112 ~ M1159	D20 ~ D23
第 3 号	M119 ~ M1223	D30 ~ D33
第 4 号	M125 ~ M1287	D40 ~ D43
第 5 号	M132 ~ M1351	D50 ~ D53
第 6 号	M138 ~ M1415	D60 ~ D63
第 7 号	M144 ~ M1479	D70 ~ D73

表 6-6 模式 2 站号与位、字元件对应表		
	元 件	
站点号	位软元件(M)	字软元件(D)
	64 点	4 点
第 0 号	M1000 ~ M1063	D0 ~ D3
第 1 号	M1064 ~ M1127	D10 ~ D13
第 2 号	M1128 ~ M1191	D20 ~ D23
第 3 号	M1192 ~ M1255	D30 ~ D33
第 4 号	M1256 ~ M1319	D40 ~ D43
第 5 号	M1320 ~ M1383	D50 ~ D53
第 6 号	M1384 ~ M1447	D60 ~ D63
第 7 号	M1448 ~ M1511	D70 ~ D73

若在程序中，刷新范围设定为模式 1，则每个站点占用 32×8 个位软元件，4×8 个字软元件作为链接存储区。在运行中，对于第 0 号站（主站），需发送到网络的开关量数据应写入位软元件 M1000 ~ M1063 中，而需发送到网络的数字量数据应写字软元件 D0 ~ D3 中，对其他各站点如此类推。

3）特殊数据寄存器 D8179 设定重试次数，设定范围为 0 ~ 10（默认 = 3），从站点不需要此设定。如果一个主站点试图以此重试次数（或更高）与从站点通信，此站点将发生通信错误。

4）特殊数据寄存器 D8180 设定通信超时值，设定范围为 5 ~ 255（默认 = 5），此值乘以 10ms 就是通信超时的持续驻留时间。

5）对于从站点，网络参数设置只需设定站点号即可，图 6-9 所示为单个从站点（1 号站）的网络参数设置。

三、饮料瓶分类入库装置电路的安装要求

根据项目一和项目二的电气原理图，完成饮料瓶分类入库装置的电路安装，其安装满足以下要求：

1）电路连接的导线连接端应有插针、套有带编号的号码管，且连接处不能露铜。

2）第一根绑扎带的绑扎点离元器件距离应为 30 ~ 40mm。

3）绑扎成一束的导线不能交叉，且两个绑扎点之间的距离不超过 60 ~ 80mm。

4）电路上的绑扎带切割不能留余太长，必须小于 1mm。

5）除了同一个活动部件上的气管外，气管不能与导线绑扎在一起。

6）在安装台面上走向的未放入线槽的导线要用线夹子固定，两个线夹子间距 120mm 为宜。

7）电磁阀组上的导线要按工艺要求进行绑扎。

8）从线槽侧边的孔引出的导线，每个孔不能引出超过两根导线且不能交叉。

9）传感器护套线的护套层应放在线槽内，只有芯线从线槽侧边的孔穿出。

10）通信模块的连接要符合要求，避免信号干扰过大。

四、饮料瓶分类入库装置气路的结构

饮料瓶分类入库装置气路的结构见图 6-4 的气动控制框图，其气路由三部分组成：气源、电磁阀组和执行元件。

气源部分为设备气动元件提供动力，由空气压缩机和气源组件组成；电磁阀组为相应的执行元件提供动力；执行元件通过气管、分流器与气源和电磁阀连接，实现气动元件的控制。

五、气路分流器件知识

气路分流器，就是具有多个分支出口，每个分支出口能将主管道中的气体分流到各分支出口的管路构件。目前的气路分流器，其接头与气管是利用卡头连接的。在使用过程中要注意接头处的密封情况，避免出现漏气现象。

气路分流器根据分支出口情况，可分为三通接头、四通接头、五通接头、六通接头等，如图 6-10 所示。

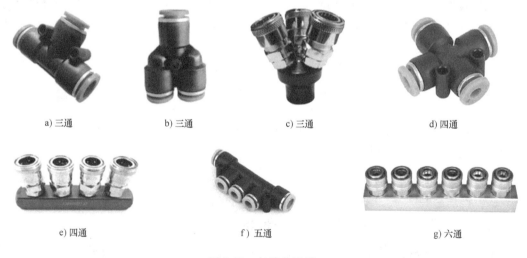

a) 三通　　　　b) 三通　　　　c) 三通　　　　d) 四通

e) 四通　　　　f) 五通　　　　g) 六通

图 6-10　气路分流器

六、饮料瓶分类入库装置气路的安装要求

根据项目一和项目二的气动系统图，完成饮料瓶分类入库装置的气路安装，其安装应满足以下要求：

1）气路走向要横平竖直，连接的气管不能从设备的内部穿过。

2）气管从电磁阀快速接头引出后，第一根绑扎带离气管连接处 60mm ± 5mm。

3）气管上两个绑扎点之间的距离以 50 ~ 80mm 为宜。

4）气管上的绑扎带切割不能留余太长，必须小于 1mm。

5）除了同一个活动部件上的气管外，气管不能与导线绑扎在一起。

6）在安装台面上走向的气管要用线夹子固定，两个线夹子间距 120mm 为宜。

【任务实施】

仔细阅读气路原理图和电路原理图，根据原理图完成供料装置和搬运输送装置的气路、电路连接，并对连接完成的气路和电路进行测试、调整、工艺的整理，使得设备能顺利工作。

一、安装方法和步骤

1. 电路的安装

1）根据给出的接线图，逐个器件进行导线的连接。

2）先进行抽屉部分的连接，选好导线、压好插针、套上号码管，将 PLC 的端子与端子模块对应的端口连接。

3）对接好的导线进行牢固性检测，用万用表检测电路的连接正确性，并将导线整理放入线槽。

4）再进行安装台部分的连接，将安装好的元器件导线套上号码管，分别连接到对应端子模块的端子口。

5）对接好的导线进行牢固性检测，用万用表检测电路的连接正确性，并将导线整理放入线槽，没放入槽的导线要用扎带进行绑扎。

6）分别用 25 针和 15 针的信号线将抽屉的端子模块与安装台的端子模块连接。

2. 气路的安装

1）一个电磁阀控制一个气缸，对气缸进行气路连接时，需要逐个进行。

2）初次进行气路连接时，应该适当的留有余量，以便于进行气路的调整及气路工艺的整理。

3）气路要理顺后用扎带绑扎，两绑扎点间的距离以 50 ~ 80mm 为宜。

4）气管与导线走向相同时，若气管与导线是同一个活动部件上的可以绑扎在一起。

5）单独装置的气路完成后，用 $\phi 6$ 气管、三通接头将两个装置的汇流板与气源组件连接。

二、安装技巧和注意事项

1. 电路安装

1）对于抽屉的电路，在进行连接前应先定好导线的标准长度，再以这个标准将要用到的导线剪好并压好插针，再把压好插针的导线套上号码管，连接时可以根据对应的号码管来进行接线。

2）由于导线比较多，故每连接一根导线后就应及时把导线梳理放入线槽，避免导线过多，难以放入线槽。

3）对于安装台上的电路，在进行连接前应认真阅读电气控制图，按端子模块的端子的顺序一个一个的安装、梳理和绑扎，绑扎时要根据装置的运动情况合理的预留导线的长度。

4）对于放入搬运输送装置拖链里的导线，若导线中间连接了电阻，在梳理时要根据拖链的运动情况处理，避免运动过程中出现导线连接处接触不良的情况。

2. 气路安装

1）建议采用两种颜色 φ4 气管完成气缸与电磁阀之间的气路连接，便于检查、调试。

2）在进行连接前应认真阅读气动控制图，按电磁阀排列的顺序一个一个的安装、梳理和绑扎，绑扎时要根据装置的运动情况合理的预留气管的长度。

3）气管与快速接头连接时注意：气管插入快速接头时，直接插入；气管从快速接头拔出时，必须先用手压下快速接头，否则会损坏快速接头。

三、检查调整

1. 电路的检查

1）抽屉部分 PLC 端子与端子模块、按钮单元的接线可用万用表检测连线的正确性。

2）对电源回路进行详细检测，确定电路无短路、短路现象后接通设备电源，进行其他电路的检测。

3）通过 PLC 输出端子输出 24V 直流电，对其控制的电磁阀的连线进行检测。

4）通过气缸的动作、PLC 输入信号及传感器信号灯的显示，检测并调整气缸上磁性开关的安装位置。

5）通过加放工件、PLC 输入信号及传感器信号灯的显示，检测并调整光电传感器、光纤传感器及电感式传感器的安装位置。

6）通过左右两端的行程开关的动作及 PLC 输入信号的显示，检测行程开关的性能。

2. 气路的检查

1）完成整个气路连接后，调整气源组件的压力，以 0.4MPa 为宜，打开开关，进行气路的测试和调整。

2）逐个进行气缸气路的测试，分别按下每个电磁阀的手动测试按钮，观察对应气缸的动作，按下手动测试按钮时注意不要将按钮锁死，如果误动作锁死，请务必还原为初始状态。

3）通过节流阀的调整，使得气缸的动作应该顺畅，速度适中。

【交流与探索】

1. 单控电磁阀与双控电磁阀进行气路、电路连接时要注意哪些？
2. 光电传感器与磁性开关的连接有什么不同？
3. 重新阅读气动图和电路图，进行两个装置的气路和电路连接，写一份优化的安装过程，并总结注意事项。

【完成任务评价】

任务评价见表6-7。

表 6-7　饮料瓶分类入库装置电路和气路安装评价表

项目		评　价　内　容	分值	学生自评	小组互评	教师评分
实践操作过程评价（50%）	安全文明操作（14%）					
	工作程序规范（16%）					
	遇到困难的处理（5%）					
	个人职业素养（15%）					
实践操作成果评价（50%）	气路连接（17%）	气路整体正确，符合气路原理图要求	4			
		气路没有发生漏气现象	2			
		气路气压调节合适，在气缸承受气压范围内	2			
		各个气缸节流阀调节合理，气缸动作顺畅，速度适中	2			
		气路走向合理，没有穿过设备内部现象	2			
		气路绑扎美观，绑扎带间距合适（小于 50cm）	3			
		绑扎带剪切合适（剪切余量小于 1mm）	1			
		安装台面上走线的气管应有线夹子固定	1			
	电路连接（25%）	PLC 主电源连接正确，开关电源主电源连接正确	2			
		所有按钮连接正确，能够正常工作	2			
		所有磁性开关连接正确，能够正常工作	3			
		所有光电、光纤和电感式传感器连接正确，能够正常工作	2			
		所有指示灯连接正确，能够正常工作	2			
		所有电磁阀连接正确，能够正常工作	4			
		所有连线与电路原理图中的 I/O 对应	4			
		电路入槽，盖好槽盖	1			
		电路绑扎美观，绑扎带间距合适（小于 60cm）	3			
		绑扎带剪切合适（剪切余量小于 1mm）	1			
		没放入线槽的导线应有线夹子固定	1			
	记录和总结（8%）					

任务三　饮料瓶分类入库装置的调试

【任务描述与要求】

把饮料瓶分类入库装置的 PLC 控制程序写入 PLC，试运行设备，达到以下控制要求：

将供料装置与搬运输送装置按钮单元的转换开关都打到右边，系统为联机运行模式。整个系统是对两种不同的饮料瓶（金属瓶用金属工件代替，塑料瓶用塑料工件代替）进行分拣，并送到相应的仓库贮存（用位置 A、位置 B 处模拟贮存仓库）。

设备上电，若设备有某个装置不处于初始状态，则该装置上按钮模块的黄色指示灯 HL1闪烁（每秒闪烁 1 次），此时按下该装置按钮单元的按钮 SB2，使装置复位。设备处于初始状态后，黄色指示灯 HL1 变为常亮，按下搬运输送装置的按钮 SB1，按钮单元上的绿色指示灯HL2 常亮，系统开始运行。取料平台没有饮料瓶时，供料装置开始供料，先是顶料气缸伸出将料仓第二层的饮料瓶顶住，然后推料气缸伸出将料仓底层的饮料瓶推送到取料平台。待取料平台的光纤传感器检测到饮料瓶后，推料气缸缩回，推料气缸缩回到位后顶料气缸缩回，将料仓第二层的饮料瓶放到底层，等待下一次的供料。饮料瓶属性的检测是通过料仓底层的电感式传感器进行的，供料装置按钮单元上的绿色指示灯 HL2 闪烁（每秒闪烁一次）提示料仓"缺料"或"无料"。出现料仓"缺料"提示，设备继续运行；出现料仓"无料"提示，设备停止运行，待补充工件后可重新按下按钮单元的按钮 SB1 重新起动设备。

待供料装置的取料平台检测到饮料瓶后，搬运输送装置开始动作：若饮料瓶为金属的则机械手手臂伸出→伸出到位后机械手手爪夹紧→夹紧到位后转台抬升→抬升到位后机械手手臂缩回→机械手手臂缩回到位后，伺服电动机驱动机械手向位置 A 移动，移动速度不小于 300mm/s→机械手移至位置 A 后机械手手臂伸出→机械手手臂伸出到位转台下降→转台下降到位后机械手手爪松开，将饮料瓶放在位置 A 的仓库→机械手手爪松开 1s 后机械手手臂缩回→缩回到位后，伺服电动机驱动机械手向原点返回，先以 400mm/s 的速度返回，返回 500mm 后→以 100mm/s 的速度低速返回原点停止→重新搬运下一个饮料瓶；若饮料瓶为塑料的则机械手手臂伸出→伸出到位后机械手手爪夹紧→夹紧到位后转台抬升→抬升到位后机械手手臂缩回→机械手手臂缩回到位后，伺服电动机驱动机械手向位置 A 移动，移动速度不小于 300mm/s→机械手移至位置 B 后机械手手臂伸出→机械手手臂伸出到位转台下降→转台下降到位后机械手手爪松开，将饮料瓶放在位置 B 的仓库→机械手手爪松开 1s 后手臂缩回→缩回到位后伺服电动机驱动机械手向原点返回，先以 400mm/s 的速度返回，返回 200mm 后→以 100mm/s 的速度低速返回原点停止→重新搬运下一个饮料瓶。

紧急停止：在设备运行过程中按下搬运输送装置按钮单元上的急停按钮 QS，设备立刻停止运行，并保持停止时的状态，按钮单元上的红色指示灯 HL3 闪烁（每秒闪烁 1 次），待解除急停按钮 QS 的锁定状态后，设备继续运行，红色指示灯 HL3 熄灭。

正常停止：在设备运行过程中，按下按钮单元的按钮 SB2，供料装置停止供料，搬运输送装置处理完取料平台的饮料瓶后停止运行，同时按钮单元上的红色指示灯 HL3 常亮。重新按下按钮单元的按钮 SB1，设备重新开始运行。

【任务分析与思考】

1. 系统有哪几个装置构成？构成系统装置分别有哪些功能？
2. 系统处于初始状态时各部件的位置是怎样的？PLC 中对应的 I/O 信号是否正确？
3. 供料装置实现供料的两个气缸的动作顺序是怎样的？
4. 搬运输送装置机械手的抓料动作和放料动作有什么不同？
5. 搬运输送装置机械手在搬运过程与归零过程中移动的速度有什么区别？
6. 调试过程中出现供料装置卡料或者机械手移动到左右限位开关处时应怎样处理？
7. 调试过程中搬运输送装置如何区别正在搬运的饮料瓶的属性？

【完成任务指引】

一、调试的方法和步骤

供料装置和搬运分拣流程图可参考项目一和项目二，联机控制流程图如图 6-11 所示，根据这些流程图完成饮料瓶分类入库装置的调试。

1. 下载程序

将上述 PLC 控制程序，通过 PLC 的下载线分别下载到相应的 PLC 中。下载时注意 PLC 型号及通信参数的选取。

2. 试运行

（1）判断是否处于初始状态

先将气源组件的开关打开，然后将两个装置上的按钮单元的转换开关均打到左边后，将各自的 PLC 拨到"运行"档。观察装置各部件的位置及按钮单元上的指示灯情况，判定装置是否处于初始状态，若有部件不在初始状态应进行复位：供料装置为手动复位，搬运输送装置为程序复位。进行复位过程中要注意观察装置的动作及各信号是否正确，适当调整各气缸的动作及各传感器的位置，检测左右限位开关是否有效，为后面的调试做准备。

（2）单机调试

系统处于初始状态后，分别进行两个装置的单机调试：

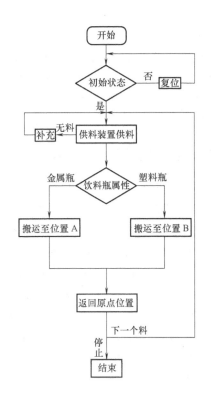

图 6-11 联机控制流程图

1）供料装置的调试：按下起动按钮后，观察供料动作及指示灯状态是否与控制要求一致，若不一致，可以监控电脑里面的程序，查找原因。该装置调试要注意两个气缸的动作顺序及气缸上传感器的安装情况，防止出现卡料情况。同时要注意装置工件不足和工件有无时的运行情况是否与控制要求一致。单机调试时不进行工件属性的区分。

2）搬运输送装置的调试：按下起动按钮后，观察机械手的动作是否与控制要求一致，要注意抓料动作与放料动作的区别。同时观察机械手在移动过程中的状态，通过修改程序适当调整其移动的位置精度及抓取工件的准确度。该装置调试时要注意伺服电机的运行情况，防止出现左右限位开关失效情况。单机调试时机械手不移动到位置 A 处。

（3）联机调试

单机调试完后，在停止状态下，将两装置按钮单元的转换开关均打到右边，观察两台 PLC 上的通信模块信号是否正常，若不正常需检查通信线的连接。在 PLC 通信正常且两台 PLC 均处于"运行"档时，若系统不处于初始状态，可按住按钮单元上的按钮 SB2 3s 以上，搬运输送装置进行复位（供料装置需手动复位），复位时注意机械手的移动及气缸动作是否与系统要求一致。系统复位后，按下按钮 SB1，系统开始运行，首先是搬运输送装置向供料装置发出供料请求，供料装置接收到请求后进行饮料瓶的供应，将饮料瓶送往取料平台，同时将饮料瓶到达取料平台的信号及饮料瓶的属性反馈给搬运输送装置，等待机械手的抓取。饮料瓶属性的判断是通过安装在供料装置料仓底部的电感式传感器来实现的。若送到取料平台的是金属瓶，机械手将其搬运到位置 A 贮存；若送到取料平台的是塑料瓶，机械手将其搬运到位置 B 贮存。调试过程时刻监控电脑里的 PLC 程序，适当修改脉冲数来调整机械手到位置 A 和位置 B 的精准度。联机调试时，由于是通过两台 PLC 来实现控制的，在运行过程中两台 PLC 需要进行一系列的数据处理，有时会因为操作不当或者通信线接触不好引起信号的丢失，从而使得两装置运行出错。例如，搬运输送装置返回原点后发出供料请求，而供料装置却没反应。此时可先重起 PLC，再重新运行。若重新运行后解决不了，则需要对通信模块及通信线进行检测。

二、调试的技巧和注意事项

由于联机运行是涉及两个装置的，故调试时应先进行单个装置的调试，再整体调试。在单个装置调试时，需根据 PLC 的 I/O 表进行调试，调试结束后应使装置处于初始状态。

调试供料装置时，可以将检测工件不足和工件有无的两个光电传感器设置成没有检测物时 PLC 有信号的模式，这样可以通过手触动检测口的信号来进行调试，能减少增放工件的麻烦。注意：调试完成后要把光电传感器调回之前的工作模式。

调试搬运输送装置时，在进行机械手抓取工件时，可以通过程序中设定的急停按钮，逐步控制机械手各个气缸的动作来调整机械手抓取工件的准确度。在机械手移动过程中可以手动触动左右两端的限位开关，检测伺服电动机的越程情况。

联机时，首先要观察通信模块的指示灯是否正常，若不正常则需检查通信线路或者两装置的初始状态。只有在两装置都处于初始状态且通信信号正常的情况下设备才能联机运行。

由于设备在长期使用过程中会出现元件损坏或者线路松动的问题，故在设备使用一段时间后都需要进行一定的维护、保养，可以避免使用时出现事故。

三、调试过程中出现问题的解决方法

1. 气压不稳

若在进行工作时，设备的气压有所改变会影响到两个装置中的气缸运动情况，而气缸运动的不稳定可能会出现设备运动过程中卡料的情况；故在进行设备使用时应先调试好设备的气缸，检查气缸的运动情况。

2. 联机不正常

联机调试时，由于是通过两台 PLC 来实现控制的，在运行过程中两台 PLC 需要进行一系列的数据处理，有时会因为操作不当或者通信线接触不好引起信号的丢失，从而使得两装置运行出错。例如，搬运输送装置返回原点后发出供料请求，而供料装置却没反应。

出现联机不正常时，可先重起 PLC，再重新运行。若重新运行后解决不了，则需要对通信模块及通信线进行检测。

【交流与探索】

1. 供料装置的单机调试中加入对饮料瓶属性区别的功能应怎样处理？

2. 搬运输送装置的单机调试中加入机械手轮流搬运工件到位置 A 和位置 B 时应怎样处理？

3. 编程调试中单控电磁阀与双控电磁阀应怎样使用？

【完成任务评价】

任务评价见表6-8。

表6-8 饮料瓶分类入库装置功能调试评价表

项目		评 价 内 容	分值	学生自评	小组互评	教师评分
实践操作过程评价（50%）	安全文明操作（14%）					
	工作程序规范（16%）					
	遇到困难的处理（5%）					
	个人职业素养（15%）					
实践操作成果评价（50%）	PLC 485 通信（2%）	RS-485 网络线路的检查	1			
		多个站联机故障处理	1			
	供料装置调试（10%）	程序的下载	1			
		起、停程序的调试	2			
		初始状态判断、复位程序的调试	3			
		物料供应程序的调试	4			
	搬运输送装置调试（10%）	程序的下载	1			
		起、停程序的调试	2			
		初始状态判断、复位程序的调试	3			
		物料搬运输送程序的调试	4			
	系统联机（20%）	两个装置网络通信调试	2			
		两个装置初始状态的调试	2			
		机械手抓、放饮料瓶的调试	4			
		机械手在搬运过程的调试	4			
		总程序的调试	5			
		工作情况的拓展	3			
	记录和总结（8%）					

项目七

自动分药装置的安装与调试

近些年，各个大型医院药房都采用自动分药装置，自动分药装置可以将药品进行快速地分拣、并分送至正确的出药口，最大限度地减少人员的使用，节约了人力成本，明显提高了工作效率。图 7-1 所示为常用的自动分药装置。

a) 自动搬药装置

b) 自动送药装置一

c) 自动送药装置二

d) 自动出药装置

图 7-1　常用的自动分药装置

本项目要求用 YL—335B 实训设备的供料装置、搬运输送装置、自动分拣装置模拟组合成一个自动分药装置，通过完成自动分药装置的机械安装、电路和气路的安装和自动分药装置功能的调试三个工作任务，学会安装三个独立装置自动生产线的机械部件及其相关的控制部件和电路，并学会联线调试。

任务一　　自动分药装置机械部件的安装

【任务描述与要求】

根据图 7-2 机械安装效果图完成自动分药装置的机械安装，并达到以下要求：

1. 各部件安装牢固，无松动现象。

2. 在工作台面上各站的定位位置合适，定位尺寸准确。

3. 输送装置机械手能在出库装置处准确抓取药品。

4. 输送装置机械手能在分拣装置处准确放下药品。

5. 推动输送装置整个机械手装置运动时，无明显噪声、振动或停滞现象，并且拖链能跟随装置一起运动。

6. 分拣装置胶带输送机胶带松紧调节合适。

7. 分拣装置推料气缸位置与滑槽处于同一中心线上。

8. 分拣装置交流异步电动机主轴与胶带输送机主辊轴同轴。

9. 出库装置能准确将药品送到出药平台。

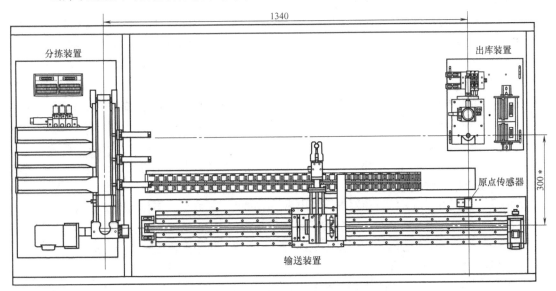

图 7-2　自动分药装置机械安装效果图

【任务分析与思考】

1. 怎样能准确定位各个装置的尺寸？

2. 输送装置机械手如何能在出库装置处准确抓取药品？

3. 如何确保输送装置能在分拣装置处准确放下药品？

4. 怎样调节分拣装置胶带输送机胶带松紧，使胶带输送机不出现停转、打滑或跳动过大等情况？

5. 自动分药装置在工作台面固定，要注意些什么？

【相关知识】

自动分药装置是由出库装置、输送装置和分拣装置三部分装置构成。其中出库装置的机械结构见项目二供料装置的机械结构；输送装置的机械结构见项目一搬运输送装置的机械结构；分拣装置的机械结构见项目五自动分拣装置的机械结构。

【完成任务引导】

一、安装方法和步骤

自动分药装置在工作台面上的定位，首先可以在安装平台上画出安装尺寸，然后再开始进行具体的安装。

根据工作任务图纸要求，所有安装尺寸都在安装平台上，可选用一把 1000mm 的钢直尺和一把 300mm 直角三角板在安装平台上测量出相应的尺寸，并用 2B 铅笔做好记号。具体的过程如下：

1. 测量水平安装尺寸

1）测量安装底板水平尺寸：用 1000mm 的钢直尺，测量固定好的输送装置底板的右端到工作台的边缘的尺寸，记住这个尺寸。

2）计算出库装置的安装底板与工作台边缘的尺寸如下。出库装置的安装底板与工作台边缘的尺寸 = 输送装置原点传感器中心到输送装置安装底板的尺寸（225mm）+ 测量的输送装置安装底板到工作台边缘的尺寸 − 出库装置的中心到出库装置安装底板的尺寸（212mm）。

3）计算分拣装置底板边到工作台右边尺寸如下。分拣装置底板边到工作台的右边尺寸 = 出库装置的中心到工作台的右边尺寸 + 分拣装置的中心到出库装置的中心尺寸（给定尺寸 1340mm） − 分拣装置的中心到分拣装置底板的尺寸（48mm）。

2. 确定水平安装尺寸

确定安装底板水平尺寸：将钢直尺靠安装平台的边沿放置，并使钢直尺的长边和安装平台的长边对齐，钢直尺的刻度始端和安装平台的左端面（尺寸起始端）对齐后，用一只手固定钢直尺，另一只手将直角三角板的直角对准计算出来的出库装置的底板到工作台边缘位置，并让直角三角板的短直角边与钢直尺紧靠，然后按住直角三角板，用 2B 铅笔沿长直角边画一条直线，该直线就是安装底板的水平方向的定位线，也用同样的方法，将分拣装置的尺寸线画好。

3. 确定垂直方向安装尺寸

将出库装置放到工作台的适当位置上，进行纵向尺寸定位（将机械手转到正前方，将伸缩气缸伸出来，手爪张开进行各个单元的纵向尺寸定位，使得机械手所抓物料在机械手正中间）当纵向尺寸定位好，开始定横向尺寸，之后进行固定。

将分拣装置放到安装平台的适当位置上，进行纵向尺寸定位（将机械手转到左前方，将伸缩气缸伸出来，手指张开进行各个单元的纵向尺寸定位，使得机械手所抓物料在机械手正中间）当纵向尺寸定位好，开始定横向尺寸，之后进行固定。

二、安装技巧和注意事项

1）先将输送装置定位，再根据输送装置的位置确定出库装置和分拣装置的位置。

2）手动调整出库装置的推料气缸或者挡板位置，调整好后，再固定螺栓。

3）检查输送装置有无明显噪声、振动或停滞现象，可以用手左右方向推动输送装置整个机械手装置运动，并且拖链能跟随装置一起运动。

4）分拣装置主动轴和从动轴的安装位置正确。

5）分拣装置胶带的张紧度要调整适中。

6）要保证分拣装置主动轴和从动轴平行。

三、检查调整

1）出库装置检查调整参考项目二。

2）输送装置检查调整参考项目一。

3）分拣装置检查调整参考项目五。

4）输送装置机械手能在出库装置处准确抓取药品、在分拣装置处准确放下药品。

【交流与探索】

1. 记录完成工作任务的过程和所用的时间，出现的问题和解决的方法。

2. 交换检查另一组的自动分药装置的安装质量，并做好记录。

3. 比较完成工作任务的方案和参考方案有何异同，并说明采用不同方案的优劣。

4. 重装一次自动分药装置，写一份优化的安装过程，并总结注意事项。

5. 总结自动分药装置的安装顺序与步骤，并在实践中寻找更合理快速的方法。

【完成任务评价】

任务评价见表7-1。

表7-1　自动分药装置机械安装评价表

项目		评价内容	分值	学生自评	小组互评	教师评分
实践操作过程评价（50%）	安全文明操作（14%）					
	工作程序规范（16%）					
	遇到困难的处理（5%）					
	个人职业素养（15%）					
实践操作成果评价（50%）	安装尺寸和位置（12%）	能正确确定安装尺寸	4			
		能根据确定的尺寸准确安装各站	2			
		安装台上输送装置的相对位置正确	2			
		安装台上出库装置相对位置正确	2			
		安装台上分拣装置相对位置正确	2			
	各机械部件的固定（13%）	机械部件安装所选用的配件合适	5			
		安装固定的牢固度合适	3			
		胶带输送机胶带松紧度合适	2			
		推料气缸位置正确	1			
		电动机与胶带机同轴	2			
	各部件的运动（16%）	机械手手爪的松开和夹紧顺畅	2			
		胶带输送机胶带松紧合适	1			
		推料气缸位置正确	1			
		电动机与胶带机同轴	1			
		机械手手臂的伸缩顺畅、到位	1			
		机械手的正反向旋转顺畅，旋转角度为90°	2			
		机械手的升降顺畅、到位	2			
		机械手装置的往返运动顺畅	2			
		机械手装置做往返运动时，无明显噪声	2			
		机械手做往返运动时，传动部件不偏移	2			
	记录和总结（9%）					

【任务描述与要求】

根据项目一、项目三、项目五电气控制框图和气动控制框图完成自动分药装置的电路和气路安装，并达到以下要求：

1. 按照工艺规范和技术要求安装自动分药装置电路

1）各电气部件连接正确牢固，无松动现象。

2）连接导线型号和颜色选择正确。

3）传感器位置和灵敏度要调整正确。

4）所有连接导线两端套有线号管、线号方向一致。

5）所有连接导线的布线符合行线槽布线的工艺要求。

6）装置侧接线端口接线应按照位置要求接线，接线完成后，应进行绑扎，力求美观。

2. 按照工艺规范和技术要求安装自动分药装置气路

1）出库装置的推料气缸和顶料气缸均处于缩回状态。

2）分拣装置推手气缸处于缩回状态。

3）输送装置机械手气缸处于右限位、缩回、下降和松开状态。

4）完成各站的气路连接，并调整气路，确保各气缸运行顺畅和平稳。

【任务分析与思考】

1. 电气部件安装如何保证正确牢固，不出现松动现象？

2. 如何准确定位传感器的位置？灵敏度怎么调节？

3. 电路和气路安装的步骤顺序怎么样进行合理？

4. 电路和气路的安装应该符合哪些工艺规范，这些规范的要求有哪些？

5. 各个装置气路连接完成，设备的初始位置应该有什么要求？

【相关知识】

一、自动分药装置电路的结构

自动分药装置的电路部分由光电传感器、电感传感器、光纤传感器、磁性开关、旋转编码器、伺服电动机、伺服驱动器、电磁阀、行程开关、接线端子、可编程序控制器、开关电源、控制单元、变频器、单相熔断器、PLC 模拟量扩展模块等组成。

二、触摸屏

触摸屏是一种可接收触点等输入信号的感应式液晶显示装置，当接触屏幕上的图形按钮时，屏幕上的触觉反馈系统可根据预先编写的程式驱动各种连接装置，可用以取代机械式按钮面板。通过组态软件，能够很方便地设计出用户所要求的界面，也可以直接在触摸屏设备上操作设备。图7-6所示为昆仑通泰公司的工业触摸屏界面。

三、自动分药装置电路的安装要求

电气接线包括，在工作单元装置侧完成各传感器、旋转编码器、伺服电动机、伺服驱动器、电磁阀、行程开关、电源端子等引线到装置侧接线端口之间的接线；在PLC侧进行电源连接、控制单元、I/O点接线等。

1）接线时应注意，装置侧接线端口中，输入信号端子的上层端子（+24V）只能作为传感器的正电源端，切勿用于电磁阀等执行元件的负载。电磁阀等执行元件的正电源端和0V端应连接到输出信号端子下层端子的相应端子上。

2）变频器、电动机、伺服电动机及伺服驱动器接线时要可靠接地。

3）传感器接线要注意极性。

4）电气接线的工艺应符合国家职业标准的规定，例如，导线连接到端子时，采用压紧端子压接方法；连接线须有符合规定的标号；每一端子连接的导线不超过两根等。

5）按照自动分药装置电气原理图和规定的I/O地址接线。

四、自动分药装置气路的结构

自动分药装置气路由气源组件、电磁阀组、推料气缸、顶料气缸、手爪气缸、摆动气缸、导杆气缸、薄型气缸以及6×4mm PU气管、4×2.5mm 橙、蓝两种颜色的PU气管等组成。

五、自动分药装置气路的安装要求

1）各个装置的气路安装按照气动控制框图连接电磁阀、气缸。

2）连接时注意气管走向，应按序排布，均匀美观，不能交叉、打折。

3）气管要在快速接头中插紧，不能够有漏气现象。

4）连接的气管不能从机械设备的下方穿过。

5）注意气管颜色的区分和统一。

6）气路的绑扎要符合工艺的相关要求。

7）连接的气管长短合适。

【完成任务引导】

一、安装方法和步骤

1）出库装置电路和气路安装方法和步骤参考项目二。

2）输送装置电路和气路安装方法和步骤参考项目一。

3）分拣装置电路和气路安装方法和步骤参考项目五。

4）将触摸屏MCGSTpc7062K安装并固定好，用导线接通触摸屏+24V电源。

5）使用RS-232串口线，建立触摸屏与PLC之间的通信连接。

6）网络安装与连接：在各个装置的PLC插上一块485—BD通信板，并使用屏蔽双绞线将各个通信板上的SDA和RDA连接在一起，SDB和RDB连接在一起，SG连接在一起。

二、安装技巧和注意事项

1）出库装置电路和气路安装技巧和注意事项参考项目二。

2）输送装置电路和气路安装技巧和注意事项参考项目一。

3）分拣装置电路和气路安装技巧和注意事项参考项目五。

4）正确给触摸屏供电，正确地建立触摸屏与 PLC 之间的通信连接。

5）正确地建立 PLC 之间的网络安装与连接。

三、检查调整

1）出库装置电路和气路检查调整参考项目二。

2）输送装置电路和气路检查调整参考项目一。

3）分拣装置电路和气路检查调整参考项目五。

4）检查触摸屏供电电源接线、PLC 与触摸屏通信线连接是否正确。

5）检查网络安装接线是否正确。

【交流与探索】

1. 叙述自动分药装置电路安装规范有哪些要求。

2. 叙述自动分药装置气路安装规范有哪些要求。

3. 总结检查电路安装是否正确的方法。

4. 气路如何绑扎符合工艺规范，美观大方。

5. 总结自动分药装置的电路和气路的安装方法与步骤，并在实践中寻找更合理的方法。

【完成任务评价】

任务评价见表7-2。

表7-2　自动分药装置电路、气路安装评价表

项目	评价内容		分值	学生自评	小组互评	教师评分
实践操作过程评价（50%）	安全文明操作(14%)					
	工作程序规范(16%)					
	遇到困难的处理(5%)					
	个人职业素养(15%)					
实践操作成果评价（50%）	气路连接(10%)	能按照气路系统图进行气路连接	4			
		气管的颜色选用正确	2			
		上气后气路无漏气现象	2			
		气路绑扎符合工艺要求,电磁阀接气口气管长短处理合理	2			
		气缸动作速度调节合理	2			
	电气部件安装、电路连接(13%)	部件安装位置方向正确	5			
		导线颜色的选用与线头冷压绝缘端子处理、编号符合要求	3			
		线头在端子上的压接无露铜,压接稳固	2			
		使用万用表进行电路测量检查	1			
		线槽布线满足工艺要求	2			

（续）

项目	评 价 内 容		分值	学生 自评	小组 互评	教师 评分
实践操作 成果评价 （50%）	检查调整（18%）	上电前对照原理图仔细检查接线	4			
		各电气部件安装紧固	2			
		各磁性开关、传感器安装位置合理	2			
		上电后电气部件能正常显示工作	4			
		根据要求对传感器的灵敏度进行调整	4			
		电磁阀对气路的控制正常	2			
	记录和总结（9%）					

任务三　自动分药装置的调试

【任务描述与要求】

把自动分药装置的 PLC 控制程序写入 PLC，将触摸屏程序写入触摸屏，试运行设备，达到以下控制要求：

1. 触摸屏控制要求

1）提供装置复位、起动和停止信号。

2）指示网络的运行状态（正常、故障）。

3）提供装置运行、停止、初始位置、出库装置药品不足及缺药指示。

4）记录出库药品数量，分药 A 口、B 口、C 口分药数量。

2. 运行控制要求

（1）复位

自动分药装置上电和通气后，点击触摸屏上的复位按钮，执行复位操作。

1）输送装置机械手回到原点位置。

2）各个装置气动执行元件均处于初始位置。

3）出库装置药仓内有足够的药品。

当输送装置机械手回到原点位置，且各工作站均处于初始状态，则复位完成，允许起动系统。这时单击触摸屏上的起动按钮，装置起动。

（2）出库装置的运行

装置起动后，若出库装置的出药平台上没有药品，则应把药品推到出药平台上，并向装置发出出药平台上有药品的信号。若出库装置的药仓内没有药品或药品不足，则向系统发出报警或预警信号。出药平台上的药品被输送装置机械手取出后，若系统仍然需要推出药品，则进行下一次推出药品操作。

（3）输送装置运行

当药品被推到出库装置出药平台后，输送装置机械手应执行抓取出库装置药品的操作。动作完成后，伺服电动机驱动搬运机械手向出药装置运送药品，到达分拣装置传送带上方入料口后把药品放下，然后执行返回原点的操作。

（4）分拣装置运行

输送装置机械手放下药品、缩回到位后，分拣装置的变频器起动，驱动传动电动机以30Hz 频率的速度，把药品带入分拣区进行分拣，其中药品 A（模拟金属外壳）分拣到分药A 口，药品 B（模拟白塑料外壳）分拣到分药 B 口，药品 C（模拟黑塑料外壳）分拣到分药 C 口。当分拣气缸活塞杆推出药品并返回后，应向装置发出分拣完成信号。

（5）一个工作周期结束

仅当分拣装置分拣工作完成，并且输送装置机械手回到原点，装置的一个工作周期才认为结束。如果在工作周期内没有触摸过停止按钮，装置在延时 1s 后开始下一周期工作。如果在工作周期内曾经触摸过停止按钮，系统工作结束。装置工作结束后若再按下起动按钮，则装置又重新工作。

（6）异常工作状态

1）如果发生"药品不足够"的预报警信号装置继续工作。

2）如果发生"药品没有"的报警信号，且出库装置出药平台上已推出药品，装置继续运行，直至完成该工作周期尚未完成的工作。当该工作周期工作结束，装置将停止工作，除非"药品没有"的报警信号消失，否则装置不能再起动。

【任务分析与思考】

1. 根据自动分药装置的控制要求，了解自动分药装置的工作流程及操作方法。
2. 如何将计算机中 PLC 梯形图程序写入 PLC 中？
3. 如何将计算机中触摸屏程序写入触摸屏中，并触摸屏与 PLC 进行通信连接？
4. 变频器的参数如何设置？
5. 伺服驱动器的参数如何设备？
6. 调试程序的顺序和步骤是什么？
7. 结合以往的程序调试经验，想想调试的技巧和注意事项？

【任务实施】

一、调试的方法和步骤

1）在计算机中找到文件名为"项目七自动分药装置"的文件夹，将文件夹中各个装置的梯形图程序打开。

2）使用 RS—232 串口线，建立计算机和 PLC 之间的通信。

3）将程序写入各个装置的 PLC 中，并将 PLC 转换开关打到"运行"位置。

4）在计算机中找到并打开文件名为"项目七触摸屏"的触摸屏程序。

5）使用 USB 下载线，将触摸屏程序下载到触摸屏中。

6）使用 RS-232 串口线，建立触摸屏与主站输送装置之间的通信连接。

7）设备上电后，触摸屏起动运行，装置停止指示灯亮，装置运行指示灯熄灭，网络正常指示灯亮、网络故障指示灯熄灭。

8）单击触摸屏上的复位按钮，输送装置机械手自动回到原点位置，各个装置的气缸处于初始位置，此时触摸屏上的初始位置指示灯亮。

9）将出库装置的药仓加满药品。

10）单击触摸屏上的起动按钮，装置起动后，运行指示灯亮，停止指示灯熄灭。出库装置、输送装置和分拣装置的运行符合控制要求。

11）单击触摸屏上的停止按钮，装置在完成当前药品的分药后自动停止，此时装置停止指示灯亮，装置运行指示灯熄灭。

12）再次起动和停止装置，装置运行符合控制要求，调试装置的异常工作状态。

二、调试技巧和注意事项

1）网络故障指示灯亮时，先检查网络安装接线是否正确，再检查网络通信程序设置。

2）装置起动运行的条件要满足各个装置在初始位置并且药仓处于不缺药的状态。

3）调试程序时可以在监控状态，及时发现问题，解决问题。

4）调试中应注意调整传感器的灵敏度、磁性开关的安装位置。

5）出库装置的药品能被准确地送达出药平台。

6）输送装置机械手能在出库装置处准确抓取药品。

7）输送装置机械手能准确地在分拣装置处准确地放下药品。

8）分拣装置气缸能准确平稳地将药品送到分药口，可以反复地修改分拣装置程序中对应脉冲数。

9）调试后各气缸运行顺畅、平稳。

10）触摸屏上的元件不能正常使用或显示时，可以修改模拟运行测试。

11）上电后的整个调试操作过程应遵守安全操作规程的要求。

三、调试过程出现问题的解决方法

1）出现网络故障时，首先检查网络安装接线是否正确，再检查网络通信程序设置。

2）触摸屏程序模拟运行时，应将所有的 PLC 程序窗口关闭，避免电脑串口冲突。

3）出库装置不能把药品准确地送上出药平台，可以调节推料气缸的速度大小至合适，出料台挡块的位置也可以微调。

4）搬运装置机械手可以通过原点位置定位后，再改变进行位置的微调，使输送装置机械手手爪中心线与出库装置出药平台中心线重合。

5）如果单击触摸屏上起动按钮，设备不能起动，首先要检查各个装置的原位情况，再检查药仓是否缺料，再检查 PLC 程序地址是否正确。

6）分拣装置分拣时如果药品不能准确送到分药口，可以修改分拣程序中对应的脉冲数。

7）装置运行后不能停止，检查程序中停止的条件使用是否正确。

8）调试过程中，要适当的调整机械部件的限位，使装置达到运行要求。

9）调整传感器的位置和灵敏度，使装置达到运行控制要求。

以上几点是调试中常见的问题，由于调试过程中出现的问题不是千篇一律的，因此，采用以上方法时，不要生搬硬套，而应按不同的现象采用逻辑分析的方法，灵活分析，力求迅速、准确地找出问题，查明原因，使设备的调试做到规范、准确、快速。

【交流与探索】

1. 学习了解自动分药装置的工作流程。

2. 经过对自动分药装置梯形图程序的打开、写入操作，对编程软件的使用有了进一步的了解。

3. 通过对触摸屏的使用，学习了触摸屏程序打开、程序下载及启动方法，为进一步深入学习打下基础。

4. 经过训练对自动分药装置的整体功能调试能力得到了进一步的锻炼。

5. 掌握了各个装置网络通信下，全线运行的调试方法和技巧。

6. 将自动分药装置调试过程中出现的问题记录下来，总结自动分药装置调试方法和技巧，提高调试的准确性和速度。

【完成任务评价】

任务评价见表 7-3。

表 7-3　自动分药装置调试评价表

项目	评 价 内 容		分值	学生自评	小组互评	教师评分
实践操作过程评价（50%）	安全文明操作（14%）					
	工作程序规范（16%）					
	遇到困难的处理（5%）					
	个人职业素养（15%）					
实践操作成果评价（50%）	调试准备（16%）	变频器参数设置准确无误	3			
		伺服驱动器参数设置无误	3			
		找到并打开梯形图程序，操作准确无误	5			
		梯形图、触摸屏程序写入 PLC 操作熟练	5			
	设备调试（25%）	基本功能的演示操作顺序正确	8			
		触摸屏操作方法正确	4			
		磁性开关位置调试准确	4			
		传感器灵敏度调整准确	4			
		气缸上节流阀气流调整适中	5			
	记录和总结（9%）					

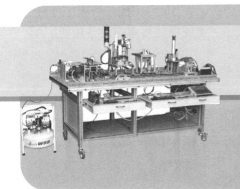

项目八

物流分拣系统的安装与调试

　　物流分拣系统主要应用于仓储物流和邮政分拣系统，其最大特点是具有较强的综合性和系统性。综合性是指系统将机械技术、微电子技术、电工电子技术、传感测试技术、接口技术、信息变换技术、网络通信技术等多种技术有机地结合，并综合应用到生产设备中；系统性是指生产线的传感检测、传输与处理、控制、执行与驱动等机构在微处理单元的控制下协调有序地工作，有机地融合在一起。该系统目前已经成为发达国家大中型物流中心不可缺少的一部分，其作业过程可以简单描述如下：

　　1）在最短的时间内将所有商品卸下并按商品品种、货主、储位或发送地点进行快速准确的分类。

　　2）将这些商品运送到指定地点（如指定的货架、加工区域、出货站台等）。

　　3）物流分拣系统在最短的时间内从立体仓储系统中准确找到要出库的商品所在位置，并按数量从不同储位上取出相应的商品。

　　4）按配送地点的不同运送到不同的理货区域或配送站台进行集中处理，以便装车配送。

　　5）物流分拣系统的主要特点：①能连续、大批量地分拣货物，②分拣误差率极低，③分拣作业可实现机械自动化。

　　物流分拣系统适用于烟草、邮政、医药、物流配送中心、连锁超市、百货商场、制造工业等，如果再配备自动化立体仓库，则可以构成完整的自动化系统，常见的物流分拣系统如图8-1所示。

　　本项目将使用 YL—335B 自动生产线设备实现物流分拣系统的基本功能，其整机示意图如图8-2所示，设备由供料、装配、加工、分拣和输送5个工作站组成，构成一个典型的自动生产线的机械平台，各工作站均设置一台 PLC 承担其控制任务，各 PLC 之间通过 RS-485 串行通信的方式实现互连，构成 N: N 网络的分布式控制系统。系统各机构采用了气动驱动、变频器驱动和伺服电机位置控制等技术。

　　本项目主要完成物流分拣系统的

图 8-1　常见的物流分拣系统

安装与调试，是一项综合性的工作，适于 3 位学生共同协作，在 5h 内完成。根据工作任务的要求调整设备各工作站位置，并调试各站 PLC 控制程序，实现项目要求的设备功能。

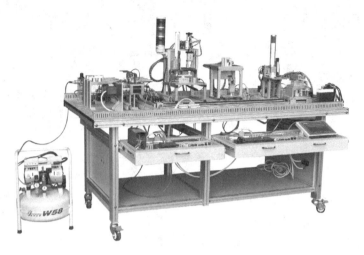

图 8-2　物流分拣系统整机示意图

物流分拣系统的模拟工作目标是：将供料站料仓内的工件送往加工站的物料台，在加工站喷上胶水后，送往装配站的装配台，然后把装配站料仓内的白色、黑色、金色三种不同颜色的小圆柱标签嵌入到装配台上的工件中，完成装配后的成品送往分拣站分拣输出，贴白色标签的工件分拣进入一号料槽，贴金属标签的工件分拣进入二号料槽，贴黑色标签的工件分拣进入三号料槽。已完成加工和装配工作的合格工件如图 8-3 所示。

图 8-3　已完成加工和装配工作的合格工件

任务一　物流分拣系统的安装

【任务描述和要求】

将已经安装完成物流分拣系统的供料站、装配站、加工站、分拣站和输送站安装在安装平台上。组装设备调试整机各工作站并满足：

1）各部件安装牢固，无松动现象。

2）用手操作各工作站各环节动作顺畅平稳，整机动作无明显噪声、振动或停滞现象。

3）各传感器信号可靠，机械位置准确。

物流分拣系统各工作站装置部分的安装位置如图 8-4 所示。图中，长度单位为 mm。

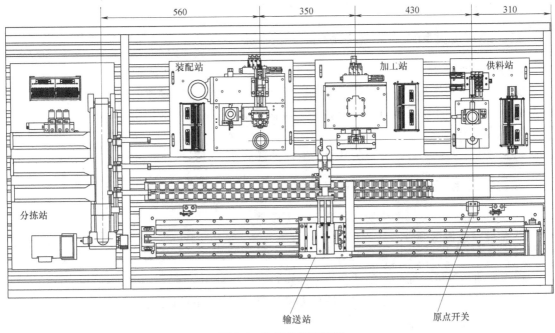

图 8-4　物流分拣系统图

【任务分析与思考】

1. 根据前面的项目内容，设备各工作站都已经安装调试完成，在本项目中设备主要完成各站之间位置的调整和工作协调性的调试。

2. 思考各工作站之间的工作关系，可以做哪些流程设计。

3. 调试图 8-4 所示的各工作站位置需要哪些配件和工具？

4. 按什么样的工艺步骤，能快速地安装图 8-4 所示的各工作站位置？

【任务实施】

工作任务要求按规定的尺寸来完成各工作站的定位安装，因此首先要在安装平台上画出安装尺寸，然后再开始进行具体的安装。各工作站的定位安装可以参考以下方案来完成。

一、确定安装尺寸

根据工作任务图纸要求，所有安装尺寸都在安装平台上，可选用一把 1000mm 的钢直尺和一把 300mm 直角三角板在安装平台上测量出相应的尺寸，并用 2B 铅笔做好记号。具体的过程如下：

1. 确定水平方向安装尺寸

图 8-4 上给出的水平方向尺寸是以各工作站料台中心点为依据的，在实际测量中由于料台中心点没有依据，很难测准确，所以要先将图上所示尺寸转化为以各工作站底板边缘为依据的尺寸，然后再用 2B 铅笔在工作桌面上标出具体位置，标尺寸的具体操作方法可参考项目一确定水平安装尺寸的方法。

2. 确定垂直方向安装尺寸

各工作站垂直方向安装尺寸没有具体要求，所以先定一个大概的位置就可以。

二、准备安装物流分拣系统的工具和器材

1. 清理安装平台

安装前，先确认安装平台已放置平衡，安装平台下的滚轮已锁紧，安装平台上安装槽内没有遗留的螺母、小配件或其他杂物，然后用软毛刷将安装平台清扫干净。

2. 准备工具

根据表1-3清点工具，并将工具整齐有序地摆放在工具盒或工具袋中。

三、安装各工作站的具体操作步骤

在空的工作台上进行系统安装可参考以下步骤：

1. 安装输送搬运装置

（1）安装输送搬运装置机械部件

输送搬动装置机械部件的安装包括直线执行器、机械手装置、拖链装置、电磁阀组、装置侧电气接口等的安装，具体安装方法可参考项目一任务一的相关内容。

（2）安装输送搬运装置的电路和气路

输送搬运装置电路和气路的安装包括机械手装置上各传感器引出线、连接到各气缸的气管沿拖链的敷设和绑扎、连接到装置侧电气接口的接线和单元气路的连接等，具体安装方法可参考项目一任务二的相关内容。

2. 依次组装供料、加工、装配和分拣装置

（1）组装供料装置

供料装置机械部件的组装可参考项目二任务一的完成任务引导，电路和气路的安装可参考项目二任务二的完成任务引导。

（2）组装加工装置

加工装置机械部件的组装可参考项目三任务一的完成任务引导，电路和气路的安装可参考项目三任务二的完成任务引导。

（3）组装装配装置

装配装置机械部件的组装可参考项目四任务一的完成任务引导，电路和气路的安装可参考项目四任务二的完成任务引导。

（4）组装分拣装置

分拣装置机械部件的组装可参考项目五任务一的完成任务引导，电路和气路的安装可参考项目四任务二的完成任务引导。

3. 将供料、加工、装配和分拣装置固定到工作台

根据画好的尺寸线，依次将供料装置、加工装置、装配装置和分拣装置固定到工作台上。

1）在工作台上固定各装置时，供料装置、加工装置和装配装置沿 Y 轴方向的定位，以输送单元机械手在伸出状态时，能顺利在它们的物料台上抓取和放下工件为准；分拣装置沿 Y 轴方向的定位，应使传送带上进料口中心点与输送单元直线导轨中心线重合，沿 X 轴方

向的定位，应确保输送站机械手运送工件到分拣站时，能准确地把工件放到进料口中心上。

2）在安装工作完成后，必须进行必要的检查和局部试验，确保及时发现问题。在投入运行前，应清理工作台上残留线头、管线、工具等，养成良好的职业素养。

四、安装位置的检查与调整

1. 安装尺寸的检测与调整

用钢直尺测量各工作站安装底板、料台中心距离在安装平台上的安装尺寸，保证安装尺寸与图纸要求的尺寸误差小于 1mm。若不符合要求，则可松开相应的固定螺栓进行调整。

2. 没有尺寸要求的部件的安装位置检查和调整

电磁阀组和伺服驱动器都没有安装尺寸的要求，但是电气线路布线工艺要求线路入线槽布线，所以周边应留有安装线槽的余量，因此尽量让这些没有尺寸要求的部件的安装位置和图 8-4 的要求完全一致。若不一致则可松开相应的固定螺栓进行调整。

【交流与反思】

1. 记录完成工作任务的过程和所用的时间，出现的问题和解决的方法。
2. 交换检查另一组的物流分拣系统的安装质量，并做好记录。
3. 比较完成工作任务的方案和参考方案有何异同，并说明采用不同方案的优劣。
4. 重新安装一次各工作站，写一份优化的安装过程，并总结注意事项

请结合以上几方面的交流内容填写表 8-1。

表 8-1　任务实施情况记录与总结表

工作项目	实施内容	完成情况	备注
供料、加工站机械装配、调整			
装配站机械装配、调整			
分拣站机械装配、调整			
输送站机械装配、调整			
其他			

【完成任务评价】

任务评价见表 8-2。

表 8-2　物流分拣系统机械安装评价表

项目	评价内容		分值	学生自评	小组互评	教师评分
实践操作过程评价（50%）	安全文明操作（14%）					
	工作程序规范（16%）					
	遇到困难的处理（5%）					
	个人职业素养（15%）					

（续）

项目		评价内容	分值	学生自评	小组互评	教师评分
实践操作成果评价（50%）	安装尺寸和位置（22%）	能正确确定安装尺寸	4			
		能根据确定的尺寸准确安装相应部件	2			
		实训台上各部件的相对位置正确	2			
		垂直方向取工件准确、顺利	2			
		各工作站之间配合协调	2			
	各机械部件的固定（23%）	机械部件安装所选用的配件合适	5			
		安装固定的牢固度合适	3			
		同步带的调整符合要求	2			
		各运动机构运行平稳、顺畅	1			
		各传感器位置调整合适	2			
	记录和总结(5%)					

任务二　物流分拣系统的调试

【任务描述和要求】

在前面的项目中，重点介绍了物流分拣系统的各个组成单元在作为独立设备工作时通过 PLC 对其实现控制的基本思路，这相当于模拟了一个简单的单体设备的控制过程。本任务将以物流分拣系统基本功能为实例，介绍如何调试由 PLC 编程实现由几个相对独立的单元组成的一个群体设备（生产线）。

一、控制要求

物流分拣系统的控制方式采用每一工作单元由一台 PLC 承担其控制任务，各 PLC 之间通过 RS-485 串行通信实现互连的分布式控制方式。组建成网络后，系统中每一个工作单元也称作工作站。系统的控制方式应采用 N：N 网络的分布式网络控制，并指定输送站作为系统主站。系统主令工作信号由触摸屏人机界面提供，但系统紧急停止信号由输送站的按钮单元的急停按钮提供。安装在工作桌面上的警示灯应能显示整个系统的主要工作状态，例如复位、起动、停止、报警等。

二、连接触摸屏并组态用户界面

触摸屏应连接到系统主站的 PLC 编程口。根据 Tpc7062K 人机界面的组态画面要求：用户窗口包括主界面和欢迎界面两个窗口，其中，如图 8-5 所示的欢迎界面是起动界面，触摸屏上电后运行，屏幕上方的标题文字向右循环移动。

触摸欢迎界面上任意位置，都将切换到主窗口界面。主窗口界面组态应具有下列功能：

1）提供系统工作方式（单站/全线）选择信号和系统复位、起动和停止信号。

2）在人机界面上设定分拣站变频器的输入运行频率（40～50Hz）。

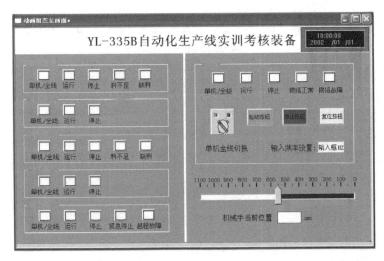

图8-5 主窗口界面

3）在人机界面上动态显示输送站机械手装置当前位置（以原点位置为参考点，度量单位为mm）。

4）指示网络的运行状态（正常、故障）。

5）指示各工作站的运行、故障状态。其中故障状态包括：

a）供料站的供料不足状态和缺料状态。

b）装配站的供料不足状态和缺料状态。

c）输送站机械手装置越程故障（左或右极限开关动作）。

6）指示全线运行时系统的紧急停止状态。

三、系统功能及调试要求

物流分拣系统各工作站部件的工作顺序以及对输送站机械手装置运行速度的要求请参考前面的项目。本系统全线运行步骤如下：

1. 系统复位

系统在上电，N：N网络正常后开始工作。触摸主窗口界面上的复位按钮，执行复位操作，在复位过程中，绿色指示灯以2Hz的频率闪烁，红色和黄色指示灯均熄灭。

复位过程包括：使输送站机械手装置回到原点位置和检查各工作站是否处于初始状态。各工作站初始状态是指：

（1）各工作站气动执行元件均处于初始位置。

（2）供料站料仓内有足够的待加工工件。

（3）装配站料仓内有足够的小圆柱标签。

（4）输送站的紧急停止按钮未按下。

当输送站机械手装置回到原点位置，且各工作站均处于初始状态，则复位完成，绿色指示灯常亮，表示允许起动系统。这时若触摸主窗口界面上的起动按钮，系统起动，绿色和黄色指示灯均常亮。

2. 供料站的运行

系统起动后，若供料站的出料台上没有工件，则应把工件推到出料台上，并向系统发出出料台上有工件信号。若供料站的料仓内没有工件或工件不足，则向系统发出报警或预警信号。出料台上的工件被输送站机械手取出后，若系统仍然需要推出工件进行加工，则进行下一次推出工件操作。

3. 输送站运行1

当工件推到供料站出料台后，输送站机械手应执行抓取供料站工件的操作。动作完成后，伺服电动机驱动机械手移动到加工站加工物料台的正前方，把工件放到加工站加工台上。

4. 加工站运行

加工站加工台的工件被检出后，执行喷涂胶水过程。当加工好的工件重新送回待料位置时，向系统发出冲压加工完成信号。

5. 输送站运行2

系统接收到加工完成信号后，输送站机械手应执行抓取已加工工件的操作。抓取动作完成后，伺服电动机驱动机械手移动到装配站物料台的正前方。然后把工件放到装配站物料台上。

6. 装配站运行

装配站物料台的传感器检测到工件到来后，执行标签嵌入过程。装配动作完成后，向系统发出装配完成信号。如果装配站的料仓或料槽内没有小圆柱标签或标签不足，应向系统发出报警或预警信号。

7. 输送站运行3

系统接收到装配完成信号后，输送站机械手应抓取已装配的工件，然后从装配站向分拣站运送工件，到达分拣站传送带上方入料口后把工件放下，然后执行返回原点的操作。

8. 分拣站运行

输送站机械手放下工件、缩回到位后，分拣站的变频器即起动，驱动传动电动机以80%最高运行频率（程序指定）的速度，把工件带入分拣区进行分拣，将嵌有不同标签的工件送往分拣站分拣输出，贴白色标签的工件分拣进入一号料槽，贴金属标签的工件分拣进入二号料槽，贴黑色标签的工件分拣进入三号料槽。当分拣气缸活塞杆推出工件并返回后，应向系统发出分拣完成信号。

9. 工作周期结束

仅当分拣站分拣工作完成，并且输送站机械手回到原点，系统的一个工作周期才认为结束。如果在工作周期内没有按过停止按钮，系统在延时1s后开始下一周期工作。如果在工作周期内曾按下停止按钮，系统工作结束，警示灯中橙色灯熄灭，绿色灯仍保持常亮。系统工作结束后若再按下起动按钮，则系统又重新工作。

四、异常工作状态测试

1. 工件供给状态的信号警示

如果发生来自供料站或装配站的"工件、标签不足"的预报警信号或"工件、标签没有"的报警信号，则系统动作如下：

1）如果发生"工件、标签不足"的预报警信号，警示灯中红色警示灯以1Hz的频率闪烁，绿色和橙色警示灯保持常亮，系统继续工作。

2）如果发生"工件、标签没有"的报警信号，警示灯中红色警示灯以亮1s，灭0.5s的方式闪烁；橙色警示灯熄灭，绿色警示灯保持常亮。

若供料站发出"工件没有"的报警信号，且供料站物料台上已推出工件，系统继续运行，直至完成该工作周期。当该工作周期工作结束，系统将停止工作，除非"工件没有"的报警信号消失，否则系统不能再起动。

若装配站发出"标签没有"的报警信号，且装配站物料台上已落下小圆柱标签，系统继续运行，直至完成该工作周期。当该工作周期工作结束，系统将停止工作，除非"标签没有"的报警信号消失，否则系统不能再起动。

2. 急停与复位

系统工作过程中按下输送站的急停按钮，则输送站立即停车。在急停复位后，应从急停前的断点处开始继续运行。

【任务分析与思考】

1. 设备的机械结构已经调试完成，各工作站在前面的项目中也已经基本调试好，但是将所有工作站联机工作时必然要在前面的基础上进行统调，使得电路、气路、传感器信号等更可靠，各工作站之间以较好的协调性工作。

2. N∶N 网络在前面的项目中已经有所涉及，设备电气接线、变频器、伺服驱动器有关参数的设定方法，现场测试旋转编码器的脉冲当量等工作，已在前面各项目作了详细介绍，这里不再重复介绍。本工作任务要做的工作是将五个工作站的 PLC 进行组网控制，确定输送站为主站，并和触摸屏相联，结合前面项目中单工作站的控制方法，调试好整机程序，同时思考主站的程序功能可以做哪些改变。

3. PLC 程序结构上相比较前面的项目主站，输送站变化比较大，从站变化较小，由于只是添加了网络通信的相关子程序，各站控制流程没有太大变化。所以在程序调试的过程中，对于输送站一定要注意动作流程及程序结构，以保证程序调试顺利。

【完成任务引导】

任务二要求完成设备整机的控制程序编写与调试，在实施过程中首先要调试电气回路及传感器信号，保证设备在可靠的状态。然后要将各电气控制模块的参数设置好，保证各工作站能够正常运行。最后编写并调试 PLC 程序与组态窗口，达到设备要求的功能。具体实施可以参考以下方案来完成。

一、根据已经设计好的 I/O 分配表对系统的电路与气路进行综合调试

1）图 8-6 所示为输送站输送位置示意图，图 8-7 所示为输送站传感器与电磁阀位置图。根据工作站控制要求调试传感器信号，输送站 PLC 的 I/O 信号见表 8-3，电路调试完成后应根据运行要求设定伺服电动机驱动器有关参数，参数应记录在任务实施清单上。

调整并保证设备运行前输送站机械手及手爪处于如下初始位置：

机械手应处于原点位置（原点传感器 1-1 ON）

· 手爪处于"缩回"位置（传感器 1-7 ON）

· 手爪停在中间位置（传感器 1-5 ON）

· 手爪在最低位置（传感器 1-2 ON）

· 手爪处于"松开"状态（传感器 1-8 OFF）

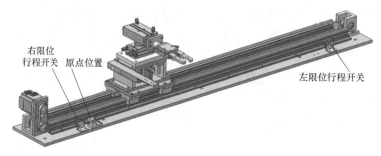

图 8-6 输送站输送位置示意图

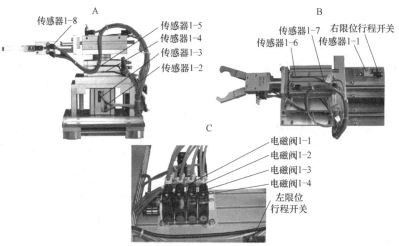

图 8-7 输送站传感器与电磁阀位置图

表 8-3 输送站 PLC 的 I / O 信号表

	序号	输入	符号	信号名称	信号指示	信号来源
输入信号	1	X000	SC1	传感器 1-1	机械手在原点位置	设备侧（HO1687）
	2	X001	K1	右限位行程开关	机械手处于右限位	
	3	X002	K2	左限位行程开关	机械手处于左限位	
	4	X003	1B1	传感器 1-2	气缸 1-1 缩回	
	5	X004	1B2	传感器 1-3	气缸 1-1 伸出	
	6	X005	2B1	传感器 1-4	气缸 1-2 左转	
	7	X006	2B2	传感器 1-5	气缸 1-2 右转	
	8	X007	3B1	传感器 1-6	气缸 1-3 伸出	
	9	X010	3B2	传感器 1-7	气缸 1-3 缩回	
	10	X011	4B	传感器 1-8	手爪夹紧	
	11	X012		伺服报警	伺服报警	
	12	X024	SB2	起动按钮	设备开始运行	控制单元
	13	X025	SB1	停止按钮	设备正常停止	
	14	X026	QS	急停按钮	设备紧急停止	
	15	X027	SA	工作模式	切换工作模式	
	序号	输出	符号	信号名称	信号指示	信号来源
输出信号	1	Y000		脉冲	向伺服输送脉冲	设备侧（HO1650）
	2	Y002		方向	改变伺服驱动方向	
	3	Y003	1Y	电磁阀 1-1	气缸 1-1 伸出使手爪上升	
	4	Y004	2Y1	电磁阀 1-2-1	气缸 1-2 左转	

（续）

	序号	输出	符号	信号名称	信号指示	信号来源
输出信号	5	Y005	2Y2	电磁阀1-2-2	气缸1-2右转	设备侧（HO1650）
	6	Y006	3Y	电磁阀1-3	气缸1-3伸出使手爪伸出	
	7	Y007	4Y1	电磁阀1-4-1	气缸1-4缩回使手爪夹紧工件	
	8	Y010	4Y2	电磁阀1-4-2	气缸1-4伸出使手爪放下工件	
	9	Y015	HL1	黄色指示灯	ON	控制单元
	10	Y016	HL2	绿色指示灯	ON	
	11	Y017	HL3	红色指示灯	ON	

2）根据图8-8所示的供料站供料位置示意图和图8-9所示的供料站传感器与电磁阀位置图，调试供料站的电气控制回路，根据工作站控制要求调试传感器信号，供料站PLC的I/O信号表如表8-4所示。

调整并保证设备运行前供料站气缸及料仓处于如下初始位置：

· 料仓工件数量符合要求（传感器2-7与传感器2-6 ON）

· 气缸2-1处于"缩回"位置（传感器2-2 ON）

· 气缸2-2处于"缩回"位置（传感器2-4 ON）

· 抓件位置没有工件（传感器2-5 OFF）

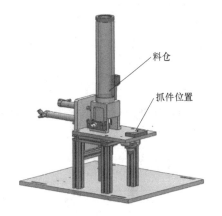

图8-8　供料站供料位置示意图

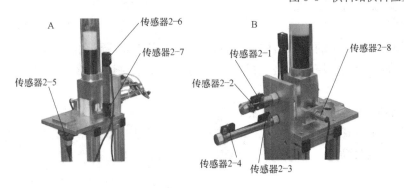

图8-9　供料站传感器与电磁阀位置图

表8-4 供料站 PLC I/O 信号表

输入信号					
序号	输入	符号	信号名称	信号指示	信号来源
1	X000	1B1	传感器 2-1	气缸 2-1 伸出	设备侧（HO1687）
2	X001	1B2	传感器 2-2	气缸 2-1 缩回	
3	X002	2B1	传感器 2-3	气缸 2-2 伸出	
4	X003	2B2	传感器 2-4	气缸 2-2 缩回	
5	X004	SC1	传感器 2-5	抓取位置有工件	
6	X005	SC2	传感器 2-6	料仓工件数量满足要求	
7	X006	SC3	传感器 2-7	料仓有工件	
8	X007	SC4	传感器 2-8	是金属工件	
9	X012	SB2	停止按钮	设备正常停止	控制单元
10	X013	SB1	起动按钮	设备开始运行	
11	X014	QS	急停按钮	设备紧急停止	
12	X015	SA	工作模式	切换工作模式	
输出信号					
序号	输出	符号	信号名称	信号指示	信号来源
1	Y000	1Y	电磁阀 2-1	气缸 2-1 伸出顶紧料仓的工件	设备侧（HO1650）
2	Y001	2Y	电磁阀 2-2	气缸 2-2 伸出推出料仓的工件	
3	Y007	HL1	黄色指示灯	ON	控制单元
4	Y010	HL2	绿色指示灯	ON	
5	Y011	HL3	红色指示灯	ON	

3）根据图8-10所示的加工站加工位置示意图和图8-11所示的加工站传感器与电磁阀位置图，调试加工的电气控制回路，根据工作站控制要求调试传感器信号，加工站 PLC 的 I/O 信号表如表8-5所示。

调整并保证设备运行前加工站气缸处于如下初始位置：

· 放件位置1没有工件（传感器3-1 OFF）　· 手爪处于"松开"状态（传感器3-2 OFF）

· 手爪处于放件位置1（传感器3-3 ON）　· 气缸3-3处于"缩回"位置（传感器3-5 ON）

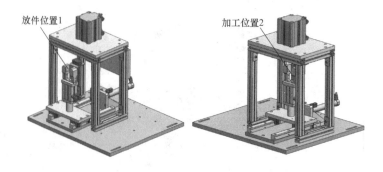

图8-10 加工站加工位置示意图

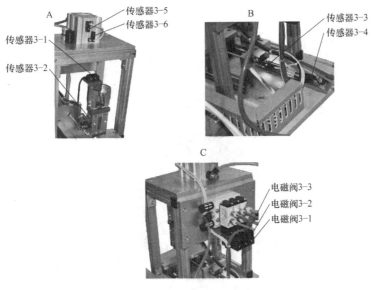

图 8-11　加工站传感器与电磁阀位置图

表 8-5　加工站 PLC　I/O 信号表

输入信号					
序号	输入	符号	信号名称	信号指示	信号来源
1	X000	SC1	传感器 3-1	放件位置 1 有工件	设备侧（HO1687）
2	X001	1B	传感器 3-2	手爪夹紧	
3	X002	2B1	传感器 3-3	气缸 3-2 伸出	
4	X003	2B2	传感器 3-4	气缸 3-2 缩回	
5	X004	3B1	传感器 3-5	气缸 3-3 缩回	
6	X005	3B2	传感器 3-6	气缸 3-3 伸出	
7	X012	SB2	停止按钮	设备正常停止	控制单元
8	X013	SB1	起动按钮	设备开始运行	
9	X014	QS	急停按钮	设备紧急停止	
10	X015	SA	工作模式	切换工作模式	
输出信号					
序号	输出	符号	信号名称	信号指示	信号来源
1	Y000	1Y	电磁阀 3-1	气缸 3-1 缩回使手爪夹紧工件	设备侧（HO1650）
2	Y002	2Y	电磁阀 3-2	气缸 3-2 缩回使手爪回到加工位置	
3	Y003	3Y	电磁阀 3-3	气缸 3-3 伸出加工工件	
4	Y007	HL1	黄色指示灯	ON	控制单元
5	Y010	HL2	绿色指示灯	ON	
6	Y011	HL3	红色指示灯	ON	

　　4）根据图 8-12 所示的装配站工件位置示意图和图 8-13 所示的装配站传感器与电磁阀位置图，调试装配站的电气控制回路，根据工作站控制要求调试传感器信号，装配站 PLC

的 I/O 信号表如表 8-6 所示。

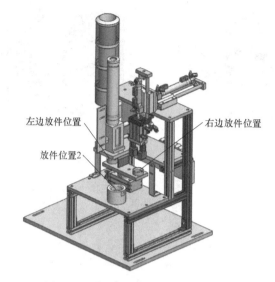

图 8-12　装配站工件放置位置示意图

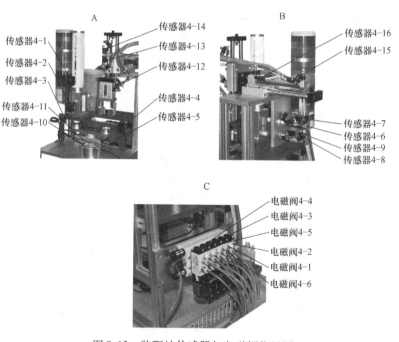

图 8-13　装配站传感器与电磁阀位置图

调整并保证设备运行前装配站气缸处于如下初始位置：

· 放件位置 2 没有工件（传感器 4-5 OFF）
· 料仓工件数量满足要求（传感器 4-1 与传感器 4-2 ON）
· 放件平台左边与右边的放件位置没有工件（传感器 4-3 与传感器 4-4 OFF）
· 放件平台处于"右边"位置（传感器 4-11 ON）
· 手爪处于最顶位置（传感器 4-14 ON）

· 手爪处于"缩回"位置（传感器 4-15 ON）
· 手爪处于"松开"状态（传感器4-12 OFF）
· 气缸 4-1 处于"伸出"位置（传感器 4-8 ON）
· 气缸 4-2 处于"缩回"位置（传感器 4-7 ON）

表 8-6　装配站 PLC　I／O 信号表

			输入信号		
序号	输入	符号	信号名称	信号指示	信号来源
1	X000	SC1	传感器 4-1	料仓工件数量满足要求	
2	X001	SC2	传感器 4-2	料仓有工件	
3	X002	SC3	传感器 4-3	左边放件位置有工件	
4	X003	SC4	传感器 4-4	右边放件位置有工件	
5	X004	SC5	传感器 4-5	放件位置 2 有工件	
6	X005	1B1	传感器 4-6	气缸 4-2 伸出	
7	X006	1B2	传感器 4-7	气缸 4-2 缩回	
8	X007	2B1	传感器 4-8	气缸 4-1 伸出	设备侧（HO1687）
9	X010	2B2	传感器 4-9	气缸 4-1 缩回	
10	X011	3B1	传感器 4-10	气缸 4-3 左转	
11	X012	3B2	传感器 4-11	气缸 4-3 右转	
12	X013	4B	传感器 4-12	手爪夹紧	
13	X014	5B1	传感器 4-13	气缸 4-5 伸出	
14	X015	5B2	传感器 4-14	气缸 4-5 缩回	
15	X016	6B1	传感器 4-15	气缸 4-6 缩回	
16	X017	6B2	传感器 4-16	气缸 4-6 伸出	
17	X024	SB2	停止按钮	设备正常停止	
18	X025	SB1	起动按钮	设备开始运行	控制单元
19	X026	QS	急停按钮	设备紧急停止	
20	X027	SA	工作模式	切换工作模式	
			输出信号		
序号	输出	符号	信号名称	信号指示	信号来源
1	Y000	1Y	电磁阀 4-1	气缸 4-1 缩回放下工件	
2	Y001	2Y	电磁阀 4-2	气缸 4-2 伸出顶住料仓的工件	
3	Y002	3Y	电磁阀 4-3	气缸 4-3 缩回使放件平台左转	
4	Y003	4Y	电磁阀 4-4	气缸 4-4 缩回使手爪夹紧工件	设备侧
5	Y004	5Y	电磁阀 4-5	气缸 4-5 伸出使手爪下降	（HO1650）
6	Y005	6Y	电磁阀 4-6	气缸 4-6 伸出使手爪伸出	
7	Y006	HL4	红色指示灯	ON	
8	Y007	HL5	橙色指示灯	ON	
9	Y010	HL6	绿色指示灯	ON	
10	Y015	HL1	黄色指示灯	ON	
11	Y016	HL2	绿色指示灯	ON	控制单元
12	Y017	HL3	红色指示灯	ON	

5）根据图 8-14 所示的分拣站分拣位置示意图和图 8-15 所示的分拣站传感器与电磁阀位置图，调试分拣站的电气控制回路，根据工作站控制要求调试传感器信号，分拣站 PLC 的 I/O 信号表如表 8-7 所示，电路连接完成后应根据运行要求设定变频器有关参数，并现场测试旋转编码器的脉冲当量（测试 3 次取平均值，有效数字为小数后 3 位），参数应记录在任务实施清单上。

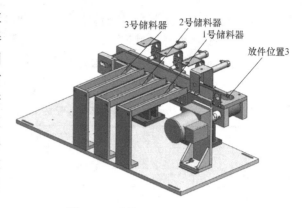

图 8-14　分拣站分拣位置示意图

调整并保证设备运行前分拣站气缸及电动机处于如下初始位置：

· 放件位置 3 没有工件（传感器 5-1 OFF）

· 气缸 5-1 处于"缩回"位置（传感器 5-5 OFF）

· 气缸 5-2 处于"缩回"位置（传感器 5-6 OFF）

· 气缸 5-3 处于"缩回"位置（传感器 5-7 OFF）

· 交流异步电动机停止

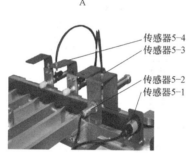
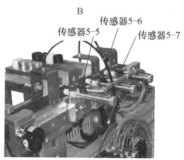

图 8-15　分拣站传感器与电磁阀位置图

表 8-7　分拣站 PLC I／O 信号表

输入信号					
序号	输入	符号	信号名称		信号指示	信号来源
1	X000	B 相	旋转编码器	向 X000 输送脉冲	设备侧（HO1687）
2	X001	A 相		向 X001 输送脉冲	
3	X002	Z 相		没有使用	

（续）

输入信号					
序号	输入	符号	信号名称	信号指示	信号来源
4	X003	SC1	传感器 5-1	放件位置 3 有工件	设备侧（HO1687）
5	X004	SC2	传感器 5-2	是金属工件	
6	X005	SC3	传感器 5-3	小工件不是黑色的	
7	X006	SC4	传感器 5-4	没有使用	
8	X007	1B	传感器 5-5	气缸 5-1 伸出	
9	X010	2B	传感器 5-6	气缸 5-2 伸出	
10	X011	3B	传感器 5-7	气缸 5-3 伸出	
11	X012	SB2	停止按钮	设备正常停止	控制单元
12	X013	SB1	起动按钮	设备开始运行	
13	X014	QS	急停按钮	设备紧急停止	
14	X015	SA	工作模式	切换工作模式	

输出信号					
序号	输出	符号	信号名称	信号指示	信号来源
1	Y000	STF	变频器	正转	FR—E700
2	Y001	RH		高速	
3	Y004	1Y	电磁阀 5-1	气缸 5-1 伸出推工件入储料器	设备侧（HO1650）
4	Y005	2Y	电磁阀 5-2	气缸 5-2 伸出推工件入储料器	
5	Y006	3Y	电磁阀 5-3	气缸 5-3 伸出推工件入储料器	
10	Y007	HL1	黄色指示灯	ON	控制单元
11	Y010	HL2	绿色指示灯	ON	
12	Y011	HL3	红色指示灯	ON	

二、物流分拣系统的调试

物流分拣系统是一个分布式控制的自动生产线，在设计它的整体控制程序时，应首先从它的系统性着手，通过组建网络，规划通信数据，使系统组织起来。请将配套的整机 PLC 程序下载到各工作站中，然后根据下文介绍的内容及步骤分别调试各工作站的控制程序及其联机功能。

1. 规划并熟悉通信数据

通过分析任务书要求可以看到，网络中各站点需要交换的信息量并不大，可采用模式 1 的刷新方式。各站数据位定义如表 8-8～表 8-12 所示。这些数据位分别由各站 PLC 程序写入，全部数据为 N：N 网络所有站点共享。

表 8-8 输送站（0#站）数据位定义

输送站位地址	数据意义	备注
M1000	全线运行	
M1001	系统复位中	

（续）

输送站位地址	数据意义	备注
M1002	允许加工	
M1003	全线急停	
M1004	系统复位	
M1005	系统就绪	
M1006	允许装配	
M1007	HMI 联机	
M1012	请求供料	
M1015	允许分拣	
D0	最高频率设置	

表 8-9　供料站（1#站）数据位定义

供料站位地址	数据意义	备注
M1064	初始态	
M1065	供料信号	
M1066	联机信号	
M1067	运行信号	
M1068	料不足报警	
M1069	缺料报警	

表 8-10　加工站（2#站）数据位定义

加工站位地址	数据意义	备注
M1128	初始态	
M1129	加工完成	
M1131	联机信号	
M1132	运行信号	

表 8-11　装配站（3#站）数据位定义

装配站位地址	数据意义	备注
M1192	初始态	
M1193	联机信号	
M1194	运行信号	
M1195	零件不足	
M1196	零件没有	
M1197	装配完成	

表 8-12 分拣站（4#站）数据位定义

分拣站位地址	数据意义	备注
M1256	初始态	
M1257	分拣完成	
M1258	分拣联机	
M1259	分拣运行	

用于通信的数值数据只有一个，即输送站的频率指令数据，由输送站发送到网络上，供分拣站使用。该数据被写入到字数据存储区的 D0 单元内。

2. 从站单元控制程序的调试

物流分拣系统各工作站在单站运行时的编程思路，在前面各项目中均作了介绍。在联机运行情况下，工作任务规定的各从站工艺过程是基本固定的，原单站程序中工艺控制程序基本变动不大。在单站程序的基础上修改、编制联机运行程序，实现上并不太困难。下面首先以供料站的联机编程为例说明调试思路。

联机运行情况下的主要变动，一是在运行条件上有所不同，主令信号来自系统通过网络下传的信号；二是各工作站之间通过网络不断交换信号，由此确定各工作站程序流向和运行条件。对于前者，首先须明确工作站当前的工作模式，以此确定当前有效的主令信号。工作任务书明确地规定了工作模式切换的条件，避免误操作的发生，确保系统可靠运行。工作模式切换条件的逻辑判断在上电初始化（M8002 ON）后即进行，如图 8-16 所示是相应的梯形图。

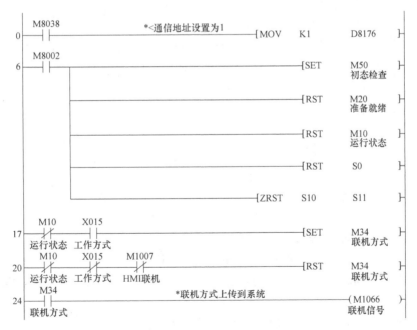

图 8-16 工作站初始化和工作方式确定

接下来的工作与前面单站时类似，即：①进行初始状态检查，判别工作站是否准备就绪。②若准备就绪，则收到全线运行信号或本站起动信号后投入运行状态。③在运行状态下，不断监视停止命令是否到来，一旦到来即置位停止指令，待工作站的工艺过程完成一个工作周期后，使工作站停止工作。梯形图如图8-17所示。

下一步就进入工作站的工艺控制过程，即从初始步S0开始的步进顺序控制过程。这一步进程序与单站情况基本相同，增加了写网络变量向系统报告工作状态的工作。

其他从站的编程方法与供料站基本类似，此处不再详述。建议读者仔细对照配套各工作站单站例程和联机例程，仔细加以比较和分析。

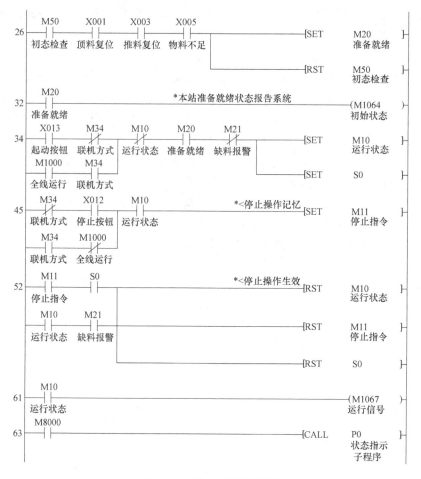

图8-17 从站初始状态程序

3. 主站单元控制程序的调试

输送站是系统中最为重要同时也是承担任务最为繁重的工作单元。主要体现在：

1）输送站PLC与触摸屏相连接，接收来自触摸屏的主令信号，同时把系统状态信息回馈到触摸屏。

2）作为网络的主站，要进行大量的网络信息处理。

3）需完成本单元的，且联机方式下的工艺生产任务与单站运行时略有差异。因此，把输送站的单站控制程序修改为联机控制的调试工作量要大一些。

下面着重讨论编程中应予注意的问题和有关调试思路。

1. 内存的配置

为了使程序更为清晰合理，编写程序前应尽可能详细地规划所需使用的内存。前面已经规划了供网络变量使用的内存、存储区的地址范围。在人机界面组态中，也规划了人机界面与 PLC 连接变量的设备通道，整理成表格形式见表 8-13。

表 8-13　人机界面与 PLC 连接变量的设备通道

序号	连接变量	通道名称	序号	连接变量	通道名称
1	越程故障_输送	M0.7（只读）	14	单机/全线_供料	V1020.4（只读）
2	运行状态_输送	M1.0（只读）	15	运行状态_供料	V1020.5（只读）
3	单机/全线_输送	M3.4（只读）	16	工件不足_供料	V1020.6（只读）
4	单机/全线_全线	M3.5（只读）	17	工件没有_供料	V1020.7（只读）
5	复位按钮_全线	M6.0（只写）	18	单机/全线_加工	V1030.4（只读）
6	停止按钮_全线	M6.1（只写）	19	运行状态_加工	V1030.5（只读）
7	起动按钮_全线	M6.2（只写）	20	单机/全线_装配	V1040.4（只读）
8	方式切换_全线	M6.3（读写）	21	运行状态_装配	V1040.5（只读）
9	网络正常_全线	M7.0（只读）	22	工件不足_装配	V1040.6（只读）
10	网络故障_全线	M7.1（只读）	23	工件没有_装配	V1040.7（只读）
11	运行状态_全线	V1000.0（只读）	24	单机/全线_分拣	V1050.4（只读）
12	急停状态_输送	V1000.2（只读）	25	运行状态_分拣	V1050.5（只读）
13	输入频率_全线	VW1002（读写）	26	手爪位置_输送	VD2000（只读）

只有在配置了表 8-13 所示的存储器后，才能考虑编程中所需用到的其他中间变量。避免非法访问内部存储器，是编程中必须注意的问题。

根据整个系统控制功能的要求，在理解的基础上下载并调试主站控制程序，使各站的动作符合整个系统的要求，为方便调试可将图 8-18 所示的整体位置示意图作为参考。下面着重讨论程序调试中应予注意的问题。

2. 主程序调试

由于输送站承担的任务较多，联机运行时，主程序有较大的变动。

1）每一扫描周期，须调用网络读写子程序和通信子程序。

2）完成系统工作模式的逻辑判断，除了输送站本身要处于联机方式外，所有从站都必须处于联机方式。

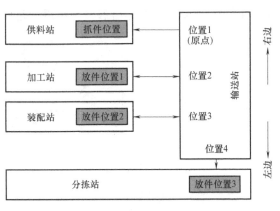

图 8-18　整体位置示意图

3）联机方式下，系统复位的主令信号，由 HMI 发出。在初始状态检查中，系统准备就绪的条件，除输送站本身要就绪外，所有从站均应准备就绪。因此，初始状态检查复位子程序中，除了完成输送站本站初始状态检查和复位操作外，还要通过网络读取各从站准备就绪的信息。

4）整体运行过程是按初态检查→准备就绪，等待起动→投入运行等几个阶段逐步进行，但阶段的开始或结束的条件发生了变化。

5）为了实现急停功能，程序主体控制部分需要放在主控指令中执行，即放在 MC（主控）和 MCR（主控复位）指令间。当顺控指令断开时，顺控内部的元件保持现状的有：累计定时器、计数器、用置位和复位指令驱动的元件。变成断开的元件有：非累计定时器、用 OUT 指令驱动的元件。MC、MCR 指令的具体使用方法和其他注意事项请参考 FX1N 编程手册。

以上是主程序编程思路，主程序调试的关键要素如图 8-19 所示。

1）网络参数设定：对于主站点，可以用编程方法来设置网络参数，就是从第 0 步（LD M8038），向特殊数据寄存器 D8176～D8180 写入相应的参数。如图 8-19a 所示：特殊数据寄存器 D8176 用作站点号设置，主站就为 0；特殊数据寄存器 D8177 用作从站总数设定，此套设备共有 5 个工作站，其中有 4 个从站，所以这里应为 4；特殊数据寄存器 D8178 用作刷新范围，这里默认为模式 1；特殊数据寄存器 D8179 用作重试次数设定，范围为 0～10，这里默认为 3；特殊数据寄存器 D8180 用作设定通信超时值，范围为 5～255，这里默认为 5。

注意事项：

• 必须确保网络参数设置程序正确。

• 必须把网络参数设置程序从第 0 步开始写入。

特殊辅助继电器 M8183 是主站网络通信错误标志；特殊辅助继电器 M8184 是供料站的网络通信错误标志；特殊辅助继电器 M8185 是加工站的网络通信错误标志；特殊辅助继电器 M8186 是装配站的网络通信错误标志；特殊辅助继电器 M8187 是分拣站的网络通信错误标志。每一站都有其对应的网络通信错误标志，可以利用这些网络通信错误标志检测主站和从站的通信是否正常，可作为网络通信指示用。

2）伺服电动机传送速度参数设定：如图 8-19c 所示，改变 D8145、D8146、D8148 的数据可以改变伺服电动机的运行参数，可以通过修改不同的参数调试不同的传送效果。

a) 通信参数设置

b) 通信诊断

图 8-19　主程序调试注意事项

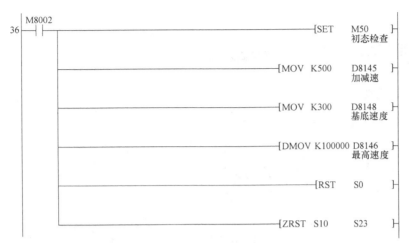

c) 标志位复位的脉冲参数设置

图 8-19　主程序调试注意事项（续）

主站其他功能程序可以参照前面项目里的程序调试，此处不再赘述。

3. "运行控制"子程序的结构

输送站联机的工艺过程与前面项目中介绍的单站的工艺过程仅略有不同，修改之处并不多。主要有如下几点：

1）输送功能测试子程序在初始步就开始执行机械手往供料站出料台抓取工件的操作，而联机方式下，初始步的操作为：通过网络向供料站请求供料，收到供料站供料完成信号后，如果没有停止指令，则转移下一步即执行抓取工件。

2）单站运行时，机械手在加工站加工台放下工件，等待 2s 取回工件，而联机方式下，取回工件的条件是收到来自网络的加工完成信号，装配站的情况与此相同。

3）单站运行时，测试过程结束即退出运行状态。联机方式下，一个工作周期完成后，返回初始步，如果没有停止指令开始下一工作周期。

由此，"运行控制"子程序流程说明如图 8-20 所示。

结合前面单站系统的调试经验，根据图 8-20 所示流程说明完成系统主站中功能程序的调试。

4. "通信"子程序

"通信"子程序的功能包括从站报警信号处理、转发（从站间、HMI）以及向 HMI 提供输送站机械手当前位置信息。主程序在每一扫描周期都调用这一子程序。

（1）报警信号处理、转发

1）供料站工件不足和工件没有的报警信号转发往装配站，为警示灯工作提供信息。

2）处理供料站"工件没有"或装配站"零件没有"的报警信号

3）向 HMI 提供网络正常/故障信息。

（2）确定当前位置信息

向 HMI 提供输送站机械手当前位置信息，由脉冲累计数除以 100 得到。

1）在每一扫描周期把以脉冲数表示的当前位置转换为长度信息（mm），转发给 HMI 的连接变量 VD2000。

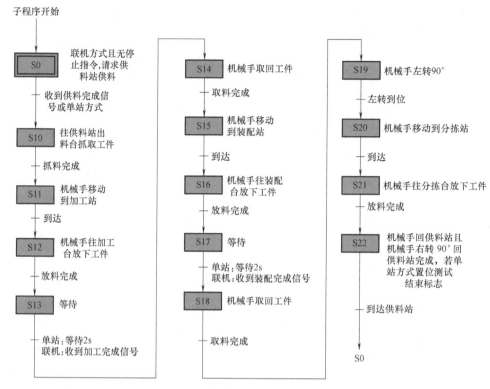

图 8-20 "运行控制"子程序流程说明

2）当机械手运动方向改变时，相应改变高速计数器 HC0 的计数方式（增或减计数）。

3）每当返回原点完成后，脉冲累计数被清零。

【交流与反思】

1. 记录完成工作任务的过程和所用的时间，出现的问题和解决的方法。

2. 交换检查另一组的整机功能完成情况，并做好记录。

3. 比较完成工作任务的方案和参考方案有何异同，并说明采用不同方案的优劣。

4. 总结注意事项。

请结合以上四方面的交流内容填写表 8-14。

表 8-14 任务实施情况记录与总结表

工作项目	实施内容	完成情况	备注
主供气线路连接及调整			
电路、传感器调整，变频器、伺服驱动器参数设置			
人机界面组态调试			
网络组建、程序调试			
其他			

【完成任务评价】

任务评价见表8-15。

表8-15 完成物流分拣系统功能调试的评价表

评价内容		分值	学生自评	小组互评	教师评分
个人职业素养（10%）					
安全文明操作（10%）					
输送站主站调试（10%）	复位功能	2			
	机械手能实现抓料功能	1			
	机械手能实现放料功能	1			
	传送运行	4			
	指示灯亮灭状态	1			
	急停动作应立即工作,急停复位后应从急停前的断点开始继续运行	1			
	越程故障时应立即停止,若是误动作,人工确认后将继续运行	1			
触摸屏主运行界面调试（10%）	运行程序下载	2			
	运行界面指示灯、按钮等控制功能	2			
	指示各工作站的运行、故障状态	2			
	变频器运行频率设定	1			
	在人机界面上动态显示输送站机械手装置当前位置	2			
	输送站机械手越程故障	1			
联机正常运行工作进料请求（40%）	能正确响应装配站进料请求	10			
	能正确响应加工站进料请求	10			
	能正确响应分拣站进料请求	10			
	伺服运行速度符合要求	5			
	能按要求正确无误地实现分拣功能	5			
系统正常停止（5%）	发出停止命令后,系统能按要求处理完毕后实现自动停止	5			
停止后再起动（5%）	系统能根据前次运行结束时的状态确定工作流程	5			
系统非正常工作过程调试（5%）	"工件不足"和"工件没有"警示灯指示	3			
	急停处理	2			
记录和总结（5%）					

参 考 文 献

[1] 杨叔子，杨克冲，等．机械工程控制基础 [M]．3版．武汉：华中理工大学出版社，1993.

[2] 孔凡才．自动控制系统及应用 [M]．北京：机械工业出版社，1994.

[3] 张涛．机电控制系统 [M]．北京：高等教育出版社．1998.

[4] 袁承训．液压与气压传动 [M]．北京：机械工业出版社，1996.

[5] 陆鑫盛，周洪．气动自动化系统的优化设计 [M]．上海：上海科学技术文献出版社，2000.

[6] 左健民．液压与气压传动 [M]．北京：机械工业出版社，1993.

[7] 吴振顺．气压传动与控制 [M]．哈尔滨：哈尔滨工业大学出版社，1995.

[8] 王丹利，赵景辉．可编程控制器原理与应用 [M]．西安：西北工业大学出版社，1996.

[9] 机电一体化技术手册编委会．机电一体化技术手册 [M]．北京：机械工业出版社，1994.

[10] 机电一体化设计手册编委会．机电一体化设计手册 [M]．南京：江苏科学技术出版社，1996.

[11] 梁森，黄杭美，阮智利．自动检测与转换技术 [M]．北京：机械工业出版社，1999.

[12] 图尔克（天津）传感器有限公司．传感器技术 [M]．天津：图尔克（天津）传感器有限公司．

[13] 赫．魏纳，林恬．气动技术 [M]．上海：同济大学出版社，1986.

[14] 孔凡才．自动控制原理与系统 [M]．北京：机械工业出版社，1995.

[15] 王常力．集散型控制系统的设计与应用 [M]．北京：清华大学出版社，1993.

[16] 孙廷才．DCS分散型控制系统 [M]．北京：海洋出版社，1992.

[17] 张振昭．楼宇智能化技术 [M]．北京：机械工业出版社，1999.